重庆市示范性高职院校优质核心课程系列教材

微生物学基础

胡相云 编 著
刘 炜 主 审

化学工业出版社
·北京·

本书将微生物学基础知识和实践操作技能有机结合。全书共分为10章，19个实训，分别介绍了微生物学的基本知识和技能，细菌、放线菌、酵母菌和霉菌的形态特征和观察方法，病毒的结构及外在表现特征，微生物的营养及培养基制备技术，微生物的生长与培养技术，微生物代谢、发酵生产和生化反应在细菌鉴定中的利用，微生物的遗传育种和菌种保藏技术，微生物生态和免疫学知识等内容。本教材理论知识深入浅出，强调实践操作技能的训练。通过本教材的学习，学生能够掌握微生物理论知识和实践操作技能。

本书配有电子课件，可从 www.cipedu.com.cn 下载使用。

本教材可供高职高专生物制药技术、生化制药技术、食品工艺与检测、生物化工技术等专业的教学使用，也可作为生物制药和食品企业生产技术人员的参考用书。

图书在版编目（CIP）数据

微生物学基础/胡相云编著．—北京：化学工业出版社，2015.8（2023.7重印）

ISBN 978-7-122-19088-8

Ⅰ．①微…　Ⅱ．①胡…　Ⅲ．①微生物学—教材　Ⅳ．①Q93

中国版本图书馆 CIP 数据核字（2015）第 135713 号

责任编辑：迟　蕾　李植峰　　　文字编辑：张　微

责任校对：王素芹　　　装帧设计：史利平

出版发行：化学工业出版社（北京市东城区青年湖南街 13 号　邮政编码 100011）

印　　装：北京虎彩文化传播有限公司

787mm×1092mm　1/16　印张 12¾　字数 325 千字　2023 年 7 月北京第 1 版第 7 次印刷

购书咨询：010-64518888（传真：010-64519686）　售后服务：010-64518899

网　　址：http://www.cip.com.cn

凡购买本书，如有缺损质量问题，本社销售中心负责调换。

定　　价：32.00 元

重庆市示范性高职院校优质核心课程系列教材

建设委员会成员名单

序

随着高等职业教育“工学结合，校企合作”人才培养模式的不断发展，示范院校示范专业的课程建设进入到全新的阶段，特别是在《教育部关于推进高等职业教育改革创新 引领职业教育科学发展的若干意见》（教职成〔2011〕12号）的正式出台，标志着我国高等职业教育以课程为核心的改革与建设成为高等职业院校当务之急。重庆工贸职业技术学院经过十年的改革探索和三年的示范性建设，在课程改革和教材建设上取得了一些成就，纳入示范建设的3门食品工艺与检测专业优质核心课程的物化成果之一——教材，现均已结稿付梓，即将与同行和同学们见面交流。

本系列教材力求以职业能力培养为主线，以工作过程为导向，以典型工作任务和生产项目为载体，立足行业岗位要求，参照相关的职业资格标准和行业企业技术标准，遵循高职学生成长规律、高职教育规律和行业生产规律进行开发建设。教材建设过程中广泛吸纳了行业、企业专家的智慧，按照任务驱动、项目导向教学模式的要求，在内容选取上注重了学生可持续发展能力和创新能力培养，教材具有典型的工学结合特征。

本套以工学结合为主要特征的系列化教材的正式出版，是学院不断深化教学改革，持续开展工作过程系统化课程开发的结果，更是重庆市示范性高职院校建设的一项重要成果。本套教材是我们多年来按食品生产流程开展教学活动的一次理性升华，也是借鉴国外职教经验的一次探索尝试，凝聚了各位编审人员的大量心血与智慧，希望该系列教材的出版能为推动全国高职高专食品工艺与检测专业建设起到引领和示范作用。当然，系列教材涉及的工作领域较多，编者对现代教育理念的理解不一，难免存在各种各样的问题，希望得到专家的斧正和同行的指点，以便我们改进。

本系列教材的正式出版得到了全国生物技术职业教育教学委员会副主任陈电容教授等职教专家的悉心指导，以及娃哈哈集团重庆饮料有限公司刘炜、重庆涪陵榨菜集团张玉礼等专家和技术人员的大力支持，在此一并表示感谢！

宋正富

2014年10月

微生物学基础是高等职业院校生物技术类专业的一门强调实践能力的重要专业基础课。通过本课程的学习，学生应全面了解微生物学的基本理论知识，掌握基本实践操作技能，为后续课程的学习和岗位工作打下坚实的基础。

本教材是在全国生物技术职业教育教学指导委员会的指导下，根据教育部有关高职高专教材建设的文件精神，以高职高专生物制药技术专业学生的培养目标为依据编写的。在教材的编写过程中，为了突出工学结合，强化职业技能的教育教学指导思想，贯彻"教、学、做"合一的理念，对课程内容进行了改革。

在教材编写之前，编者对行业企业进行了调研，充分了解生产企业对岗位人才的需求，然后确定编写大纲。在教材编写内容上广泛地征求了生产企业一线技术专家的意见，紧密地结合了生产实际，突出了教材的实用性。本教材共分 10 章，19 个实践技能训练，将实践技能训练放入到每章之后，使基本理论知识和基本实践技能操作训练有机地结合。基本理论知识的学习可深入浅出，通过实践技能操作训练，有利于加深学生对理论知识的理解与掌握。通过本教材的教学，能够培养出企业需要的实践操作能力强的技术技能型人才。

本书配有电子课件，可从 www. cipedu. com. cn 下载使用。

本书可作为高等职业院校的生物制药、生化工艺、食品等生物相关专业的教学用书。书中部分章节和实训内容可根据专业不同进行相应取舍。

本书在编写过程中得到了重庆工贸职业技术学院各级领导和企业同行技术专家的大力支持，在此一并致谢。由于编者知识水平和能力有限，书中难免存在疏漏之处，敬请各位同行和广大读者多提宝贵意见，以便修正。

编　者

2015 年 1 月

目录
CONTENTS

第一章 微生物学基本知识与技能

[学习目标]

1. 知识目标

熟悉微生物概念及其特点；了解微生物分类及命名法则；了解微生物学的奠基人及其贡献；理解5S现场管理知识并灵活运用到实训室。

2. 技能目标

认识微生物实训室常用器具并学会其使用方法；学会并熟练洗涤和包扎各种玻璃器皿；熟练器具的无菌操作，增强无菌、安全、环保意识。

第一节 微生物学基本知识

一、微生物概述

在这个世界上，存在许许多多我们肉眼看不见的微小生命，它们扮演着不可或缺的角色，是将有机世界与无机世界联系起来的重要纽带。从本课开始，我们进入微生物世界，去认识他们，研究他们，趋利避害，让其为人类做出有益贡献。

1. 微生物的概念

微生物是指一切肉眼看不见或看不清的需借助显微镜才能观察到的个体微小、构造简单的微小生物的总称。微生物不是分类系统中的一个名称，它是一群种类繁多（多达10万种以上）、形态各异、大小不一、生物学特性差异极大的微小生物。个体微小：一般小于0.1mm，常用微米（μm）或者纳米（nm）为单位，需借助光学显微镜或者电子显微镜（如病毒）才能看到。构造简单：单细胞和简单多细胞，或者非细胞结构。微生物通常包括非细胞结构的病毒、亚病毒，原核生物的细菌、放线菌，真核生物的原生动物、真菌和单细胞藻类。

少数微生物肉眼可见。如食用真菌（蕈菌）、纳米比亚硫黄珍珠（一种硫细菌）。

[课堂互动]

微生物无处不在，请举例说出哪些地方微生物较多，哪些地方微生物较少？为什么有这种现象？

2. 微生物的生物学特性

微生物与高等生物一样具有生命体的基本特征——新陈代谢，但由于个体微小、结构简单，其某些生物学特性是动植物无法比拟的。

（1）个体小，代谢活力强　微生物体积小，比表面积（单位体积表面积）大，因而微生物能与环境之间迅速进行物质交换，吸收营养和排泄废物。从单位质量看，微生物的代谢强度比高等生物大几千倍到几万倍。如发酵乳糖的细菌每小时可分解自重的1000～10000倍的乳糖，每小时能产生自重1000倍的乳酸。微生物的这个特性为产生大量的代谢产物提供了物质基础，因而又称为“活的化工厂”，人类利用微生物可用于生物转化。微生物几乎能分解地球上的一切有机物，也能合成各种有机物。

（2）繁殖速度快，容易培养　例如，大肠杆菌：20min/代；嗜热菌：8min/代。细菌按20min 1代计算，24h就是72代，按每10^9个细菌重1mg计，2^{72}个菌的质量超过4722t。事实上，由于种种原因的限制，细菌的指数分裂速度只能维持数小时，在液体培养中，细菌的浓度一般仅能达到（10^8～10^9）个/mL。利用此特性可用于发酵生产的菌种的扩大培养。微生物容易培养，只要营养与生长条件跟分布环境相似就能培养，能在常温常压下利用简单的营养物质，甚至工农业废弃物进行生长繁殖，积累代谢产物，因而用于发酵生产，表现为生产效率高，发酵周期短，不受季节限制，易于就地取材等优点。如酿酒、乳酸的发酵；又如生产酵母蛋白；利用工程菌生产药物，如干扰素、激素等。

（3）种类多，分布广　现发现的微生物种类多达10万种以上。微生物分布极为广泛，无处不在，可以这样说，凡是有动植物生存的地方就有微生物的存在，没有动植物生存的地方也有它的踪迹。万米以上的高空，几千米以下的海底，冰雪覆盖的南极，酷热难耐的沙漠，90℃以上的温泉，以及动植物组织内都有微生物的身影。

（4）适应性强，易变异　微生物对外界环境适应能力很强，如有些微生物其体外附有糖被（或荚膜），既可作为营养物质来源，又可抵御吞噬细胞对它的吞噬。细菌的休眠体芽孢、放线菌的分生孢子和真菌孢子对外界有很强的抵抗力。另一方面，微生物受环境的影响很大，容易变异。当环境发生变化，不适于微生物生长时，大多数微生物死亡，但仍有少数个体发生变异而存活下来。人们利用这一特性，常用于菌种选育，获得目的菌。

3. 微生物与人类的关系

有利方面：生产食品，如酿酒、食醋、发酵乳制品等；生产药物，如抗生素、激素、干扰素等；参与自然界物质循环，如碳素循环、氮素循环和硫素循环；污水处理，如活性污泥法和生物膜法等处理污水。

有害方面：引起植物、动物（或人类）疾病；食物腐败变质等。

[课堂互动]

请同学们列举生活中常见的微生物有利方面的应用和有害方面的影响。

二、微生物分类及命名

1. 微生物的主要类群

生物分类体系如下。

• 2 界系统：动物界和植物界。

• 3 界系统（1866 年海克尔提出）：动物界、植物界和原生生物界（包括细菌、真菌、原生动物和藻类）。

• 5 界系统（1969 年魏塔科提出）：动物界、植物界、原生生物界、真菌界和原核生物界。

• 6 界系统（1979 年我国学者王大耜提出）：动物界、植物界、原生生物界、真菌界、原核生物界和病毒界。

• 3 域系统（1990 年，伍斯提出）：细菌域（包括细菌、放线菌、蓝细菌等）、真核生物域（包括动物、植物、真菌和原生生物）和古生菌（古细菌）域。把各界分别放入三域中，不足之处是没有确定非细胞生物（病毒）的分类地位。

目前较全面的生物分类体系把所有生物分为：动物界、植物界、原生生物界、原核生物界、真菌界、古细菌界和病毒界。

根据个体结构和进化水平的不同，一般把微生物分为非细胞微生物、原核微生物和真核微生物。

（1）非细胞微生物　包括病毒和亚病毒。没有典型的细胞结构，不具备代谢必需的酶系统，只能在各种活的细胞中生长繁殖，是一类比细菌还小的生物，必须借助电子显微镜才能观察到。病毒依寄主不同可分为：细菌病毒、真菌病毒、昆虫病毒、植物病毒、脊椎动物病毒等。亚病毒比病毒更小、结构更简单，包括类病毒、卫星病毒、拟病毒和朊病毒。

（2）原核微生物　主要包括细菌、放线菌、蓝细菌、支原体、立克次体和衣原体六类。原核微生物是一类不具有核膜和核仁，只有核区的裸露 DNA 的原始单细胞生物，核区内只有一条双螺旋结构的脱氧核糖核酸构成的染色体。

（3）真核微生物　主要包括真菌、显微藻类和原生动物等。真核微生物是一类细胞核具有核膜、能进行有丝分裂、细胞质中存在线粒体或同时存在叶绿体等细胞器的微生物。真核微生物与原核微生物相比，其形态较大、结构较为复杂，且已经分化出许多由膜包围着的功能专一的细胞器，以及有核膜包裹的细胞核。它们的细胞结构主要区别见表 1-1。

表 1-1　原核细胞与真核细胞的主要区别

比较项目	原核细胞	真核细胞
细胞大小	较小，1～10μm	较大，1～100μm
细胞壁	肽聚糖	纤维素，几丁质
质膜	有固醇，质膜内陷形成中间体	无固醇，无中间体
核糖体	70s	80s(线粒体和叶绿体中为 70s)
细胞器	无	有线粒体、内质网等细胞器
细胞核	原核(拟核)，无核膜和核仁	真核，具核膜和核仁
DNA	只有一条，常为环状大分子，也存在于质粒中	一至数条，同组蛋白结合，存在于染色体中
细胞分裂	二分裂	有丝分裂与减数分裂
繁殖方式	无性繁殖	无性繁殖和有性繁殖

2. 微生物的分类单位

与高等动植物分类一样，分类单位为界、门、纲、目、科、属、种。

现以大肠杆菌为例说明微生物的分类。

界：细菌界

门：变形菌门（Bacteria）
纲：γ-变形菌纲（Proteobacteria）
目：肠杆菌目（Enterobacteriales）
科：肠杆菌科（Enterobacteriaceae）
属：埃希菌属（*Escherichia*）
种：大肠杆菌种（*E. coli*）

两个主要分类单位之间还可加上次级分类单位，如亚门、亚纲、亚种等，种是最基本的分类单位。

种下面还有变种（或亚种、小种）、型、菌株等。

变种（var）或小种：分离的纯种必须与记载的种的特征完全一致，如果具有某一显著不同的特征且稳定，称为这个种的变种。如 1953 年有人在土壤中分离到一株分解有机磷能力很强的巨大芽孢杆菌，就称为亚种或小种。

型（type）：区别不像变种那样显著，多表现在菌体的化学组分上或寄主不同。如结核分枝杆菌可分为人型、牛型等。

菌株：指来源不同的同一个种的纯培养物。在实际中应用最广。常在种名后面写上编号、地址等。如枯草杆菌 BF. 7658。

类群：指属以下几个比较近似的种的集合。常把近似的菌株放在一起归为一个类群。如链霉菌属，根据属内近似的种，可归纳为 14 个类群，曲霉属归纳为 18 个类群。

3. 微生物的命名规则

采用林奈的双名法。一般规则如下。

每一个种通常用 2 个拉丁词组成，第一个词是属名，属名的第一个字母要大写，是一个名词，用以表示该属的主要特征，属名有时用人名或地名来表示。第二个词是种名，是形容词，表示微生物的次要特征，也可用人名或地名来表示，种名第一个字母不大写。学名在印刷时用斜体字表示。后常跟命名人的姓以及命名时间，用正体。例如：大肠杆菌（*Escherichia coli*）。

三、微生物学的发展

1. 微生物学的发展阶段

微生物学的概念：微生物学是研究各种微生物的形态、生理、生化、分类及生态的生物学的分支学科。

微生物细小，肉眼不能看见，因此，在人类历史长河中的很长时间，人们并不认识微生物。尽管如此，人们很早就已经不自觉地利用微生物了。我国是最早应用微生物的少数国家之一。据考证，我国在 8000 年前已经出现了曲蘖酿酒，4000 多年前酿酒已十分普遍，2500 年前发明酿酱、醋，知道用曲治疗消化道疾病。

微生物学作为一门学科，是从有显微镜开始的，微生物学发展经历了三个时期。

（1）形态学时期　微生物的形态观察是从安东·列文虎克发明显微镜开始的。他用自制放大 50～300 倍的显微镜，清楚地看见了细菌和原生动物。他是真正看见并描述微生物的第一人。1695 年，安东·列文虎克把自己积累的大量结果集在《安东·列文虎克所发现的自然界秘密》一书里。

（2）生理学时期　继列文虎克发现微生物之后的 200 年间，微生物学的研究基本停留在形态描述和分门别类阶段。直到 19 世纪中期，以法国的巴斯德和德国的柯赫为代表的科学家才将微生物的研究从形态描述推进到生理学研究阶段。

(3) 现代微生物学的发展　20 世纪上半叶微生物学快速发展，主要沿着应用微生物学和基础微生物学两个分支方向发展，并且还在不断地形成新的学科和研究领域。各分支学科之间是相互配合、相互促进的。

① 基础微生物学的分类如下。

按微生物种类分，可分为细菌学、真菌学、病毒学等。

按性质或功能分，可分为微生物生理学、遗传学、生态学、分子微生物学等。

按与疾病的关系分，可分为免疫学、医学微生物学、流行病学。

② 应用微生物学的主要分类如下。

按生态环境分：可分土壤微生物学、海洋微生物学、环境微生物学等。

按技术与工艺分：可分为分析微生物学、发酵微生物学、遗传工程等。

按应用范围分：可分为工业微生物学、农业微生物学、医学、食品微生物学等。

2. 微生物学的奠基人

(1) 列文虎克 (1632—1723)　荷兰商人，他是第一个真正看到并描述微生物的人。他用自制放大 50～300 倍的显微镜观察到了不同的细菌，首次揭示了一个崭新的微生物世界。

(2) 巴斯德 (1822—1895)　法国化学家，后来转向微生物学研究领域。他的突出贡献主要有四个方面。

① 彻底否定了自然发生说。他的著名的曲颈瓶试验 (见图 1-1)，证明空气中含有微生

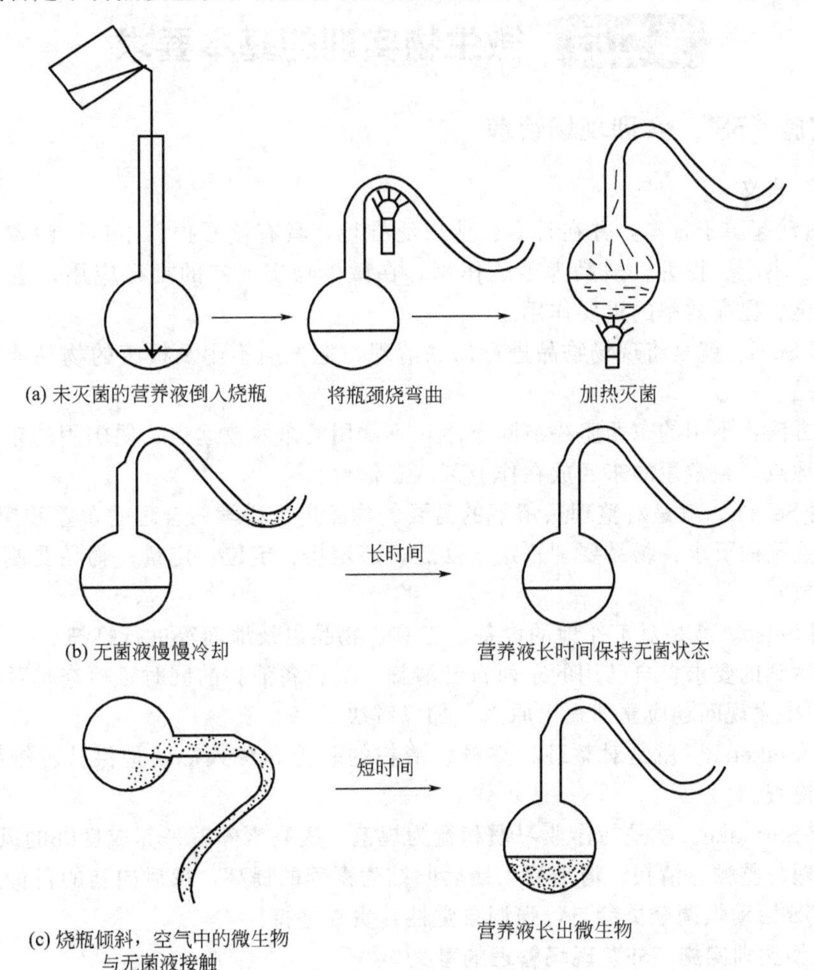

图 1-1　巴斯德的曲颈瓶试验

物，是引起瓶内基质腐败的真正原因。

② 证明发酵是由微生物引起的。他认为一切发酵都与微生物的生长、繁殖有关，并证实酒精发酵是由酵母菌引起的，乳酸发酵、醋酸发酵和丁酸发酵都是同不同微生物引起的。

③ 创立了巴氏消毒法。他创立的巴氏消毒法（60～65℃，30min），一直沿用到今天，仍然还是广泛采用的消毒法。

④ 预防接种提高机体的免疫功能。他通过禽霍乱的研究，发现将病原菌减毒可诱发免疫，从而预防禽霍乱病，随后又研究了狂犬病，并制成狂犬病疫苗，从而揭示了免疫机理，为人类防治传染病作出了杰出贡献。

（3）柯赫（1843—1910）　德国细菌学家，他的突出贡献如下。

① 第一个发明了微生物的纯培养技术的人。他用固体培养基进行细菌分离，这是进行微生物学研究的基本前提，这项技术一直沿用到今天，他发明的培养基制备技术也是微生物研究的基本技术之一。

② 对病原菌的研究。一是证实了炭疽病菌是炭疽病的病原菌。二是发现了肺结核病的病原菌。三是提出了柯赫原则，即病原微生物必须来自患病机体，并且可分离培养出来；人工接种这种病原微生物，必须引发相同的疾病。

第二节　微生物实训的基本要求

一、实施“5S”实训现场管理

1. “5S”含义

“5S”活动起源于日本，并在日本企业广泛推行，具有使亏损、不良、浪费、故障、切换产品时间、事故、投诉、缺勤为零的作用。在微生物实训室的推行应用，也具有降低损耗、确保安全、提高效率的重要作用。

① 整理 Seiri。就是将现场物品进行彻底清理，把长期不用及报废的物品清除出去，留下有用有物品。

整理的方法：不用的东西坚决清除干净，不常用的东西放远点，偶尔用的东西集中放实训室的指定地点，经常用的东西放在作业区（工作台）。

② 整顿 Seiton。就是对整理后留下的需要的物品进行科学、合理的布置和摆放。

整顿后达到的要求：物品要“三定”摆放，即定物、定位、定量；物品要便于取存；工具要归类摆放。

③ 清扫 Seiso。就是对工作地的设备、工具、物品以及地面等进行打扫。

清扫应达到的要求：自己用的东西自己清扫；对设备清扫的同时，检查是否有异常（点检）；在清扫中发现问题应立即查出原因，加以解决。

④ 清洁 Seiketsu。就是对整理、整顿、清扫的坚持和深入，就是保持、维护。实行制度化，定期检查。

⑤ 素养 Shitsuke。就是指作业习惯和行为规范。提高素养就是养成良好的风气和习惯。

通过整理、整顿、清扫、清洁活动最后归结为素养的提高，然后向新的目标迈进，形成新的循环。5S 活动强调全员参与，强调自觉性，贵在坚持。

2. 微生物实训实施“5S”现场管理的意义

① 提高实训效率。实训现场器具整齐干净，摆放合理，实训前的充分准备和编写实训

计划，有利于实训现场的有序和协调开展，从而大大提高实训效率。

② 降低或者规避玻璃器皿的损坏，减少仪器设备的机械故障或损坏。通过整理和整顿，实训桌面只放本次实训的设备，摆放整齐，拿取方便，避免器具的乱拿乱放，操作规范，从而降低玻璃器皿的损坏。设备的正确使用和维护，提高仪器的使用寿命，减少人为损坏。

③ 节约实训耗材，减少浪费。由于实训有计划，保证了实训药品、培养基的合理使用。培养学生养成资源节约意识，如吸水纸、擦镜纸节约使用，培养基的不浪费，酒精灯不使用就及时熄灭等。

④ 确保人身安全。器具整齐，道路通畅，危险操作警示明确，器具的熟练正确使用，意外事故时的正确处理，从而避免和降低人身伤害。

⑤保证实训结束后物品摆放整齐、器皿清洗干净。

[课堂互动]

让同学们将课桌物品进行“5S”现场管理，老师检查并点评。

二、实训习惯基本要求

1. 行为习惯要求

① 养成实训前的预习并写出实训方案（计划）习惯，了解实验目的、原理、所需器具、实训方法，做到实训时心中有数，思路清楚。

② 实训课应穿好实训服，带上实训记录本等工具，按时到实训室指定位置。严禁迟到或无故缺课。

③ 清点实训所需器具，如差实训器具或有破损，应向老师报告，不能乱拿别处器具。应作好仪器的使用登记。

④ 认真、及时地做好实训结果的记录，对于当时不能得到结果而需要连续观察的实验，则需记下每次观察的现象和结果，以便分析。

⑤ 实训器皿应轻拿轻放，严格按操作规程进行操作，防止器皿损坏。万一遇有盛菌试管或瓶不慎打破、皮肤破伤或菌液吸入口中等意外情况发生时，应立即报告指导教师，及时处理，切勿隐瞒。不按规程操作，造成器具损坏的，按原价赔偿。

⑥ 实训室内应保持整洁和安静，勿高声谈话和随便走动。

⑦ 实训过程中，切勿使乙醇、乙醚、丙酮等易燃药品接近火焰。如遇火险，应先关掉火源，再用湿布或沙土掩盖灭火。必要时使用灭火器。

⑧ 使用显微镜或其他贵重仪器时，要求细心操作，特别爱护。特别是显微镜使用油镜后，一定要将镜头擦拭干净，正确归位后放入镜箱中，并放回原处。

⑨ 对实训消耗材料（如药品、培养基、酒精、标签纸等）要力求节约，用毕放回原处。

⑩ 每次实训需进行培养的材料，应标明自己的组别及处理方法，放于教师指定的地点进行培养。实训室中的菌种和物品等，未经教师许可，不得携带出室外。

⑪ 实训结束后，每个人应打扫自己的实训桌台面，清洁玻璃器皿，清点设备仪器并归放原处，养成自己的事情自己做的习惯。

⑫ 值日生或小组应搞好实训室的大扫除，关闭水、电、窗等，完毕后报告实训老师，经老师检查符合要求后方能离去。

⑬ 每次实训结束后，应及时书写实训报告，应以实事求是的科学态度填写报告表格，

力求简明准确，认真回答思考题，并及时交给教师批阅。

2. 安全、环保要求

① 玻璃仪器应小心拿放，避免破碎划伤。凡皮肤割破或烫伤，应及时到医务室进行治疗包扎。

② 高压湿热灭菌锅、烘箱、电炉、电热锅等电器设备使用应规范、小心，避免漏电、高温烫伤、引发火灾等。

③ 实训时应小心，避免接触有害微生物，在实训过程中不要用手接触眼、口、鼻等，实训结束后应用肥皂清洗手。如有培养物接触皮肤，应用自来水反复清洗，如培养物溅落到嘴里，应反复漱口。

④ 凡用过的带菌吸管、滴管、玻片等，应放入5%的石炭酸缸中，浸泡后再进行清洗。

⑤ 清洗培养皿、试管等，应将培养基倒入垃圾桶，然后再清洗。避免下水道堵塞和污染。

⑥ 凡培养了有害微生物（如大肠杆菌、沙门菌等）的器皿，应在灭菌锅灭菌30min后再清洗。

3. 无菌操作要求

微生物实训不同于理化实训，其根本点是要有无菌操作意识。这是因为无论是微生物菌种培养，还是发酵生产，都必须防止杂菌感染，否则就功亏一篑，而环境中的微生物无处不在，如空气中、水中、手上、衣服上、桌面以及各种器具等都含有微生物。也就是说，凡是与微生物实训接触的表面都有微生物，为了得到纯培养物，必须进行无菌操作。

无菌操作就是指在微生物实训操作过程中，人为杀灭一切微生物或一切不需要的微生物的操作，它是微生物实训最基本的操作技术。

无菌操作有两个主要目的：一是防止实训室的培养物被其他外源微生物污染；二是防止实训室培养的微生物污染环境，特别是有害微生物对实训操作者的伤害。也可以说，无菌操作也是对安全、环保的基本要求。

无菌操作的要点如下。

（1）接种前应杀死作业系统的一切微生物，使系统处于无菌状态　①保持无菌室的日常整洁，在接种前应提前0.5h打开超净工作台的紫外灯灭菌。②接种所涉及的器具和物料应严格灭菌。涉及的器皿（如培养皿、试管、三角瓶、刻度吸管、涂布棒等），所需的物料（如培养基和无菌水等先用三角瓶等盛装），应用报纸、牛皮纸等包扎好，然后进行湿热或者干热灭菌；进行微生物接种之前，接种环应进行火焰灭菌。

（2）超净工作台无菌操作　①关闭超净工作台的紫外灯（严禁在紫外灯开灯期间进行接种操作）。②用75%的酒精棉球擦拭双手和工作台面。③将已灭菌的物料放入工作台并按有利于操作需要摆放好。④接种用试管、三角瓶等应做好标记。⑤操作过程不得离开酒精灯火焰。如打开或密封三角瓶的瓶口、试管的管口、培养皿的皿盖，倒平板等。⑥棉塞不得随处乱放。如果棉塞还要塞回三角瓶或试管等盛装容器，则应用右手小指夹住，不得放在工作台面，以免受到污染。⑦拿器皿的部位应以不易造成手上的微生物进入系统为准。如刻度吸管应拿刻度线以上；三角瓶、试管应尽量拿下部，远离瓶口或管口。⑧接种环等接种工具在接种前和接种后都应在酒精灯火焰上灼烧灭菌，前者是防止接种环上的微生物对系统的污染，后者是防止培养的微生物对环境的污染。⑨接种操作应规范、熟练，迅速完成接种，减少在空气中的暴露时间。⑩棉塞应塞得松紧适度，既可阻断空气中外源微生物的污染，又有利于氧气的进入。

图1-2为常见的微生物实验室基本无菌操作方法。

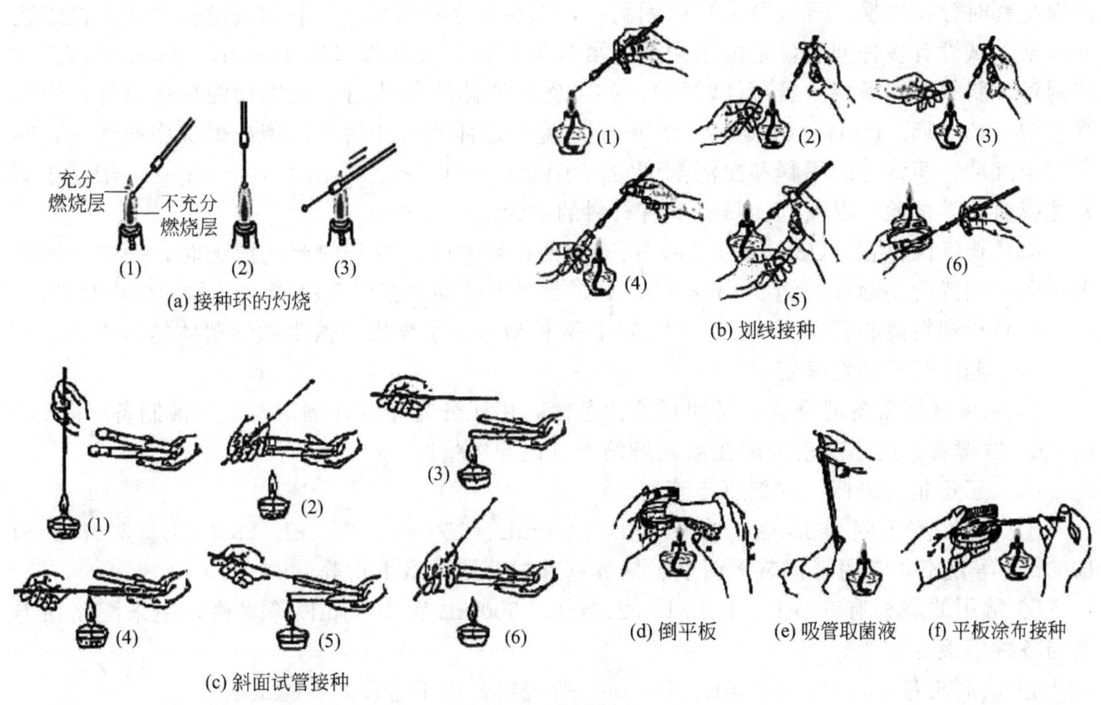

图 1-2 无菌操作

[课堂互动]

取经过包扎的视为灭菌的刻度吸管、试管、锥形瓶各一个，然后让同学们做无菌操作演示，同时让同学们评价，最后老师总结。

第三节 微生物实训常用器具

一、微生物实验（训）室的组成

微生物实验室一般由准备室、培养基制备与灭菌室、无菌操作室、微生物培养室、显微结构观察室、菌种保藏室等几个部分组成。但也因教学、科研和工作性质不同有一定的差异，应根据实际情况而布置确定。

本次课实行现场教学，将学生带到微生物实训室，根据具体设置而讲解，让学生了解有哪些主要器具、摆放位置，以及主要用途。

二、微生物实训室常用设备及使用

1. 常用器具的种类与使用

微生物学实训所用的器具，大多要进行消毒、灭菌后用来培养微生物，因此对其质量有一定的要求。玻璃器皿一般要求硬质玻璃，才能承受高温和短暂烧灼而不致破裂；玻璃器皿的游离碱含量要少，否则会影响培养基的酸碱度。玻璃器皿主要用于盛装液体和固体样品、量取液体体积、测量计数及其他用途。

（1）试管　试管是微生物实训室最常用的玻璃器皿，管壁比化学实训室用的厚些，以免塞棉花塞时管口破损。管口要求平而无翻口，以免微生物从棉塞与管口的缝隙间进入试管造成污染。试管有多种型号，根据用途不同可分为三种：大试管（约 18mm×180mm），常用作制备琼脂斜面（需要大量菌体时用），亦可盛装液体培养基用于微生物的振荡培养；中试管［约（13～15）mm×（100～150）mm］，盛装液体培养基培养细菌或做琼脂斜面用，亦可用于细菌、病毒等的稀释和血清学试验；小试管［（10～12）mm×100mm］，一般用于糖发酵或血清学试验，以及其他需要节省材料的试验。

（2）德汉氏小管（Durham tube）观察细菌在糖发酵培养基内产气情况时，一般在试管内再套一倒置的小套管（约 6mm×36mm），此小套管即为德汉氏小管，又称发酵小套管。

（3）小塑料离心管有 1.5mL 和 0.5mL 两种型号。主要用于微生物学菌体的离心等。

（4）刻度试管和发酵管

① 刻度试管常备玻璃塞，又叫具塞比色管，用于分光光度计测定时的试液制备

② 发酵管，用于观察细菌在糖发酵培养基内产气情况。

（5）三角瓶、烧杯、试剂瓶与滴瓶

① 三角瓶又叫锥形瓶，有 50mL、100mL、150mL、250mL、300mL、500mL 和 1000mL 等规格，常用来盛装无菌水、培养基和振荡培养微生物等。

② 常用的烧杯有 50mL、100mL、250mL、500mL 和 1000mL 等规格，用来配制培养基与各种溶液等。

③ 试剂瓶有 100mL、500mL、1000mL 等规格，用于盛装贮备的试剂。

④ 滴瓶有 30mL、60mL 规格，主要用于盛装无菌水、染色液、二甲苯等。

（6）培养皿　常用的培养皿的皿底直径为 90mm，高 15mm，在培养皿内倒入适量固体培养基制成平板，可用于分离、纯化、鉴定菌种，活菌计数以及测定抗生素、噬菌体的效价等。

（7）刻度吸管　吸管是精确吸取液体试剂的玻璃器皿，又分为吸量管和移液管。微生物实训室常用移取非定量体积的吸管，又称吸量管，通常有 0.1mL、1mL、2mL、5mL、10mL 等规格，一般 0.1mL 的吸管刻有吹字，使用时要将所吸液体吹尽，未刻吹字的吸管，使用时不能将所吸液体吹尽。吸取定量体积的吸管，又称为移液管或胖肚吸管，微生物实训不常用。用刻度吸管量取液体的体积时，以液体的凹面为准。另外，还有用于精确定量的容量瓶和移取微量试样的微量移液器等。

（8）量筒和量杯　主要用于粗略量取液体试样。常用规格有 10mL、50mL、100mL、250mL、500mL。

（9）载玻片、盖玻片与凹玻片　普通载玻片大小为 75mm×25mm，用于微生物涂片、染色、做形态观察等。盖玻片为 18mm×18mm，用于真菌形态观察的水浸制片，也用于血球计数板使用时的盖片。凹玻片是在一块较厚玻片的当中有一圆形凹窝，做悬滴观察活细菌以及微室培养用。

（10）接种工具　接种工具有接种棒、接种环、接种针、接种钩、接种铲、接种刀、玻璃涂布棒等。

① 接种棒：用于固定自制的接种针、接种环、接种钩等。由金属杆、胶木柄和前端螺母组成。

② 接种针：用于挑取细小菌落和霉菌的菌丝及孢子。可用废旧细电炉丝，拉直，磨光，安装在接种棒上即可。

③ 接种环：用于挑取菌落或蘸取菌悬液在斜面、平板上划线分离用。将铂丝或镍丝（直径以 0.5mm 为适当）顶端弯制成一个圆圈，环的内径约 2～4mm，环面应平整。

④ 接种钩：用于分离和接种时挑取孢子、菌丝。将接种针顶端弯成直角。

⑤ 接种刀：用于纵切斜面菌种和转接菌种，还可用于组织分离时挑取、移接组织块。制作方法是取长 25cm 的不锈钢丝，将其一端烧红锤扁，用砂轮打磨成菜刀状，使其刀口和前端薄而锋利。

⑥ 接种铲：用于挑铲母种或平板菌种。自制方法将接种刀前端打磨成铲状，顶端也要薄而锋利。

⑦ 涂布棒：将玻璃棒一端用酒精喷灯烧红弯曲而成，在琼脂平板上分离单个菌落（如图 1-3、图 1-4、图 1-5）。

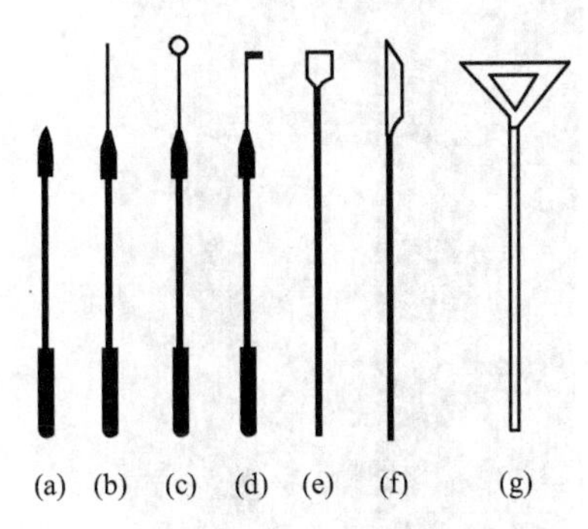

图 1-3　接种工具

(a) 接种棒；(b) 接种针；(c) 接种环；(d) 接种钩；(e) 接种铲；(f) 接种刀；(g) 涂布棒

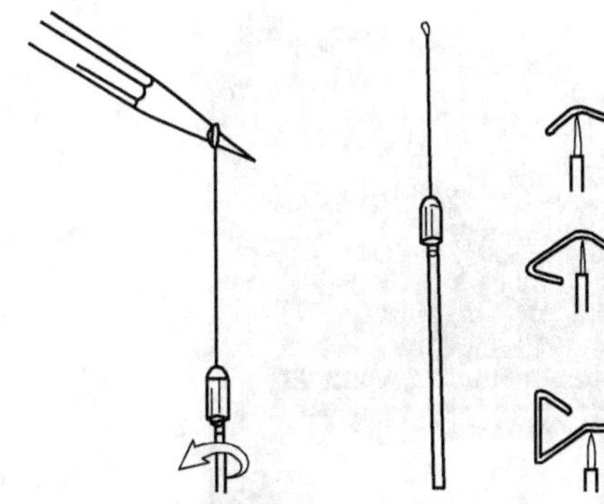

图 1-4　制作接种环的简易方法

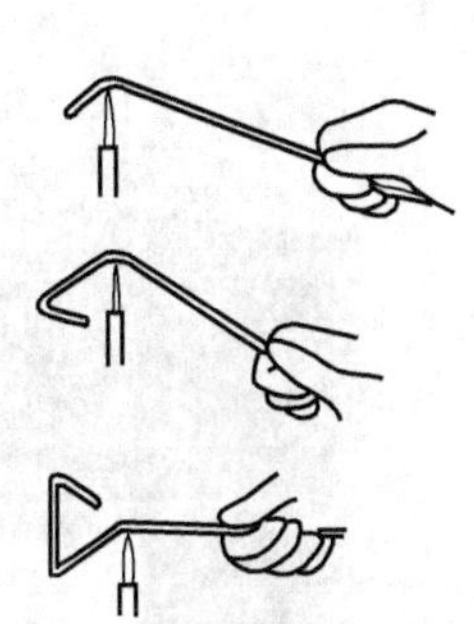

图 1-5　涂布棒的制作

(11) 其他器具　包括过滤漏斗、玻璃棒、玻璃珠、目镜测微尺、镜台测微尺、血细胞计数板等。漏斗：用于过滤，制备琼脂斜面试管的引流等。玻璃棒：用于制备培养基时的搅拌等。玻璃珠：用于打碎和混匀菌悬液。目镜测微尺和镜台测微尺：用于微生物细胞大小的测定。血细胞计数板：用于微生物细胞数目的测定。

2. 常用仪器与使用

(1) 高压湿热灭菌器　用途：广泛用于培养基、玻璃器皿、生理盐水、废弃培养物等的灭菌。主要有立式和卧式两种类型（如图 1-6）。

使用要点：①插入电源后，首先看水位指示灯，如缺水，应加水到刚好高水位灯亮。②调节灭菌温度和灭菌时间（一般是 121℃ 即 0.1MPa，10～30min）。③放入待灭菌物品，不要堵塞排气孔。④关闭排气阀，当压力升到 0.05MPa 时，打开排气阀，排出器内冷空气直到为 0 时，再关闭排气阀，防止形成“假压”。⑤灭菌结束，打开排气阀不要过快，防止蒸汽冲出伤人或蒸汽打湿包装报纸或瓶内液体冲出打湿棉塞，造成微生物感染。⑥如不再使用灭菌锅，应拔下电源插头，排出锅内

(a) 立式　(b) 卧式

图 1-6　高压湿热灭菌器

热水，减少水垢的形成。

（2）超净工作台 外形构造如图 1-7 所示。

用途：用于无菌条件下的倒平板和微生物接种等操作。

使用要点：①工作之前，应先打开电源，通气、紫外杀菌 30min。②无菌操作时，应关掉紫外灯，实训结束后，应把台面打扫干净，台面常用设备应摆放整齐，然后关掉电源，塑料凳归位。

（3）培养箱 有生化培养箱（图 1-8）恒温培养箱等多种类型。

图 1-7 超净工作台

图 1-8 生化培养箱

用途：生化培养箱用于组织培养，也可用于微生物的培养。恒温培养箱用于微生物的培养。

使用要点：①不宜放入过热或过冷的样品或试剂。②放取培养物时应敏捷，不宜长时间的打开箱门，影响箱内恒温状态。③放入培养物后应检查温度设置，把温度设置到需要状态。④箱内可经常放入装水的容器，以维持箱内湿度，避免培养物大量失水。⑤箱内培养物不得摆放过挤或过重，确保箱内温度均匀。⑥放培养物时应小心，不要碰到感温探头，避免感温探头损坏。

（4）离心机

用途：用于微生物菌体的沉降分离。

使用要点：①装液不要过多，离心管内液面距管口应大于 1cm。②放样时应对放，保证质量均衡，高速离心时的稳定。③离心时，当发现抖动或异响时，应立即关电检查。

（5）培养摇床

用途：用于液体培养基的微生物恒温培养。摇动培养的作用：一是使菌体充分分散在液体培养基中，有利于快速生长繁殖。二是有利于氧气溶入液体培养基，补充微生物因大量生长繁殖消耗的氧。

使用要点：①装培养液不要过多，一般为盛装容器的 1/3～1/2，避免摇床培养时溶液摇动溢出。②各培养物的质量要相当，且放物品时对称放置，以保持整个摇床质量均衡，保证摇床摇动时的稳定。③放入培养物后应检查设置，将温度、转速和时间设置到需要的状态，然后再按下转动按钮进行培养。④培养期间，如果要观察培养状况，应停止摇动，箱门不宜长时间打开，以名影响箱内恒温状态。

（6）电炉、电热锅 用于培养基制备时的溶解。主要注意安全使用，防止溶液沸腾时溢出烧断炉丝或烫伤。

三、玻璃器皿的洗涤

玻璃器皿的清洗是实训前的一项重要准备工作，是实训结果是否准确的先决条件。

清洗要求：经过洗涤后的玻璃器皿，不应在器壁上挂有水珠，应为一层均匀的水膜。

1. 洗涤剂的种类及用途

铬酸洗液（各种污垢）、浓盐酸（水垢或无机盐沉淀）、5%质量分数的草酸溶液（除高锰酸钾痕迹）、5%的磷酸三钠溶液（洗涤油污）、有机溶液如乙醇、丙酮等（除去油污、脂溶性染料）、30%的硝酸（洗涤 CO_2 测定仪及微量滴管）、5%～10%的EDTA溶液（加热煮沸可洗去玻璃器皿内壁的白色沉淀）。

2. 铬酸洗液的配制

方法1：取100mL硫酸置于烧杯中，小心加热；然后慢慢加入5g重铬酸钾粉末，边搅拌边加入；待重铬酸钾完全溶解后冷却至室温备用。

方法2：称取5g重铬酸钾粉末，置于烧杯中，加水5mL，并尽量使其溶解，然后缓慢加入浓硫酸，边搅拌边加入，冷却至室温备用。

3. 玻璃器皿的洗涤

清洗方法根据实验目的、器皿的种类、所盛的物品、洗涤剂的类别和沾污程度等的不同而有所不同。

（1）新玻璃器皿的洗涤方法 新购置的玻璃器皿含游离碱较多，应在酸溶液内先浸泡数小时。一般用2%的盐酸，浸泡后用自来水冲洗干净。

（2）使用过的玻璃器皿的洗涤方法

① 试管、培养皿、三角瓶、烧杯等玻璃器皿 可用瓶刷或海绵蘸上肥皂或洗衣粉或去污粉等洗涤剂刷洗，然后用自来水充分冲洗干净。热的肥皂水去污能力更强，可有效地洗去器皿上的油污。洗衣粉和去污粉易附着于器壁而较难冲洗干净，应用自来水冲洗多次，或用稀盐酸摇洗一次，再用水冲洗，然后倒置于铁丝框内或有空心格子的木架上，在室内晾干。急用时可放烘箱内烘干。洗涤时应将标签除去。

装有固体培养基的器皿应先将其刮去，然后洗涤。带菌的器皿在洗涤前先浸在2%煤酚皂溶液（来苏尔）或0.25%新洁尔灭消毒液内24h或煮沸0.5h，再用上法洗涤。带病原菌的培养物应先高压蒸汽灭菌，然后将培养物倒去，再进行洗涤。

盛放一般培养基用的器皿经上法洗涤后，即可使用；若做科研的精确实验，需再用蒸馏水淋洗三次，晾干或烘干后备用。

② 玻璃吸管 玻璃吸管使用后应立即用自来水冲洗，或者投入盛有自来水的量筒或标本瓶内，免得干燥后难以冲洗干净，待实验完毕，再集中冲洗。若吸管顶部塞有棉花，应先用自来水将棉花冲出，然后再装入吸管自动洗涤器内冲洗，没有吸管自动洗涤器的实验室可用冲出棉花的方法多冲洗片刻。必要时再用蒸馏水淋洗。洗净后，放瓷盘中自然晾干，若要加速干燥，可放烘箱内烘干。

吸过含有微生物培养物的吸管亦应立即投入盛有2%煤酚皂溶液或0.25%新洁尔灭消毒液的量筒或标本瓶内，24h后方可取出冲洗。

吸管的内壁如果有油垢，同样应先在洗涤液内浸泡数小时，或者铬酸洗液浸泡（4～

6h)，然后再行冲洗。

③ 载玻片与盖玻片　用过的载玻片与盖玻片如滴有香柏油，要先用皱纹纸擦去或浸在二甲苯内摇晃几次，使油垢溶解，再在肥皂水中煮沸 5～10min，用软布或脱脂棉花擦拭，立即用自来水冲洗，然后在稀洗涤液中浸泡 0.5～2h，自来水冲去洗涤液，待干后浸于 95% 乙醇中保存备用。使用时在火焰上烧去乙醇。用此法洗涤和保存的载玻片和盖玻片清洁透亮，没有水珠。

检查过活菌的载玻片或盖玻片应先在 2% 煤酚皂溶液或 0.25% 新洁尔灭溶液中浸泡 24h，然后按上述洗涤与保存。

四、玻璃器皿的包扎

为了保证微生物实训所用玻璃器皿在灭菌后仍然保持无菌状态，以利于微生物的纯培养，常用旧报纸包扎严实，以防玻璃器皿再被空气中的微生物或尘埃污染。主要包括培养皿、吸管、试管、三角瓶等的包扎。

包扎标准：包扎结实、外观优美、易于拆除。

1. 培养皿的包扎

准备好干燥的培养皿，一般 6～8 套叠在一起，然后用废旧报纸或牛皮纸滚动包扎卷成一个筒状，密封结实。包扎培养皿时，少于 6 套工作量太大，多于 8 套不易操作。

2. 吸管的包扎

准备好干燥的吸管，在距其粗头顶端约 0.5cm 处，塞一小段约 1.5cm 长的棉花，以免使用时将杂菌吹入其中，或不慎将微生物吸出管外。棉花要塞得松紧恰当（过紧，吹吸液体太费力；过松，吹气时棉花会下滑），然后分别将每支吸管尖端斜放在旧报纸条的近左端，与报纸约呈 45°。并将左端多余的两段纸覆折在吸管上，再将整根吸管卷入报纸，右端多余的报纸打一小结（如图 1-9）。

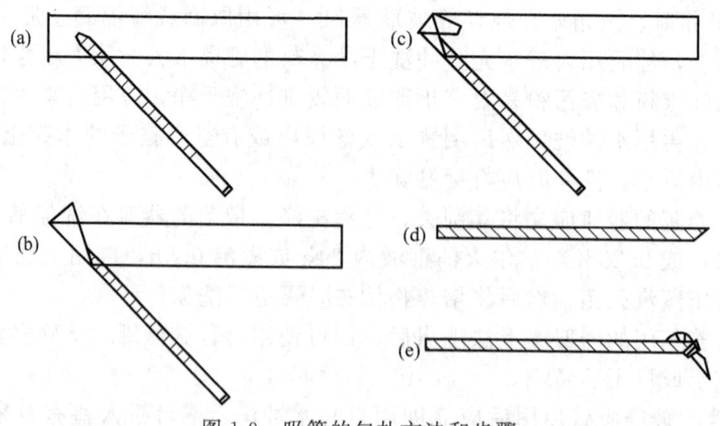

图 1-9　吸管的包扎方法和步骤

3. 试管和三角瓶的包扎

试管管口和三角瓶瓶口塞以棉花塞或泡沫塑料塞。棉花塞制成标准为紧贴玻璃内壁，无皱纹和缝隙，松紧适度，长度一般为管口直径的 2 倍，约 2/3 塞进管口为宜（图 1-10、图 1-11）。然后在棉花塞与管口和瓶口的外面用两层报纸与细线包扎好。

空的玻璃器皿一般用干热灭菌，若用湿热灭菌，则要多用几层报纸包扎，外面最好加一层牛皮纸或铝箔。

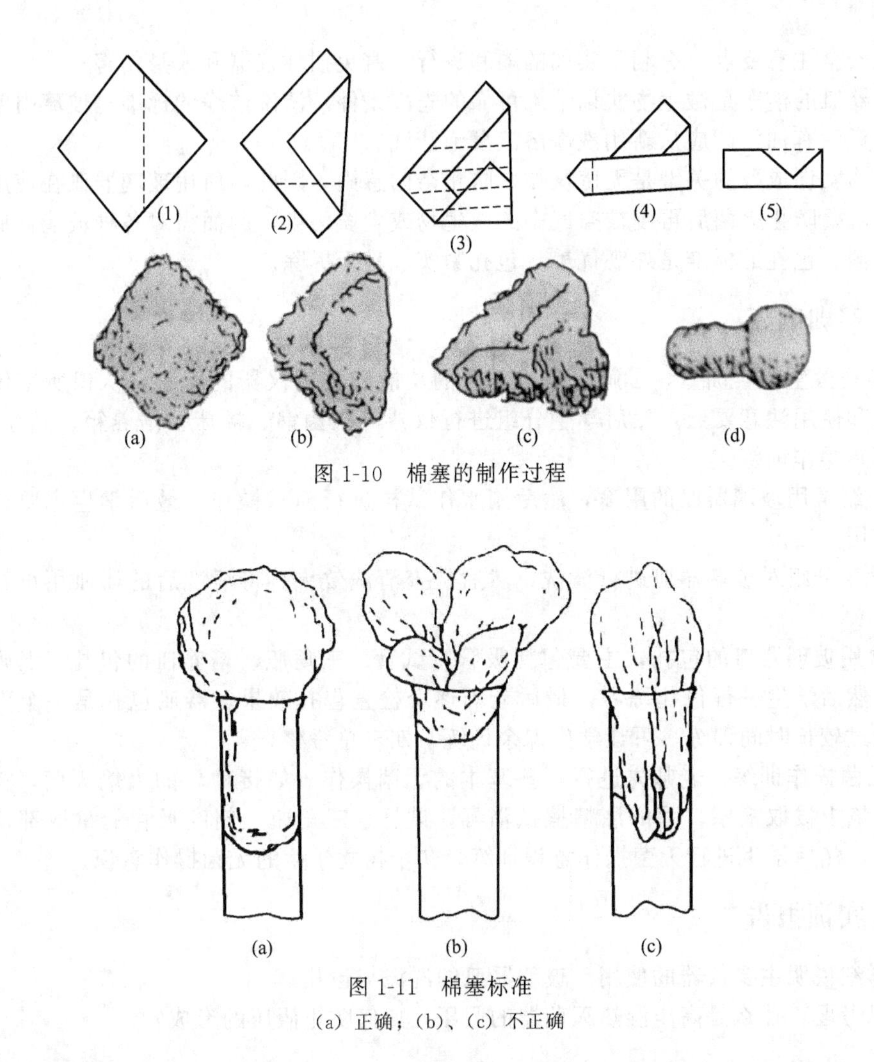

图 1-10　棉塞的制作过程

图 1-11　棉塞标准

(a) 正确；(b)、(c) 不正确

实践技能训练 1　微生物实验的基本技能训练

一、实训目的

1. 认识微生物实训室常用器具的名称与用途。
2. 熟练掌握微生物实训室常用仪器的使用及注意要点。
3. 熟练掌握玻璃器皿的洗涤与包扎技术。

二、实训材料

1. 常用各种玻璃器皿及常用仪器。
2. 常用清洗工具、各种洗涤剂。
3. 包扎用棉花、纱布、棉线、废旧报纸等。

三、实训原理

灭菌锅、超净工作台、培养箱、冰箱等仪器是微生物实训最常用的仪器，熟练掌握其使用方法及安全注意要点，有利于实训的顺利进行，避免损坏仪器和人身伤害。

玻璃器皿的洁净是微生物实训结果可靠的先决条件。清洗洁净的标准是玻璃内壁不挂水珠，否则说明有油污，应从新用洗涤溶液浸泡清洗。

微生物实训成败的关键是无菌操作，防止杂菌感染。因此，所用玻璃器皿在使用前均需灭菌，并且要防止灭菌后再度被空气中的微生物或尘埃污染，因而需对各种玻璃器皿进行包扎后再灭菌。包扎的标准是外观优美、包扎紧实、易于拆除。

四、实训内容

1. 参观微生物实训室，了解各组成部分的功能和常用仪器的配置，认识所用仪器的构造、功能和使用注意要点，然后学生分组进行仪器（灭菌锅、摇床、培养箱、超净工作台、离心机等）操作训练。

2. 介绍常用玻璃器皿的用途，然后用水作试样进行演示操作，最后学生主要训练刻度吸管的使用方法。

3. 学生分组对玻璃器皿进行清洗，然后检查清洗效果。将清洗后的器皿用烘箱进行烘干备用。

4. 常用玻璃器皿的包扎，主要包括吸管、试管、三角瓶、培养皿的包扎。老师先作包扎示范，然后学生进行包扎练习，最后老师逐个检查包扎效果。器皿包扎是一个熟练的过程，需经过较长时间训练，可让学生课余训练，期末总考核。

5. 无菌操作训练。老师先进行一些基本的无菌操作（如接种环的火焰灭菌，三角瓶和试管在火焰上拔取棉塞，手的酒精擦拭消毒，试管、三角瓶、刻度吸管的拿取部位和方法等）示范，然后学生进行无菌操作意识训练，初步树立学生的无菌操作意识。

五、实训报告

1. 详细说明主要仪器的使用、玻璃器皿的洗涤与包扎。

2. 思考题：什么是高压湿热灭菌器的假压？如何防止假压的形成？

[目标检测]

一、名词解释

微生物　微生物学　非细胞生物　原核微生物　真核微生物　变种　型　菌株　类群　无菌操作

二、选择题

1. 下列不属于微生物的特点是（　　）。

A. 个体微小，一般小于0.1mm

B. 构造简单，只具有单细胞和简单多细胞

C. 一般需借助显微镜才看得见或看得清

D. 形态各异，生物学特性差异极大

2. 下列属于非细胞微生物的是（　　）。

A. 支原体　　B. 立克次体　　C. 病毒　　D. 衣原体

3. 下列属于原核细胞和真核细胞都具有的结构是（　　）。

A. 线粒体　　B. 核糖体　　C. 内质网　　D. 高尔基体

4. 巴氏消毒法的消毒条件一般是（　　）。

A. 60～65℃，10min　　B. 60～65℃，30min

C. 60～65℃，60min　　D. 80～90℃，60min

5. 下列无菌容器无菌操作正确的是（　　）。

A. 手持刻度吸管上口端

B. 手持锥形瓶的近瓶口的瓶颈

C. 手持试管管口端

D. 取下培养皿的上盖

6. 巴斯德的曲颈瓶试验的目的是（　　）。

A. 证明空气中含有微生物，彻底否定自然发生说

B. 证明微生物的致病性

C. 证明基质的腐败是酶的作用引起

D. 证明巴氏消毒法能保藏食品

三、简答题

1. 微生物有哪些生物学特性？
2. 微生物学可分为哪两类分支学科？
3. 举例说明微生物的命名方法。
4. 简述巴斯德和柯赫的主要贡献。
5. 简述曲颈瓶试验。
6. 微生物主要包括哪些类群？
7. 微生物实训过程中应养成哪些良好习惯？
8. 无菌操作有哪两个目的？

第二章
原核微生物

[学习目标]

1. 知识目标

熟悉细菌和放线菌的形态结构、繁殖方式及菌落特征；了解原核微生物的革兰染色机理；熟悉显微镜的构造、光学原理。

2. 技能目标

学会显微镜的使用方法和维护保养方法；学会细菌的简单染色和革兰氏染色技术；学会使用显微镜进行细菌和放线菌的形态观察；熟练绘制微生物的形态结构图。

自然界中的微生物种类繁多，形态各异。在有细胞结构的微生物中，我们依据细胞核的构造及进化水平不同，将它们分为原核微生物和真核微生物两大类。原核微生物是指一大类细胞核无核膜包裹，只有称作核区的裸露DNA的原始单细胞生物。原核微生物包括真细菌和古细菌两大类群。古细菌又称为古生菌、古菌、古核生物或原细菌，是一类生存在极端环境（如缺氧、高温等）、形态类似于细菌的原核微生物。古细菌又与真细菌有许多不同之处，有人提出将古细菌从原核生物中分出，单独称为古核生物。因而在原核微生物中主要讲真细菌的一类微生物，主要包括细菌、放线菌、蓝细菌，以及形态结构比较特殊的立克次体、支原体、衣原体等。本章主要介绍细菌和放线菌的细胞结构与功能。

第一节 细 菌

细菌是一类形状细短，结构简单，多以二分裂方式进行繁殖的单细胞原核生物。细菌是所有生物中数量最多、分布最广的一类，广泛分布于土壤、水和空气中，或者与其他生物共生。据估计，人体内及表皮上的细菌总数约是人体细胞总数的十倍。细菌是物质循环的重要参与者，大部分是生态系统中的重要分解者，使碳循环能顺利进行。部分细菌会进行固氮作用，使氮元素得以转换为生物能利用的形式。

一、细菌的形态与大小

1. 细菌的形态

细菌的形态因菌种不同或同一菌种的生活环境条件不同而有所不同，其基本形态有球状、杆状和螺旋状三种。

(1) 球菌　球形或近似球形的细菌。有的单独存在，有的连在一起。根据球菌分裂后排列方式的不同，可把球菌分为六种，即单球菌、双球菌、链球菌、四联小球菌、八叠球菌、葡萄球菌，如图 2-1 为球菌分裂后的几种排列方式。

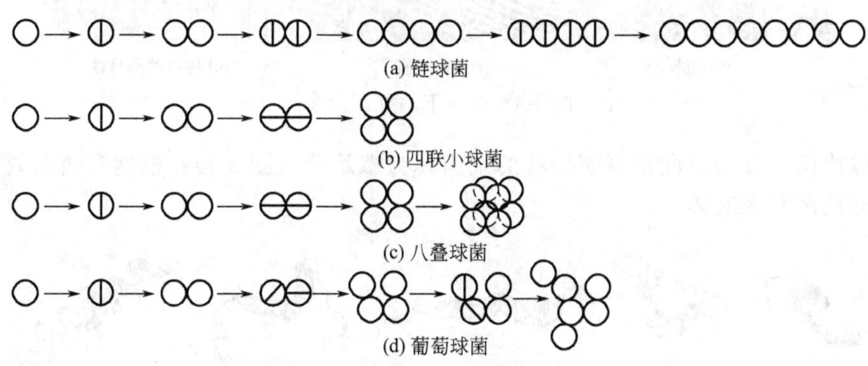

图 2-1　球菌分裂后的几种排列方式

① 单球菌。细胞沿一个平面分裂，子细胞分散而单独存在，如尿素小球菌 (*Micrococcus ureae*)。

② 双球菌。细胞沿一个平面分裂，子细胞成双排列，如肺炎链球菌 (*Diplococcus pneumoniae*)。

③ 链球菌。细胞沿一个平面分裂，子细胞呈链状排列，如乳酸链球菌 (*Streptococcus lactic*)。

④ 四联球菌。细胞按两个互相垂直的平面分裂，子细胞呈田字形排列，如四联小球菌 (*Micrococcus tetragenous*)。

⑤ 八叠球菌。细胞按三个互相垂直平面进行分裂，子细胞呈立方体排列，如甲烷八叠球菌 (*Sarcina methanica*)。

⑥ 葡萄球菌。细胞分裂无定向，子细胞呈葡萄状排列，如金黄色葡萄球菌 (*Stephylococcus aureus*) (图 2-2)。

(2) 杆菌　杆菌是细菌中种类最多的类型，因菌种不同，菌体细胞的长短、形状差异较大。长的杆菌呈圆柱形，有的甚至呈丝状；短的杆菌，其形状接近圆形或球形，易与球菌混淆，故称为短杆菌。菌体的形态大多为直杆状，也有的菌体微弯曲或呈纺锤状、分枝等其他形态。杆菌的两端多呈钝圆形，也有少数两端呈现平齐（如炭疽杆菌）和尖细（如梭杆菌）等。杆菌的排列一般分散存在，无一定的排列形式，偶有成对或链状排列，个别呈栅栏状或 V、Y、L 字形（图 2-3)。一般情况下，同一种杆菌的宽度比较稳定，但它的长度经常随培养时间、培养条件的不同而

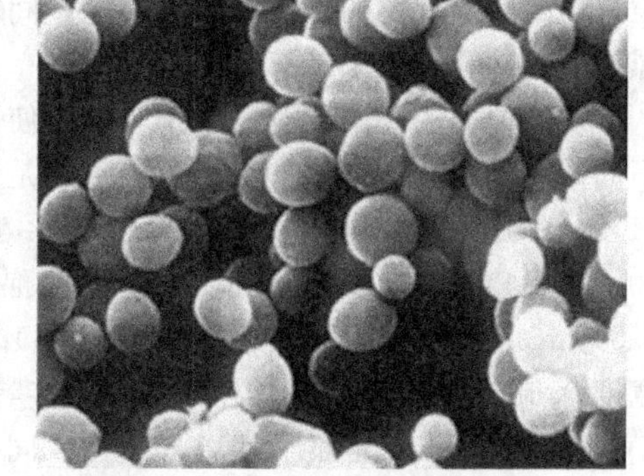

图 2-2　金黄色葡萄球菌的电镜照片

有较大的变化。

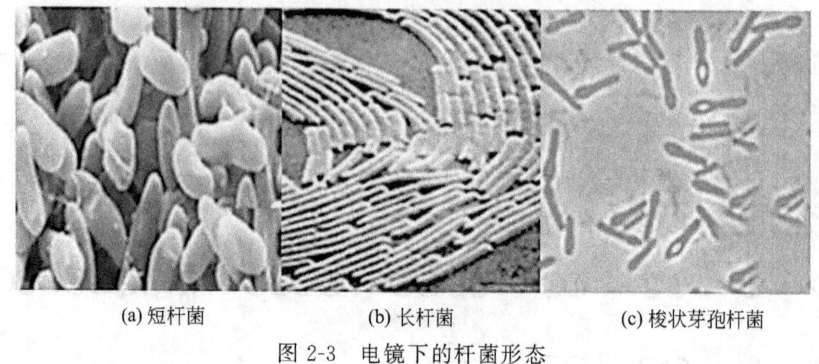

(a) 短杆菌　(b) 长杆菌　(c) 梭状芽孢杆菌

图 2-3　电镜下的杆菌形态

（3）螺旋菌　细胞弯曲呈现螺旋状的细菌称为螺旋菌（图 2-4）。根据弯曲的数目不同分为弧菌、螺旋菌和螺旋体。

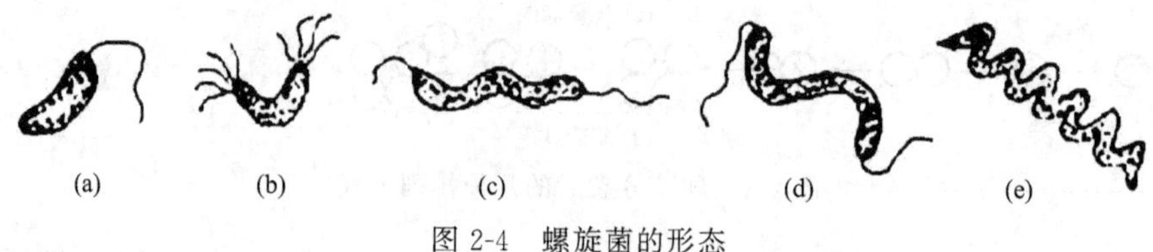

图 2-4　螺旋菌的形态

（a）、（b）弧菌；（c）、（d）螺旋菌；（e）螺旋体

① 弧菌。菌体只有 1 个弯曲，呈弧状或逗点状。如霍乱弧菌、逗号弧菌。

② 螺旋菌。菌体有 2～6 个弯曲。如干酪螺菌。

③ 螺旋体。旋转周数在 6 环以上，菌体柔软。如梅毒密螺旋体。

细菌形态可受各种理化因素的影响，一般来说，在生长条件适宜时培养 8～18h 的细菌形态较为典型。幼龄细菌形体较长，细菌衰老时或在陈旧培养物中或环境不适合于细菌生长时，细菌常常出现不规则的形态，表现为多形性，如呈梨形、气球状、丝状等，称为衰退型，不易识别。观察细菌形态特征时，应注意各种因素所导致的细菌形态变化。

2. 细菌的大小

细菌的个体微小，常借助光学显微镜和电子显微镜才能观察到。测量细菌大小的工具，通常是测微尺，也可通过投影法或照相制成图片，再按放大倍数测算。长度单位通常用微米（μm），亚细胞结构常用纳米（nm）。表示方法：球菌，直径；杆菌，宽×长；螺菌，宽、长、螺距。螺旋菌的长度是菌体两端点间的距离，而不是真正的长度，它的真正长度应按其螺旋的直径和圈数来计算（图 2-5）。

不同种类的细菌，其大小不一；即使同一种细菌，在其生长繁殖的不同阶段，也可呈现不同的大小。普通细菌的大小范围一般是：球菌的直径为(0.2～1.25)μm；大型杆菌一般为(1～1.25)μm×(3～8)μm，中型杆菌一般为(0.5～1)μm×(2～3)μm，小型杆菌一般为(0.2～0.4)μm×(0.7～1.5)μm，产芽孢的杆菌比不产芽孢的杆菌大；弧菌一般为(0.3～0.5)μm×(1～5)μm，螺旋菌为(0.3～1)μm×(1～50)μm。例如：大肠杆菌平均长度 2μm，宽度 0.5μm，1500 个大肠杆菌头尾相接等于 3mm，10^9 个大肠杆菌重 1mg。

菌种不同，细菌的大小差异很大。同一个菌种，细胞的大小也常随着菌龄、培养条件而变化。细菌的大小是以生长在适宜的温度和培养基中的壮龄培养物为标准。另外，同一个菌

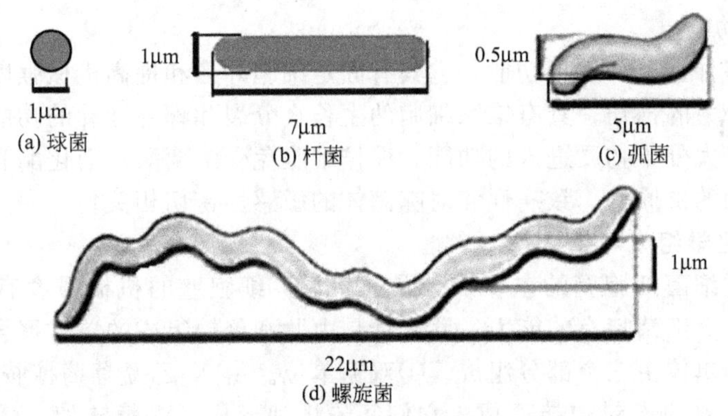

图 2-5 细菌大小的测定

种染色前后其细胞大小都有所不同。所以，细菌大小的记载，常是平均值或代表性数值。在一定范围内，各种细菌的大小是相对稳定而具有明显特征的，因而，可以作为鉴定的一个依据。

二、细菌的细胞结构

将一般细菌都有的结构称为一般结构（基本结构），而把部分细菌具有的或一般细菌在特殊环境下才有的结构称为特殊结构。细菌的一般结构主要包括细胞壁、细胞质膜、细胞质及原核；特殊结构包括鞭毛、菌毛、性菌毛、芽孢、糖被（微荚膜、荚膜、黏液层）等(图 2-6)。

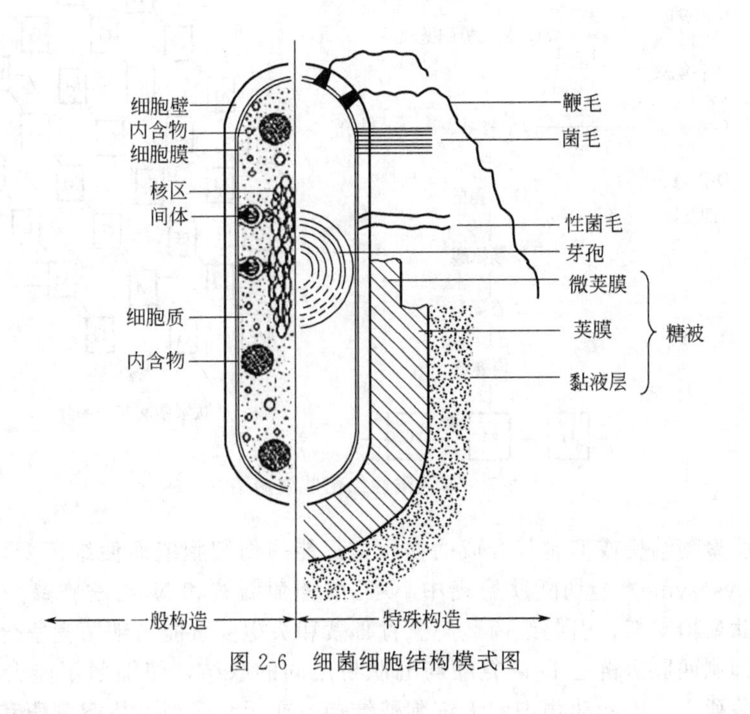

图 2-6 细菌细胞结构模式图

（一）细胞壁

细胞壁是位于细胞最外的一层厚实、坚韧、略具弹性的结构。细胞壁约占细胞干重的10％～25％，一般厚度在10～80nm。

1. 细胞壁的功能

细胞壁具有多种重要的生理功能，它具有固定细胞外形和提高机械强度的作用，保护细胞免受渗透压等外力的损伤；具有维系细胞的生长、分裂和鞭毛运动的功能；具有阻拦酶蛋白和某些抗生素等大分子物质进入的功能，保护细胞免受溶菌酶、消化酶和青霉素等有害物质的损伤；与细菌的抗原性、致病性和对噬菌体的敏感性密切相关。

2. 细胞壁的化学组成与结构

（1）肽聚糖　细菌细胞壁的主要成分是肽聚糖。细胞壁的机械强度有赖于肽聚糖的存在。合成肽聚糖是真细菌特有的能力。肽聚糖是由肽和聚糖组成的单体聚合而成的高分子化合物。每个肽聚糖单体由三个部分组成。①双糖单位。由 *N*-乙酰葡萄糖胺和 *N*-乙酰胞壁酸两种氨基糖经 β-1，4 糖苷键连接而成。它们间隔排列形成了多糖支架。②四肽尾。由四个氨基酸分子按 L 型和 D 型交替方式连接而成。革兰阳性菌和革兰阴性菌中氨基酸的组成有所差异。③肽桥。连接两个四肽尾分子的肽键。连接甲肽尾的第四个氨基酸的羧基和乙肽尾的第三个氨基酸的氨基。肽桥的变化甚多，从而形成了肽聚糖的多样性。

革兰阳性细菌（G^+）和革兰阴性细菌（G^-）肽聚糖单体组成不同，以金黄色葡萄球菌和大肠杆菌为例，它们的主要区别是：①四肽尾的第三个氨基酸不同。G^+ 为 L-赖氨酸，G^- 为内消旋二氨基庚二酸。②肽桥不同。G^+ 为 5 个甘氨酸组成肽桥，G^- 为直接由肽键连接，没有氨基酸组成肽桥（图 2-7、图 2-8）。

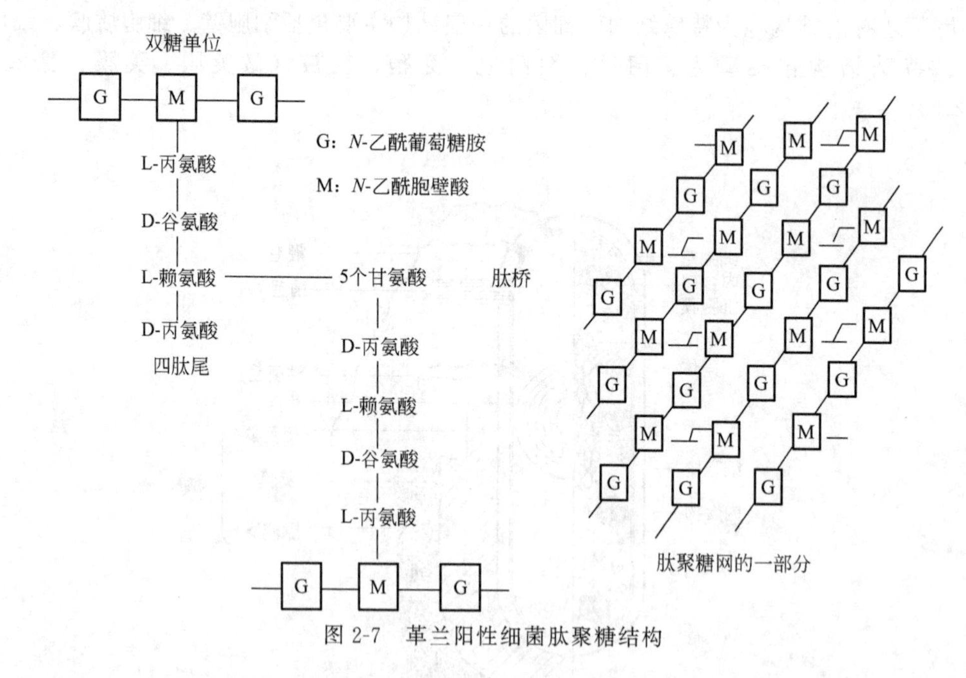

图 2-7　革兰阳性细菌肽聚糖结构

凡能破坏肽聚糖结构或抑制其合成的物质，都能损伤细胞壁而使细菌变形或杀伤细菌，例如溶菌酶（Lysozyme）能切断肽聚糖中 *N*-乙酰葡萄糖胺和 *N*-乙酰胞壁酸之间的 β-1，4 糖苷键，破坏肽聚糖支架，引起细菌裂解。青霉素和头孢菌素能与细菌竞争合成胞壁过程所需的转肽酶，抑制四肽侧链上 D-丙氨酸与五肽桥之间的联结，使细菌不能合成完整的细胞壁，可导致细菌死亡。人和动物细胞无细胞壁结构，亦无肽聚糖，故溶菌酶和青霉素对人体细胞均无毒性作用。

（2）磷壁酸　革兰阳性细菌所特有成分。结合在革兰阳性细菌细胞壁上的一种酸性多糖，主要成分为甘油磷酸或核糖醇磷酸。磷壁酸可分为两类。①壁磷壁酸：与细胞壁中肽聚

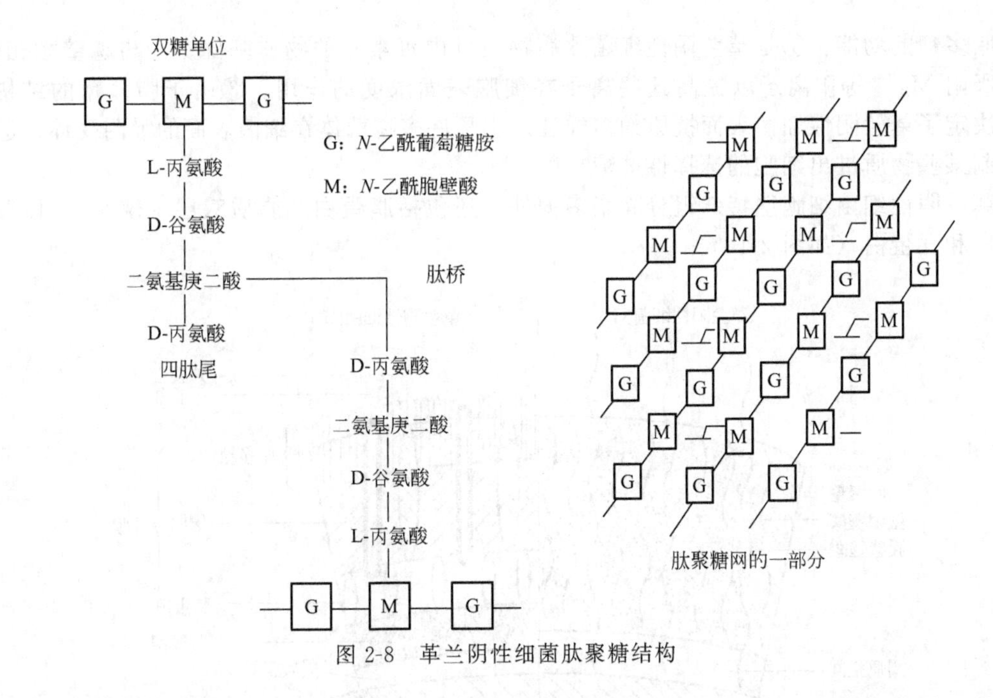

图 2-8　革兰阴性细菌肽聚糖结构

糖的 *N*-乙酰胞壁酸连结。②膜磷壁酸（脂磷壁酸）：跨越肽聚糖层与细胞膜相交联。磷壁酸的另一端均游离于细胞壁外（图 2-9）。

磷壁酸的功能：①因带有负电荷，故可与环境中的 Mg^{2+} 等阳离子结合，提高这些离子的浓度，以保证细胞膜上一些合成酶维持高活性的需要。②保证革兰阳性致病菌与其宿主之间的粘连，如 A 族链球菌。③赋予革兰阳性细菌以特异的表面抗原。磷壁酸的抗原性很强，是革兰阳性菌的重要表面抗原。④是某些噬菌体特异性吸附受体。⑤调节细胞内自溶素的活力，防止细胞死亡。

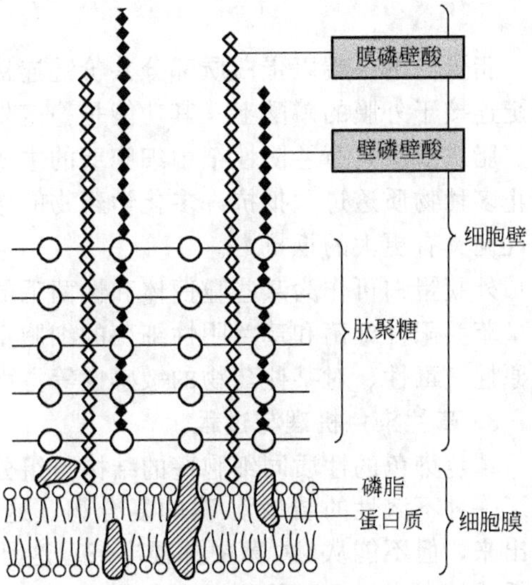

图 2-9　G^+ 细胞壁磷壁酸结构

(3) 脂多糖（LPS）　革兰阴性细菌的特殊成分，位于革兰阴性细菌细胞壁最外层的一层较厚（8～18nm）的类脂多糖类物质。由脂质双层向细胞外伸出，包括类脂 A、核心多糖、特异性多糖三个组成部分，习惯上将脂多糖称为细菌内毒素。

① 类脂 A。为一种糖磷脂。它是脂多糖的毒性部分及主要成分，为革兰阴性菌的致病物质。无种属特异性，各种革兰阴性菌内毒性引起的毒性作用都大致相同。

② 核心多糖。位于类脂 A 的外层。核心多糖具有属特异性，同一属细菌的核心多糖相同。

③ 特异性多糖。在脂多糖的最外层，是由数个至数十个低聚糖（3～5 单糖）重复单位所构成的多糖链。各种不同的革兰阴性菌的特异性多糖种类及排列顺序各不相同，从而决定了细菌表面抗原的多样性。

脂多糖的功能：①是革兰阴性细菌致病物质（内毒素）的物质基础。②与磷壁酸相似，也有吸附 Mg^{2+} 等阳离子以提高这些离子在细胞表面浓度的作用。③由于脂多糖的结构变化，决定了革兰阴性细菌表面抗原的多样性。④是许多噬菌体在细菌表面的吸附受体。⑤具有控制某些物质进出细胞的选择性屏障功能。

革兰阴性细菌细胞壁特殊组分除脂多糖外，还包括脂蛋白和脂质双层（磷脂），以及外膜蛋白和孔蛋白（如图 2-10）。

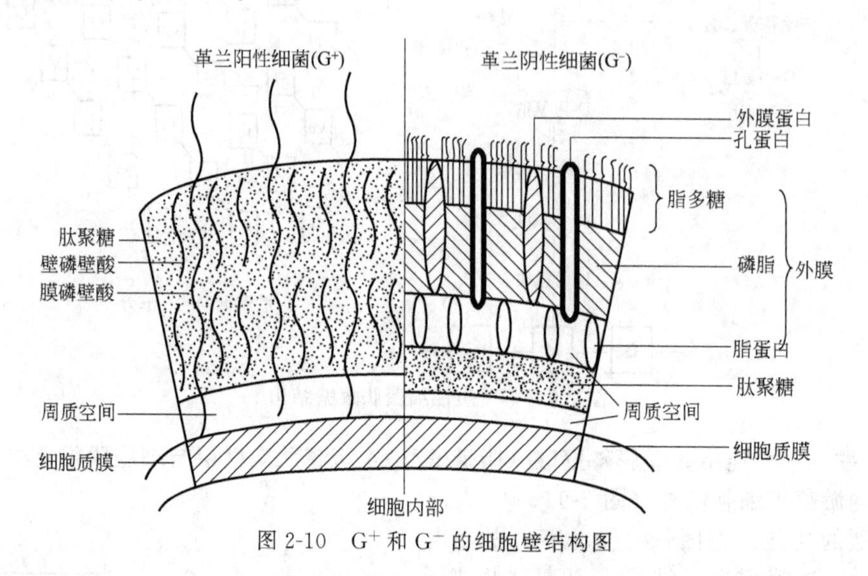

图 2-10　G^+ 和 G^- 的细胞壁结构图

脂蛋白的一端以蛋白质部分共价键连接于肽聚糖的四肽侧链上，另一端以脂质部分经共价键连接于外膜的磷酸上。其功能是稳定外膜并将之固定于肽聚糖层。

脂质双层是革兰阴性细菌细胞壁的主要结构，除了转运营养物质外，还有屏障作用，能阻止多种物质透过，抵抗许多化学药物的作用，所以革兰阴性菌对溶菌酶、青霉素等比革兰阳性菌具有更大的抵抗力。

外膜蛋白可作为某些噬菌体和性菌毛的受体。

革兰阳性细菌和革兰阴性细菌的细胞壁结构显著不同，从而导致这两类细菌在染色性、抗原性、毒性、对某些药物的敏感性等方面的很大差异。

3. 革兰染色机理与过程

革兰染色的性质同细胞壁的结构与组分有关。现在大多认为，在染色过程中，细胞内形成了一种不溶性的结晶紫-碘的复合物，这种复合物可被乙醇（或丙酮）从 G^- 菌细胞内抽提出来，但不能从 G^+ 菌中抽提出来。这是由于 G^+ 菌细胞壁较厚，肽聚糖含量高，脂质含量低或没有，经乙醇处理后引起脱水，肽聚糖孔径变小，渗透性降低，结晶紫-碘复合物不能外流，于是保留初染的紫色。而革兰阴性细菌细胞壁肽聚糖层较薄，含量较少，而且脂质含量高，经乙醇处理后，脂质被溶解，渗透性增强，结果结晶紫-碘复合物外渗，细胞被番红复染成红色。

革兰染色过程包括：初染、媒染、脱色和复染（图 2-11）。

4. 细胞壁的缺损

细胞壁是原核微生物的最基本构造，但在自然界的长期进化中、在实验室的自发突变、人为抑制新生细胞壁的合成或对已经产生的细胞壁进行酶解，都会形成缺壁细菌。

(1) L 型细菌　在实验室或宿主体内自发突变而形成的遗传稳定的细胞壁缺陷菌株。因在李斯特研究所首先发现，故以其首字母命名。需在高渗环境下生存，在固体培养基上形成

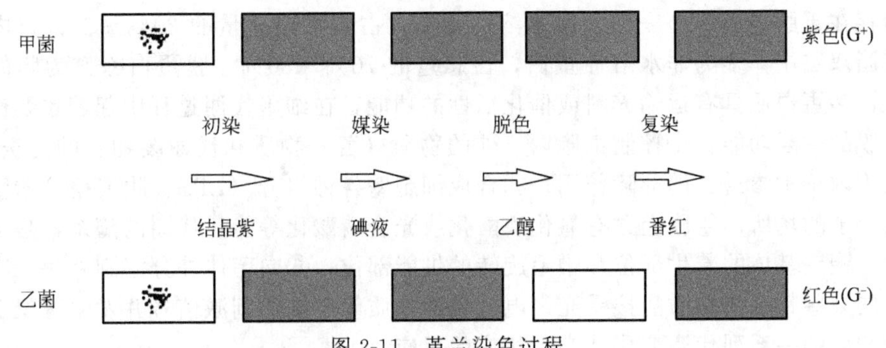

图 2-11 革兰染色过程

“油煎蛋”似小菌落。

(2) 原生质体　指在人为条件下，用溶菌酶除去原有细胞壁或用青霉素抑制新细胞壁的合成，所得的缺壁细菌。一般由革兰阳性细菌所形成。

(3) 球状体　又称原生质球。指还残存部分细胞壁的原生质体，一般由革兰阴性细菌所形成。

(4) 支原体　是在长期进化过程中形成的，适应自然生活条件的无细胞壁的原核生物。因细胞膜含有胆固醇（有细胞壁的原核生物不含胆固醇），所以具有较高的机械强度。

周质空间，又称壁膜空间，指位于细胞壁与细胞质膜之间的狭小空间，内含质外酶。质外酶对细菌的营养吸收、核酸代谢、趋化性和抗药性等有重要作用。质外酶的种类和数量随菌种而异，目前已在细菌（尤其是 G^- 菌）中发现的质外酶主要有：RNA 酶Ⅰ、DNA 内切酶Ⅰ、青霉素酶及许多磷酸化酶等。

（二）细胞膜

细胞膜又称细胞质膜、质膜或内膜，是紧贴在细胞壁内侧、包围着细胞质的一层柔软、脆弱、富有弹性的半透性薄膜，它厚 7～8nm，由磷脂（质量分数 20%～30%）和蛋白质（质量分数 50%～70%）组成。

细胞膜的基本构造是磷脂双层，它是由高度疏水的脂肪酸和相对亲水的甘油两部分组成。磷脂分子在水溶液中很容易形成高度方向性的双分子层，相互平行排列，亲水的极性基指向双分子层的外表面，疏水的非极性基朝内，形成了膜的基本骨架。蛋白质镶嵌在双层磷脂之间（图 2-12）。膜蛋白依其存在位置可分为周边蛋白（膜外）和内嵌蛋白（整合蛋白）。

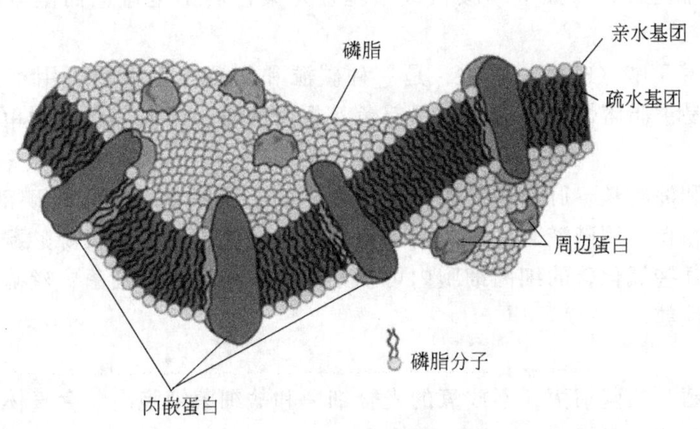

图 2-12 细胞膜结构图

周边蛋白存在于膜的内或外表面，属水溶性蛋白，占膜蛋白总量的 20%～30%。内嵌蛋白镶嵌于磷脂双层中，多为非水溶性蛋白，占总量的 70%～80%。膜蛋白除作为膜的结构成分之外，许多蛋白质具有运输养料或催化活性的功能，在细胞代谢过程中起着重要作用。

细胞膜的主要功能：①控制细胞内、外的物质（营养物质和代谢废物）的运送、交换；②维持细胞内正常渗透压的屏障作用；③合成细胞壁各种组分（LPS、肽聚糖、磷壁酸）和荚膜等大分子的场所；④膜上含有氧化磷酸化或光合磷酸化等能量代谢的酶系，是细胞的产能场所；⑤鞭毛基体的着生部位和鞭毛旋转的供能部位；⑥向菌体外分泌胞外酶；⑦传递信息。膜上的某些特殊蛋白质能接受光、电及化学物质等产生的刺激信号并发生构象变化，从而引起细胞内的一系列代谢变化和产生相应的反应。

中间体。它是由细胞膜局部内陷折叠而成的一种囊状、片状和管状构造，它与细胞壁的合成、核质分裂、细胞呼吸以及芽孢形成有关。由于中间体具有类似真核细胞线粒体的作用，又称拟线粒体。

（三）细胞质和内含物

细胞质是细胞膜内除细胞核外的一切半透明、胶状、颗粒状物质的总称。细胞质的主要成分为水、蛋白质、核酸、脂类，也含有少量的糖和盐类。核糖核酸的含量较高，可达固形物的 15%～20%，因而嗜碱性强，易被碱性和中性染料着色，尤其是幼龄菌。老龄细菌的核糖核酸被作为氮和磷的来源被利用，着色降低。细胞质内含有核糖体、颗粒状内含物和气泡等物质。

1. 核糖体

核糖体，又称核蛋白体，由核糖核酸和蛋白质组成。其中 RNA 约占 60%，蛋白质占 40%，在电子显微镜下可见到细菌的核糖体颗粒游离于细胞质中，其沉降系数为 70S，由 50S 和 30S 两个亚单元组成，是蛋白质合成的场所。细菌细胞中绝大部分（约 90%）的 RNA 存在于核糖体内。原核生物的核糖体以游离状态分布于细胞质中，而真核细胞的核糖体既可以游离状态存在于细胞质中，也可结合于内质网上。

2. 颗粒状内含物

细菌细胞质内含有各种较大的颗粒，大多为细胞贮藏物，主要功能是贮藏营养物质。当环境营养物质丰富的时候，细菌细胞质内聚合各种不同的贮藏颗粒，当营养缺乏时，它们又能被分解利用。贮藏颗粒的多少随菌龄及培养条件不同而改变。

（1）异染颗粒　是普遍存在的贮藏物，其主要成分是多聚偏磷酸盐。异染颗粒嗜碱性或嗜中性较强，用蓝色染料（如甲苯胺蓝或甲基蓝）染色后不呈蓝色而呈紫红色，故称异染颗粒。

（2）聚 β-羟基丁酸（PHB）颗粒　是一种碳源和能源性贮藏物。用革兰染色时，这类物质不着色，但易被脂溶性染料如苏丹黑着色。根瘤菌属、固氮菌属、假单胞菌属等细菌常积累 PHB。

（3）肝糖粒和淀粉粒　肝糖粒较小，只能在电镜下观察到，如用稀碘液染色成红褐色。有的细菌积累淀粉粒，用碘液可染成深蓝色。肝糖粒、淀粉粒都是碳源贮藏物。

（4）硫粒　某些氧化硫的细菌细胞内可积累硫粒。如贝氏硫细菌、丝硫细菌在细胞内常含有强折光性的硫粒。

3. 气泡

某些水生细菌，如蓝细菌、不放氧的光合细菌和盐细菌细胞内贮存气体的特殊结构称气泡。气泡由许多小的气囊组成，气囊膜只含蛋白质而无磷脂。气泡的大小、形状和数量随细菌种类而异。气泡能使细胞保持浮力，从而有助于调节并使细菌生活在它们需要的最佳水层位置，以获得氧、光和营养。

（四）细胞核

细菌细胞核位于细胞质内，无核膜，无核仁，仅为一核区，因此称为原核或拟核。细菌细胞的原核只有一个染色体，主要含脱氧核糖核酸（DNA）。拟核中尚有少量RNA和蛋白质。但没有真核生物细胞核所含有的组蛋白（结构蛋白）。染色体是由双螺旋的大分子链构成，一般呈环形结构，总长度为0.25～3mm（例如*E. coli*的DNA长约1mm）。拟核在静止期常呈球形或不规则的棒状或哑铃形。一个细菌在正常情况下只有一个核区，但细菌处于活跃生长时，由于DNA的复制先于细胞分裂，一个菌体内往往有2～4个核区，低速率生长时，则可见1～2个核区。原核携带了细菌绝大多数的遗传信息，是细菌生长发育、新陈代谢和遗传变异的控制中心。

（五）细菌细胞的特殊结构

1. 荚膜

有些细菌细胞壁外存在着一层厚度不定的胶状物质，称为荚膜或糖被。根据糖被的厚度和固定状态，可把它们分为荚膜、微荚膜、黏液层和菌胶团。如果这层胶状物质黏滞性较强，相对稳定地附着在细胞壁外，具一定外形，层次厚，称为荚膜或大荚膜。如果层次薄，称为微荚膜。如果松散，未固定在壁上，称为黏液层。如果荚膜物质相互融合成为一团胶状物，即形成细菌群的共同荚膜，称为菌胶团。荚膜很难着色，用负染色法可在光学显微镜下观察到，即背景和细胞着色，荚膜不着色（图2-13）。

荚膜不是细胞绝对必要的结构，失去荚膜的变异菌株同样正常生长。即使用特异性水解荚膜物质的酶处理，也不会杀死细菌。

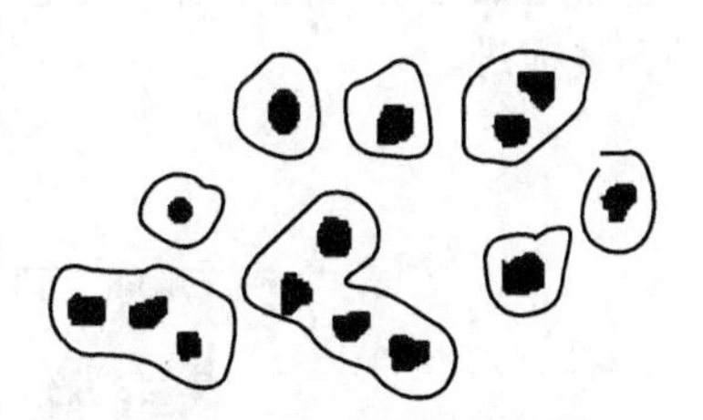

图2-13 细菌荚膜结构图

荚膜的主要成分因菌种而异，大多为多糖、多肽或蛋白质，以多糖居多。

荚膜的功能：①保护作用。荚膜多糖结合大量的水，可保护菌体免受干燥的损伤；可防止噬菌体的吸附和裂解；一些致病菌的荚膜还可保护它们免受宿主白细胞的吞噬作用，可保护细菌免受重金属离子的毒害。②表面附着作用。荚膜具有黏性，可增强细菌的黏附作用，如唾液链球菌黏附在牙齿表面引起龋齿。③增强致病菌的致病能力。如果失去了荚膜，则成为非致病菌，例如能引起肺炎的肺炎双球菌Ⅲ型。

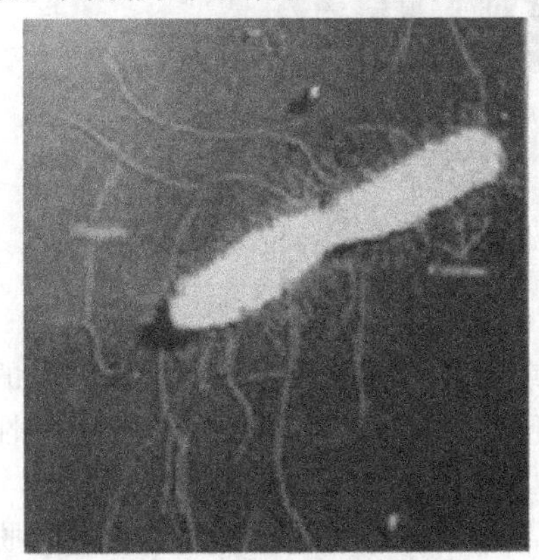

图2-14 细菌鞭毛的显微照片

2. 鞭毛

某些细菌的细胞表面长出的细长、波曲、毛发状的蛋白质附属物称为鞭毛，是细菌的运动器官。鞭毛细而长，其长度一般为15～20μm，直径为10～20nm。因此，用光学显微镜看不到。如果采用特殊的鞭毛染色法，让染料沉积在鞭毛上，加粗其直径，就可在光学显微镜下观察到细菌鞭毛（图2-14）。在暗视野下，观察水浸片或悬滴标本的细菌运动，可初步判断细菌是否有鞭毛。

根据细菌鞭毛的数目和着生位置，可将有鞭毛的细菌分为五类（图2-15）：①单（偏）端单生鞭毛。在菌体的一端只生一根鞭毛，如霍乱弧菌。②两端单生鞭毛。菌体两端各生一根鞭毛，如鼠咬热螺旋体。③单（偏）端丛生鞭毛。菌体一端生一束鞭毛，如铜绿假单胞菌。④两端丛生鞭毛。菌体两端各具一束鞭毛，如红色螺菌。⑤周生鞭毛。菌体周身都有鞭毛，如大肠杆菌、枯草杆菌等。

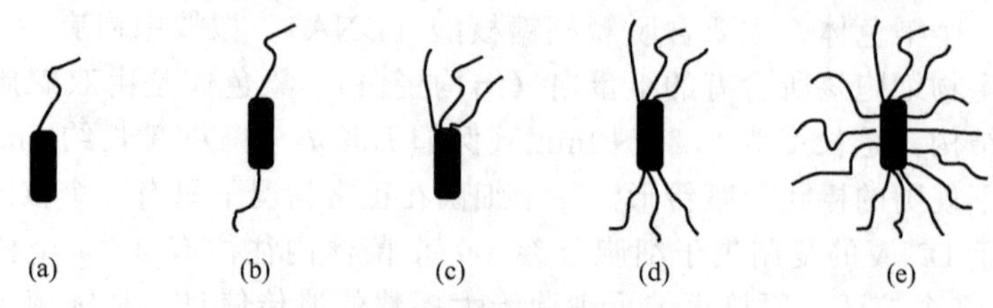

图 2-15　细菌鞭毛的着生方式

(a) 单端单生鞭毛；(b) 两端单生鞭毛；(c) 单端丛生鞭毛；(d) 两端丛生鞭毛；(e) 周生鞭毛

在电镜下观察，能看到鞭毛起始于细胞膜内侧的基粒上，鞭毛自基粒长出穿过细胞膜、细胞壁延伸到细胞外部。鞭毛的构造由基体、钩形鞘（鞭毛鞘）和鞭毛丝三部分组成（图 2-16）。基体固定在细胞膜和细胞壁上。革兰阳性菌和革兰阴性菌的基体明显不同，以革兰阴性菌的大肠杆菌为例，其基体四个盘状物（环）由中心杆连接组成。从外到内依次是 L、P、S、M 环，L 环连在细胞壁最外层的外膜上，P 环连在细胞壁的肽聚糖层上，S 环靠近周质空间，它与 M 环连在一起称为 S-M 环或内环，共同嵌埋在细胞膜上。革兰阳性菌的鞭毛较为简单，枯草芽孢杆菌的基体仅有 S 环和 M 环两个环，其鞭毛丝和钩形鞘与革兰阴性菌相同。鞭毛的运动可能是由于鞭毛丝与基部环状体的收缩，或钩形鞘相对于细胞壁的转动，推动菌体前进。

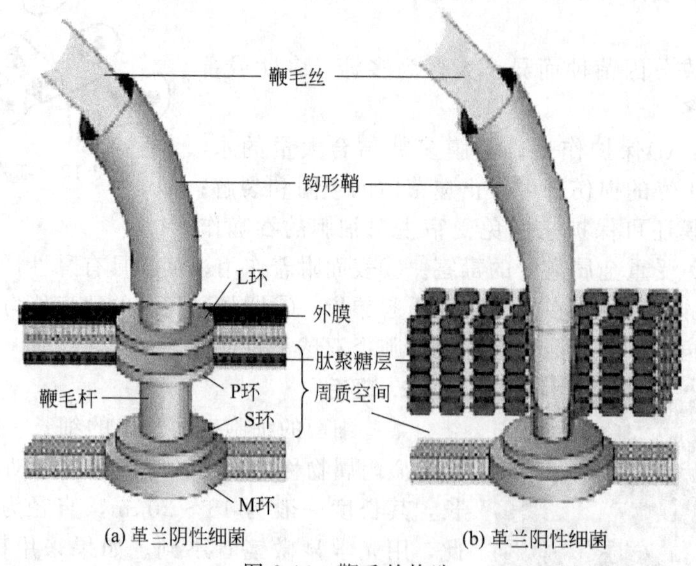

图 2-16　鞭毛的构造

鞭毛的化学组分主要是鞭毛蛋白，只含有少量的多糖或脂类。鞭毛蛋白占细胞蛋白质的 2%。它是一种很好的抗原物质，各种细菌的鞭毛蛋白由于氨基酸组成不同而导致抗原特性上的差别，故可通过血清学反应，进行细菌分类鉴定。

鞭毛并非生命活动所必需，它极易脱落，有鞭毛的细菌一般在幼龄时具鞭毛，老龄时脱落。如除去鞭毛，也不会影响细菌生存。有鞭毛的细菌并不一定总是运动的，有时会因环境变化或突变丧失运动性。有些无鞭毛的细菌能靠物体表面滑行运动，如黏细菌、蓝细菌。螺旋体主要是通过轴丝的收缩运动。

3. 菌毛与性菌毛

菌毛是细菌体表的纤细、短直的丝状体结构，称为菌毛。菌毛一般直径 3～10nm，长度 0.5～6μm。菌毛由菌毛蛋白组成，与鞭毛相似，也起源于细胞质膜内侧基粒上，但结构较鞭毛简单，无基体等复杂结构。菌毛数量比鞭毛多得多，无运动功能，具有附着于其他物体的功能。一些致病菌借助菌毛黏附于宿主引起致病，例如肠道菌，它能牢固地吸附在宿主（包括人）的呼吸道、消化道和泌尿生殖道等的黏膜上，引起致病。

性菌毛的结构与成分与菌毛相同，但比菌毛长，数量仅一根或几根。性菌毛是细菌传递游离基因的器官，作为细菌接合时遗传物质的通道，用于不同性别的菌株之间 DNA 片段的传递。菌毛与性菌毛电镜图见图 2-17。

4. 芽孢

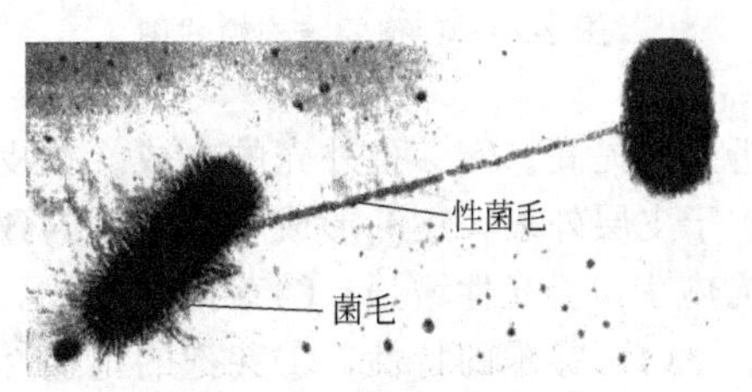

图 2-17　菌毛与性菌毛

某些细菌在生长发育后期，可在细胞内形成一个圆形或椭圆形、壁厚、含水量极低、抗逆性强的休眠体结构，称为芽孢，又称为内生孢子。菌体在未形成芽孢之前称为繁殖体或营养体。能够形成芽孢的细菌多为杆菌，球菌和螺旋菌只有少数种能生成芽孢。

（1）芽孢的着生位置　芽孢有比较厚的壁和高度的折光性，在光学显微镜下观察芽孢为一透明体（图 2-18），芽孢难着色，采用特殊的芽孢染色可进行形态观察。不同种细菌的芽孢的着生位置以及形态与大小各不相同，主要着生位置如图 2-19，因而可作为细菌分类鉴定的重要依据。

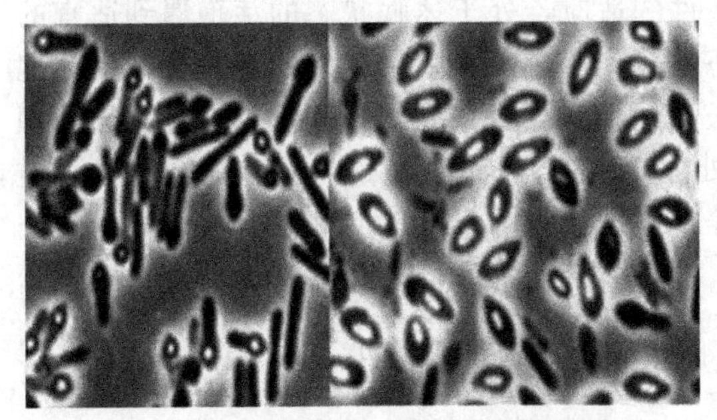

图 2-18　细菌芽孢在光学显微镜下的照片

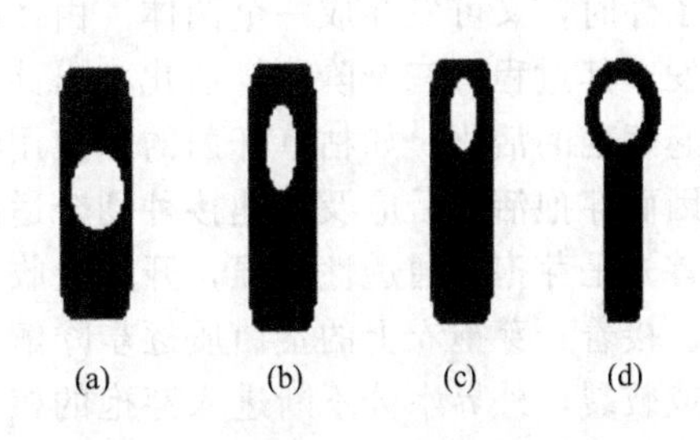

图 2-19　细菌芽孢的着生位置

（a）中央生芽孢；（b）亚端生芽孢；（c）端生芽孢；（d）使孢子囊膨大的端生芽孢

（2）芽孢的构造　在电子显微镜下可以看到芽孢的结构（图 2-20），它由多层构成，由外到内依次是芽孢外壁、芽孢衣、皮层和核心。芽孢外壁：主要成分为脂蛋白，通透性差，不易着色，有的芽孢无此层。芽孢衣：由多层蛋白质层组成，主要成分为角蛋白，具抗酶解和药物作用，多价离子难通过。皮层：主要含芽孢肽聚糖和 DPA-Ca，DPA（2，6-吡啶二羧酸）是芽孢特有的成分，体积大，渗透压高，比较致密。核心：由芽孢壁、芽孢质膜、芽孢质和核区组成，是形成新细胞的重要部分。芽孢壁含肽聚糖，可发展成新细胞的壁；芽孢质膜含磷脂、蛋白质，可发展成新细胞的膜；芽孢质和核区含 DNA、RNA、蛋白酶和 DPA-Ca 等物质。

（3）芽孢的形成　产芽孢的细菌当营养物质缺乏和有害代谢产物积累过多时，细胞停止

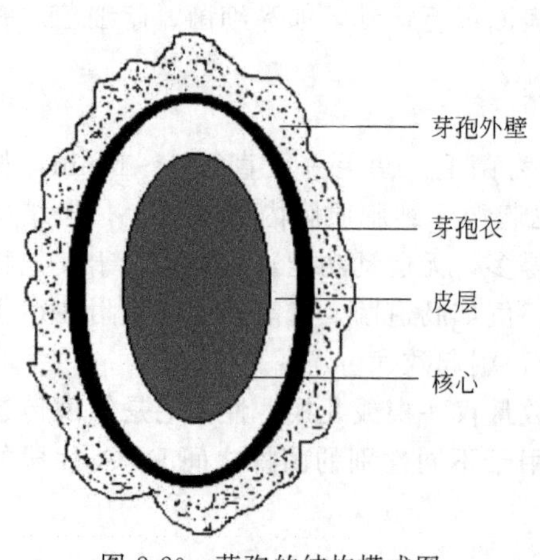

图 2-20 芽孢的结构模式图

生长，就开始形成芽孢。根据电子显微镜的观察，细菌芽孢的形成包含着一系列复杂过程：①轴丝形成。在营养细胞内，分开的两个染色体聚集在一起，形成一个连续的、位于细胞中央的轴丝状结构。②隔膜形成。在接近细胞一端处，细胞膜内陷，向心延伸，产生隔膜，将细胞分成大小两部分，体积较小的部分称为前孢子。③吞没前孢子。在细胞中，较大部分的细胞膜围绕较小部分迅速地继续延伸，直至将小的部分完全包围到大的部分中为止。此时前孢子由两层极性相反的细胞膜组成，其中内膜将发育成为营养细胞的细胞膜。④皮层形成。双层膜之间充填芽孢肽聚糖，合成 DPA，累积钙离子，形成 DPA-Ca 复合物，逐渐发育形成皮层。经过脱水，折光率提高。⑤芽孢外壳的合成。在皮层形成过程中，前孢子外膜表面合成外壳物质，并沉积于皮层外表，逐渐形成一个连续的致密层。⑥芽孢成熟。皮层合成全部完成，芽孢成熟，抗热性和折光性增强。⑦芽孢的释放。孢子囊壁破裂（溶解），释放出成熟的芽孢。

（4）芽孢的特性　①芽孢的抗逆性极强，对恶劣环境具有很强的抵抗能力，有的芽孢，在一定条件下可保存几十年而不丧失其生活力。芽孢的耐热性极强，如枯草杆菌的芽孢在沸水中可存活 1h，肉毒梭菌的芽孢可忍受 6h 左右。芽孢对辐射、干燥和大多数化学杀菌剂也具有极大的抗性。②含水量低、壁厚而致密，通透性差，不易着色。③新陈代谢几乎停止，处于休眠状态，是细菌的休眠体。④芽孢没有繁殖意义。一个细胞内只形成一个芽孢，一个芽孢萌发只产生一个营养细胞。

（5）芽孢的萌发　芽孢是对不良外界环境条件的适应，处于休眠状态的芽孢遇到适宜的环境条件时，又可发芽成一个菌体。由休眠状态的芽孢变成营养状态细菌的过程，称为芽孢的萌发。其过程有三个阶段：活化、出芽和生长。短期热处理或用低 pH、强氧化剂的处理可引起芽孢的活化，如枯草杆菌的芽孢用 60℃处理 5min 即可促进发芽。芽孢的活化是可逆的，因而芽孢活化后应及时地接种到合适的培养基中。芽孢的出芽速度很快，一般仅需几分钟。首先是芽孢的通透性增强，开始吸收水分、盐类和营养物质，与芽孢有关的蛋白酶开始活动。接着，芽孢衣上的蛋白质逐步降解，外界阳离子不断进入皮层，引起皮层发生膨胀、溶解或破裂，外界水分不断进入芽孢的核心部位，使核心膨胀，各种酶类活化，并开始合成细胞壁。在此阶段，芽孢具有的耐热性和折光性等特性逐渐降低，着色力增强，酶活力提高，呼吸作用加强，DPA-Ca 复合物外流，对外界各种不良因素的抵抗力降低。接着就开始生长阶段，芽孢的核心部分迅速合成新的 DNA、RNA 和蛋白质，很快就变成新的营养细胞。

（6）芽孢的耐热机理和研究意义　芽孢的耐热机理：较新的耐热机理解释是渗透调节皮层膨胀学说，该学说认为，芽孢衣对多价阳离子和水分的透性很差，而皮层的离子强度很高，从而使皮层产生极高的渗透压去夺取芽孢核心的水分，使得皮层充分膨胀，核心部分的细胞质变得高度失水（10%～25%），因而具有极强的耐热性。另外，认为芽孢的耐热性与 DPA-Ca（占细菌芽孢干重的 5%～15%）复合物有关，在细菌营养细胞及其他生物细胞中均未发现有吡啶二羧酸的存在。DPA 随着芽孢的形成而出现，耐热性增强；随着芽孢的萌发而外流，耐热性丧失，因而认为与 DPA-Ca 有关。

研究芽孢的意义：芽孢的有无和形态是细菌分类、鉴定的重要形态学指标。细菌芽孢的代谢活动基本停止，休眠期很长，有利于芽孢产生菌的长期保藏。杀灭芽孢最有效的方法是高温湿热灭菌法，如低酸性的肉类、蛋类和乳类等含蛋白质丰富的食品，必须采用121℃以上的高温灭菌，微生物实训室的培养基灭菌也是采用121℃杀菌15～20min，因而判断灭菌效果以能否杀灭芽孢为标准。

[案例分析]

实例：罐装或真空包装食品、半加工的海产品需经过高温灭菌保藏，肉毒杆菌是杀灭效果的指示菌。

分析：肉毒杆菌，属厌氧芽孢细菌，喜欢在罐装等密闭肉制食品上生长繁殖，产生毒性极强的神经毒素，严重中毒者因呼吸道肌肉麻痹呼吸衰竭而死亡。因而这类食品的检查重点是肉毒杆菌，由于其耐热性极强，必须通过高温湿热灭菌才能杀死芽孢，凡是灭菌后本菌没有检测出来，则其他菌也就杀灭，不会检测出来。

三、细菌的繁殖与菌落特征

（一）细菌的繁殖

细菌在适宜的外界环境条件下，不断地吸收营养物质进行新陈代谢，当同化作用大于异化作用时，细菌细胞的总量（包括质量、体积）就不断地增加，称为细菌的生长。当细菌生长到一定阶段，细胞数量就会增加，称为细菌的繁殖。在适宜的环境条件下，生长与繁殖总是交替相伴进行的。从生长到繁殖是一个从量变到质变的过程，这个过程就是生物的发育。

细菌一般进行无性繁殖，即以二分裂的方式进行繁殖，简称为裂殖。细菌的裂殖过程包括DNA复制、核质体分裂、横隔壁的形成、子细胞的分离等过程。首先是细胞DNA复制，菌体伸长，细胞核和细胞质的分裂，同时菌体中部的细胞膜从外向中心做环状推进，然后闭合而形成一个垂直于细胞长轴的细胞质隔膜，把菌体细胞平均一分为二，细胞壁向内生长把横隔膜分为2层，形成子细胞壁，然后子细胞分离形成2个菌体（图2-21）。

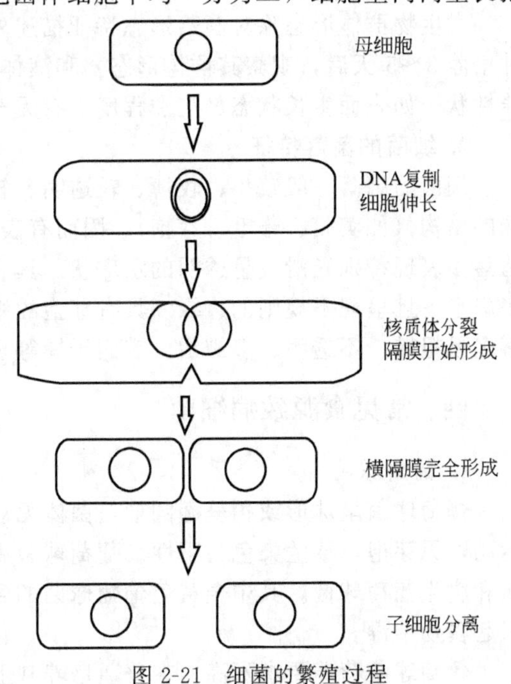

图2-21 细菌的繁殖过程

细菌在分裂过程中，有的细菌如链球菌、双球菌等横隔壁尚未完全形成，细胞就停止了生长，留下了一个小孔，此时两个细胞的细胞膜仍然相连，即形成了“胞间连丝”。有些种类的细菌细胞，在横隔壁形成后不久便相互分开，形成单个游离菌体，有的却数个细胞相连不分离。球菌因分裂方向和分裂后的子细胞状态不同，可分为单球菌、双球菌、链球菌、四联球菌、八叠球菌和葡萄球菌等。杆菌的分裂面都与长轴垂直，分裂后的排列方式也因菌种不同而形态各异，有单生、双生，有的结成短链或长链，有的呈八字形，有的呈栅状排列。

少数种类如柄细菌分裂后产生一个有柄不运动和一个无柄有鞭毛的子细胞，称为异形分裂。细菌还有通过出芽方式进行无性繁殖，如芽生杆菌、生丝微菌。

细菌除无性繁殖外，经电镜观察和遗传学研究已证明细菌也存在着有性接合，不过细菌的有性接合较少，发生的频率极低。

（二）细菌的菌落特征

1. 微生物的群体形态

微生物形体微小，肉眼看不见，但如果把单个或少数微生物细胞接种到合适的营养基质中，微生物就会大量繁殖，形成肉眼可见的形态，这种形态特征具有一定的稳定性和专一性，称为微生物的群体形态或培养性状。

将微生物单个细胞接种到适宜的固体平板培养基上，在适合的环境条件下培养，细胞就会固定在局限的区域大量繁殖而不能扩散，形成肉眼可见的微生物细胞群体的团块，我们将这种团块结构称为菌落。菌落在微生物学中的应用较多，主要用于微生物的分离、纯化、计数、鉴定和选育等工作。

一个细胞通过生长繁殖可形成一个菌落，因此，可以通过单菌落计数的方法来计算细菌的活菌数量。如果一个菌落是由一个细胞生长繁殖而成，则称为纯培养。通过对微生物的单个菌落的纯培养，可以获得纯培养物。

不同的菌种其菌落特征各不相同，同一菌种因生活条件不同其菌落特征也不尽相同，但同一菌种在相同的培养条件下所形成的菌落特征是相对一致的，因而对菌种的鉴定有一定的指导意义。

菌落特征包括菌落的大小、形态（点状、圆形、纺锤形、丝状、根状、不规则形等）、隆起程度（扁平、低凸起、高凸起、脐状、乳头状等）、边缘（光滑、波形、裂叶状、锯齿状、丝状等）、表面状态（光滑、皱褶、颗粒状龟裂、同心圆状等）、表面光泽（闪光、不闪光、金属光泽等）、质地（油脂状、膜状、黏稠、干燥等）、颜色、透明度（透明、半透明、不透明等）等。了解菌落特征，便于对菌落的描述。对菌落的形态观察一般以培养3～7天为宜，观察时选择独立的菌落为宜。

微生物群体形态除对菌落形态特征描述外，还有对斜面菌苔特征（斜面培养基上划线接种培养3～5天后，观察其群体形态）和液体培养特征（液体培养基培养1～3天后观察其培养性状，如表面生长状态、混浊程度、有无气泡、有无颜色等）的描述。

2. 细菌的菌落特征

细菌的菌落一般较小、较薄、较透明、较湿润和较有细腻感。另外，某些细菌又具有特殊的结构（如荚膜、鞭毛、芽孢），因而有表面不同的菌落特征。例如具有荚膜的细菌，其菌落多表现特别光滑或呈透明的水珠状。具有鞭毛的细菌，由于它具有运动性，形成的菌落多扁平，且呈现不规则的边缘。具有芽孢的细菌，因芽孢有比较厚的壁和高度的折光性，菌落多呈粗糙、不透明、多皱褶、表面干燥等现象。

四、常见食源致病细菌

1. 葡萄球菌

葡萄球菌呈球形或稍呈椭圆形，菌体无规则堆积，呈葡萄串状排列，菌体无鞭毛，不能运动，无芽孢，革兰染色为阳性。葡萄球菌属可分为三个种：金黄色葡萄球菌、表皮葡萄球菌和腐生葡萄球菌。其中金黄色葡萄球菌的致病能力最强，一些溶血性菌株能产生肠毒素，引起食物中毒。

葡萄球菌营养要求不高，在普通培养基上生长良好，在含有血液和葡萄糖的培养基中生长更佳，需氧或兼性厌氧，少数专性厌氧。致病菌最适温度为37℃，最适pH值为7.4。琼脂平板上形成圆形凸起、边缘整齐、表面光滑、湿润、不透明的菌落。不同种菌株产生不同的色素，主要有金黄色、白色、柠檬色，色素为脂溶性。葡萄球菌在血琼脂平板上形成的菌落较大，有的菌株形成明显的溶血环（β溶血），凡具有溶血环的菌株大多具有致病性。

多数葡萄球菌能分解葡萄糖、麦芽糖和蔗糖，产酸产气。致病菌株能分解甘露醇。

葡萄球菌的抗逆性强于其他非芽孢细菌，在干燥的浓汁、血液和食品中可存活数月，在80℃的加热温度下，30min才能致死；耐高盐（10%～15%）；对碱性染料（龙胆紫）敏感；对青霉素、红霉素、金霉素等抗生素具高度敏感，易产生耐药性。各种葡萄球菌的性状见表2-1。

表2-1 三种葡萄球菌的主要性状

主要性状	金黄色葡萄球菌	表皮葡萄球菌	腐生葡萄球菌
菌落颜色	金黄色	白色	柠檬色
血浆凝固酶	+	－	－
分解葡萄糖	+	+	－
分解甘露醇	+	－	－
α溶血毒素	+	－	－
耐热核酸酶	+	－	－
细胞壁中蛋白A	+	－	－
致病性	强	弱	无

葡萄球菌的致病物质主要有侵袭性酶（血浆凝固酶）和毒素（肠毒素、溶血毒素、杀白细胞毒素、表皮剥脱毒素、毒性休克综合征毒素-1），引起的疾病主要有侵袭性疾病（局部或全身化脓性感染）和毒素性疾病（食物中毒、剥脱性皮炎、毒性休克综合征、假膜性肠炎）。其中，从临床分离的金黄色葡萄球菌约1/3产生肠毒素。肠毒素是一类可溶性的胞外蛋白酶，耐热性强，需在131℃下加热30min才能被破坏，不受胰蛋白酶的影响。肠毒素可引起急性肠胃炎，引起头晕、呕吐、腹泻，发热，一般不致死，但对中枢神经系统有影响，发病后1～2天可自行恢复。

易受到金黄色葡萄球菌污染的食品主要有肉类、鱼类、蛋类、乳制品等动物性食品，以及剩饭、糕点等食品。预防措施主要是保持个人的良好卫生，减少食品处于适温的时间。

2. 沙门菌

沙门菌是肠杆菌科的一个属，能引起人类食物中毒和动物沙门菌病。可分为三个组：①只感染人类的菌，包括伤寒沙门菌、副伤寒A沙门菌、副伤寒C沙门菌。它们是导致伤寒热和副伤寒热的病原菌。②寄主适应血清型，包括感染家禽、猪、牛、羊、马等的沙门菌，有些可引起食物中毒。③非寄主型，包括多数食物来源的血清型。

沙门菌菌体呈直杆状，两端钝圆，革兰染色阴性，无荚膜，无芽孢，大多有周生鞭毛和菌毛。菌落表现湿润光滑，边缘整齐或不整齐，无色半透明。

沙门菌发酵葡萄糖、麦芽糖、甘露醇和山梨醇，产酸产气，不发酵乳糖、蔗糖和水杨苷，不生成吲哚，V-P反应阴性，不水解尿素和对苯丙氨酸不脱氨。

沙门菌的最适培养温度为37℃，最适pH为7.2～7.4，不耐热，60℃ 20～30min即可杀死。沙门菌产生的肠毒素为蛋白质，在50～70℃时可耐受8h，不被胰蛋白酶和其他水解酶破坏，对酸碱有抵抗力。

沙门菌引起的食源性疾病是一种食物感染，食入活菌的数量越多，导致疾病的机会就越大，对正常人而言，摄入约1×10^6个沙门菌会引起感染。沙门菌能产生内毒素（毒素留在细菌细胞体内）而引起感染者致病。常见症状为恶心、呕吐、腹部痉挛和发烧，很少致死，多数死亡发生在婴儿、老人和患有疾病或体弱者。

沙门菌天然存在于哺乳动物、鸟类、两栖类和爬行类动物的肠道内，鱼类、甲壳类动物中不存在沙门菌，但易受到污染。沙门菌以人手、苍蝇、鼠类等为媒介，通过接触食品进行传播。禁止食用病死家畜肉，降低贮藏温度，缩短贮存时间，充分加热，以及防止灭菌后的二次感染是预防沙门菌危害的有效措施。

3. 肉毒梭状芽孢杆菌

肉毒梭状芽孢杆菌又称为肉毒梭菌，是一种厌氧，革兰阳性，产孢子，产气杆菌。最适生长温度为25～37℃，最适产毒温度为20～35℃，最适生长pH为6.0～8.2，最适生长水分活度≥0.9，低盐。当pH＜4.5或＞9.0时，或环境温度＜15℃或＞55℃时，肉毒梭菌芽孢不能繁殖，也不产生毒素。肉毒梭菌的芽孢抵抗力很强，120℃高压蒸汽下10～20min才能杀死。肉毒毒素是一种大分子蛋白质，对消化酶、酸和低温很稳定，易受碱或热破坏而失去毒性，一般85℃热处理15min便可使毒性失活。

肉毒毒素是一种毒性极强的神经毒素，其食物中毒症状表现为腹泻、呕吐、腹疼、恶心和虚脱，头晕和视物模糊，吞咽、语言、呼吸困难，严重时因呼吸衰竭而死亡。

肉毒梭菌广泛存在于自然界中，污染食品并在无氧环境中，就会大量繁殖并产生毒素。最易引起中毒的食品为受到污染的密闭包装食品，如火腿、腊肠、水果罐头、豆瓣酱等。制作罐头应严格灭菌，食用前的加热蒸煮可破坏毒素。

4. 大肠杆菌

大肠杆菌属肠杆菌科，埃希菌属。大肠杆菌主要存在于人和动物肠道中，随粪便排出，分布于自然界中，一般大多不致病。与人类疾病有关的大肠杆菌，统称为致泻性大肠杆菌，一般包括六种：肠产毒性大肠杆菌、肠致病性大肠杆菌、肠出血性大肠杆菌、肠侵袭性大肠杆菌、肠黏附性大肠杆菌和肠凝集性大肠杆菌。大肠杆菌O157：H7属肠出血性大肠杆菌，能导致出血性大肠炎和溶血性尿毒综合征的大流行。

大肠杆菌革兰阴性，菌体短小杆状，两端钝圆，有50%的菌株具有周生鞭毛，但多数只有1～4根，一般不超过10根，多数菌株有菌毛，有的菌株具有荚膜或微荚膜，不形成芽孢，对普通碱性染料着色良好。大肠杆菌为需氧或兼性厌氧菌，最适生长温度为37℃，最适pH为7.2～7.4。大肠杆菌可发酵葡萄糖、乳糖、麦芽糖、甘露糖，产酸产气。MR试验阳性，吲哚试验阳性，VP试验阴性，不利用柠檬酸盐，不分解尿素，不液化明胶，不产H_2S。

大肠杆菌的致病物质有定居因子（也称黏附素，即菌毛）和肠毒素（不耐热型：65℃经30min即失活，耐热型：100℃经20min仍不被破坏），引起食物中毒是摄入了大量的致病性活菌体所致，一类是毒素型急性胃肠炎，表现为呕吐、腹泻，粪便呈水样，伴有黏液，无脓血。另一类是急性菌痢，表现为腹痛、腹泻、发热，大便为伴有黏液脓血的黄色水样便。

容易引发致病性大肠杆菌病的典型食物是生鲜或烧煮不彻底的牛肉，未加工的牛乳以及一系列酸性食品，如果酒、果汁等。预防措施主要是充分加热并防止二次感染。

5. 志贺菌

志贺菌属通称痢疾杆菌，是细菌性痢疾的病原菌。志贺菌属包括痢疾志贺菌、福氏志贺菌、鲍氏志贺菌和宋内志贺菌四个亚群。

志贺菌为革兰阴性杆菌，不形成芽孢、无荚膜、无鞭毛、有菌毛。志贺菌为需氧或兼性厌氧菌，营养要求不高，能在普通培养基上生长，最适温度为37℃，最适pH为7.2。37℃培养24h后菌落呈圆形，微凸、光滑湿润、无色、半透明、边缘整齐，在液体培养基中呈均匀浑浊生长，无菌膜形成。志贺菌能分解葡萄糖，产酸不产气。大多不发酵乳糖，甲基红阳性，V-P试验为阴性，不分解尿素，不产生H_2S。

志贺菌可通过水和食品进行传播，只需少量病菌（至少为10个细胞）进入机体，就有可能致病。志贺菌一般不侵犯其他组织，偶可引起败血症，无论是外毒素还是内毒素，必须侵犯肠壁才能致病。

志贺菌随粪便排出体外，通过食物、水和手经口传染给健康人，加强饮水卫生，注意饮食和个人卫生是重要的预防措施。

6. 空肠弯曲杆菌

空肠弯曲杆菌为革兰阴性菌，不产生芽孢，呈弧形、螺旋形或S形，在菌体一端或两端着生单极鞭毛，能运动。该菌在普通培养基上难以生长，在凝固血清和血琼脂培养基上培养36h，可见无色半透明毛玻璃样小菌落，中心凸起，周边不规则，无溶血现象。

空肠弯曲杆菌不液化明胶，不发酵葡萄糖及其他糖醇苷类，还原硝酸盐为亚硝酸盐，甲基红和V-P试验均为阴性。该菌对环境敏感，属寄生菌，在微氧（5%）环境生长，在多氧或无氧条件下不能生长，最适生长温度为42℃，最适pH值为7.2。该菌的抵抗力不强，易被干燥、直射光及弱消毒剂等杀死，58℃5min可致死。对青霉素、头孢霉素耐受，对红霉素、四环素和庆大霉素敏感。

空肠杆菌是引起腹泻的最重要病原菌，属人畜共患病原菌。症状为肌肉酸痛、头晕头痛、呕吐、腹疼腹泻、发热和神经错乱。腹泻常发生在疾病初期或表现出发热症状后，腹泻1～3d后，便中常见血，病程一般为2～7d，很少致死。

空肠弯曲杆菌主要通过直接接触被污染的动物载体、摄入被污染的食品和水进入人体。目前不可能从家养动物中完全消除该菌，因而主要采取加强卫生管理工作来预防。

7. 单核细胞增生李斯特菌

单核细胞增生李斯特菌是一种兼性、无芽孢、无荚膜、周生鞭毛、能运动的球杆形菌。幼龄菌活泼，革兰阳性，48h后变为革兰阴性。

单核细胞增生李斯特菌能在冷藏温度下存活，最适生长温度为37℃，pH中性至弱碱性，氧分压略低，二氧化碳压力略高的条件下该菌生长良好。

单核细胞增生李斯特菌对人的危害因人而异，身体健康不易发病，主要发生在身体虚弱或处于免疫功能低下状态的人，主要影响孕妇、婴儿、50岁以上的人。成人常表现为脑膜炎和脊髓灰质炎。中等程度患者的中毒表现为流感症状、败血症、脓肿、局部障碍及发热。怀孕三个月以上的孕妇易引起流产，幸存婴儿易患败血症或脑膜炎。

在家禽、家畜和动物肠道内都发现该菌，在土壤和腐烂植物中也有，大多数食品也存在这种菌，冰箱中也发现有此菌。完全消灭此菌是不现实的。预防此菌的有效方法是不食用生牛乳、生肉和由污染原料制成的食品，食用前彻底加热食品。

8. 产气荚膜梭菌

产气荚膜梭菌又称为韦氏梭菌，是一种厌氧、革兰阳性、杆状产孢菌，在生长过程中产生一系列外毒素和气体。只有摄入大量活细菌（10^6个/g）才会引起食源性疾病，主要症状为恶心、偶尔呕吐、腹泻和腹部疼痛。

该菌广泛存在于人和动物粪便、土壤、空气和污水中，最适生长温度为43～47℃，适宜pH为5.5～8.0，食盐浓度达5%便可抑制其生长。控制产气荚膜梭菌危害最有效的方法是将煮熟或热加工的食品快速冷却，重新加热放置过的食品，加热温度不低于60℃。

实践技能训练2　普通光学显微镜的构造及使用技术

一、实训目的

1. 了解普通光学显微镜的构造、各部分性能及工作原理。
2. 初步掌握显微镜的基本使用方法和保养方法。
3. 掌握显微镜观察、识别细菌基本形态和作图方法。

二、实训材料

普通光学显微镜、玻片标本。

三、实训原理

1. 普通光学显微镜的构造

显微镜是用来观察肉眼看不见的微小生物结构的仪器。显微镜的种类繁多，可分为光学显微镜（以下常说的显微镜即光学显微镜）和电子显微镜两大类。电子显微镜结构相对复杂，光学显微镜结构较为简单。在目前的一般科学研究和教学中，光学显微镜仍然是重要的、较为精密的生物观察仪器。为了正确操作和维护显微镜，延长显微镜的使用寿命，有必要了解显微镜的结构和功能。显微镜由光学系统和机械装置两大部分组成（如图2-22）。

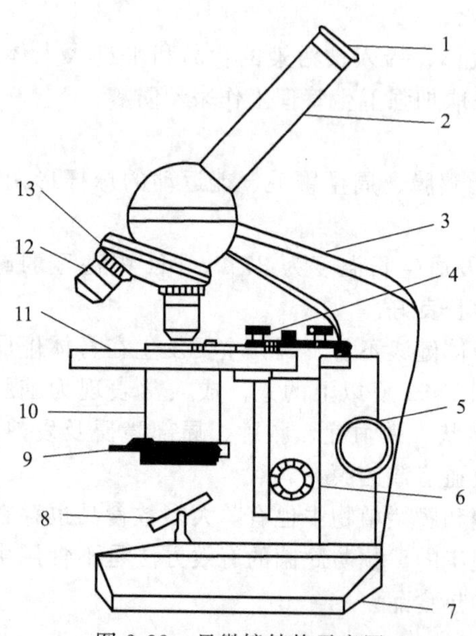

图2-22　显微镜结构示意图

1—目镜；2—镜筒；3—镜臂；4—标本推进器；5—粗调焦螺旋；6—细调焦螺旋；7—镜座；8—反光镜；9—虹彩光圈；10—聚光器；11—载物台；12—物镜；13—物镜转换器

（1）机械部分

① 镜座　显微镜的基座，用以支持镜体平衡，其上装有反光镜或照明光源。

② 镜柱　镜座上面直立的短柱，连接、支持镜臂及以上的部分。

③ 镜臂　弯曲如臂，上接镜筒、下接镜柱，支持载物台、聚光器和调焦装置，是取放显微镜时手握的部位。直筒显微镜镜臂和镜柱连接处有活动关节，可使显微镜在一定范围内后倾，一般不超过30°。

④ 镜筒　一般长160～170mm。其上端放置目镜，下端与物镜转换器相连。双筒斜式的镜筒，两镜筒距离可以根据两眼距离及视力来调节。

⑤ 物镜转换器　是固着在镜筒下端的圆盘，其上装有不同倍数的物镜。可以左右自由转动，便于更换物镜。

⑥ 载物台　放置切片的平台，中央有一个通光孔，旁边装有固定玻片的压夹或标本移动器。有的显微镜载物台下装有聚光镜。

⑦ 调焦装置　镜臂两侧有粗、细调焦轮各一对，旋转时可使镜筒上升或下降，以便得到清晰物像，即调焦。大的一对是粗调，每旋转一周可使镜筒升降10mm，用于低倍物镜观察；小的

一对是细调，每旋转一周可使镜筒升降 0.1mm，用于高倍物镜观察。

（2）光学部分 由成像系统和照明系统组成。前者包括物镜和目镜，后者包括反光镜（或内置光源）、聚光器。

① 物镜 安装在转换器的孔上，由一组透镜组成，能够把物体清晰地放大。物镜是决定显微镜性能（如分辨率）的最重要部件。物镜放大倍数一般低倍物镜有 10×、4×，高倍物镜为 40×，而油镜为 100×。使用油镜时，玻片与物镜之间需加入折射率大于 1 的香柏油作为介质。在物镜上一般标有两组数据，如“40/0.65，160/0.17”。40 表示物镜放大倍数。0.65 表示数值口径，其数值越大工作距离越小，分辨能力越高。160 表示镜筒的长度。0.17 表示要求盖玻片的厚度。

② 目镜 插在镜筒顶部的镜头，是由一组透镜组成的，目镜的作用是将物镜放大所成的像进一步放大，放大倍数有 5×、10×、15×等。目镜内可安装“指针”或测微尺。

③ 聚光器 由聚光镜和虹彩光圈组成。聚光镜可以使光汇集成束，增强被检物体的照明。虹彩光圈通过拨动其操作杆，可使光圈扩大或缩小，借以调节通光量。有的聚光器下方还有一个滤光片托架，根据镜检需要可放置滤光片。构造简单的显微镜无聚光器，仅有光圈盘，其上有若干个大小不同的圆孔，使用时选择适当的圆孔对准通光孔。

虹彩光圈，又称可变光阑，由多数金属片组成，在较高级显微镜上具有此装置。使用时移动其把柄，可控制聚光器透镜的通光范围，用以调节光的强度。虹彩光圈下常附有金属圈，其上有滤光片，可调节光源的色调。

④ 反光镜 反光镜的作用是把光源投射来的光线向聚光镜反射。反光镜有平、凹两面，平面镜反光，凹面镜兼有反光和聚光的作用。平面镜反射光线的强度较凹面镜弱，一般前者在光线充足时使用，后者在光线不足时使用。一般低倍镜观看需较弱的光，高倍镜观看需较强的光。

[知识链接]

显微镜的发明为人类认识微生物世界作出了巨大贡献，并推动了微生物学的发展。大约在 1595 年，荷兰的眼镜商詹森父子发明了第一台显微镜，就是将两块凸透镜放进一个圆筒中，可以看到附近的物体被放大。1665 年英国科学家罗伯特·胡克制造的显微镜约 140 倍，有粗调和微调、照明系统和载标本工作台，具有现代显微镜的雏形，他观察到软木塞切片呈蜂窝状，并称这种小室为“细胞”。1674 年荷兰人安东·列文虎克制造的显微镜可达 270 倍，他用自制显微镜观察到水滴中微生物的游动，成为真正看到微生物的第一人。1684 年前后，荷兰学者惠更斯制造出双透镜目镜（惠更斯目镜），至今仍广泛应用在普通显微镜上。19 世纪到 20 世纪初，科学家致力于提高显微镜的分辨力和观察效果，制造出了消色差物镜、大数值孔径物镜、油浸物镜、偏光附件和补偿物镜等光学部件，显微镜的性能不断提高。随着现代摄影技术和计算机的发展，显微技术也飞速发展，出现了带自动照相机的光学显微镜和配有电脑设备的显微镜。

显微镜的构造大同小异，根据目镜筒数量不同，可分为单筒、双筒和三筒（带照相功能）。根据光源不同，可分为自然光源和内置电光源。

2. 普通光学显微镜的光学原理

（1）光学显微镜的成像原理 显微镜的放大成像是由物镜和目镜共同完成的。标本经物镜第一次放大后，在目镜的焦点平面上形成一个倒立的实像，再经目镜的进一步放大形成肉眼看见的虚像（图 2-23）。

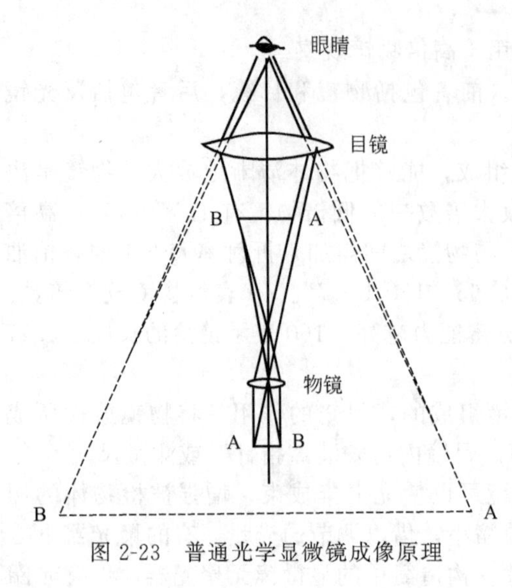

图 2-23 普通光学显微镜成像原理

(2) 显微镜的性能　显微镜的分辨力（率）是指显微镜能够清晰分辨出标本中相互接近的两点之间最小距离的能力。显微镜的分辨能力决定于光学系统的各个部分，主要取决于物镜的性能，其次为目镜和聚光器的性能，还有就是光的性质。

① 物镜的分辨力和数值口径　显微镜的分辨力（率）主要由物镜的分辨力决定。物镜的分辨力用镜头所能分辨出的两点间最小距离表示，距离越小，分辨能力越好。分辨力由所用的光的波长和物镜的数值口径决定。其公式是：

$$D=\frac{\lambda}{2\mathrm{NA}}$$

式中　D——能分辨的两点之间的最小距离；

λ——光波波长（肉眼所能感受的光波的平均波长为 0.55μm）；

NA——表示数值口径。

从上式可见，减少入射光的波长，可以提高分辨力，但由于可见光的波长范围比较窄，因而提高分辨力的最好方法还是增加数值口径。

数值口径，又称为数值孔径、镜口率，表示从聚光器发出的光照射到观察的标本上，能被物镜所聚集的量，是物镜的主要参数。数值口径可用下列公式表示：

$$\mathrm{NA}=n\cdot\sin\frac{\alpha}{2}$$

式中　n——物镜与标本之间的介质折射率；

α——最大入射角，即物镜的镜口角。即由光源投射到透镜上的光线之间的最大夹角（图 2-24）。

由上式可知，物镜与标本之间的介质折射率越大，光线投射到物镜的角度越大，数值口径就越大，显微镜的分辨力就越大。

几种常用介质的折射率是：空气为 1.0，水为 1.33，香柏油为 1.51，玻璃为 1.5，甘油为 1.47。

镜口角 α 的理论限度为 180°，$\sin\frac{\alpha}{2}$ 最大值为 1，空气的折射率为 1，所以物镜的数值口径总是小于 1，一般在 0.05～0.95。如果使用油镜，其折射率为 1.51，数值口径最大值可接近 1.5，但通常情况是不可能达到这一数值的，一般高级油镜的最大数值口径常在 1.4 左右。

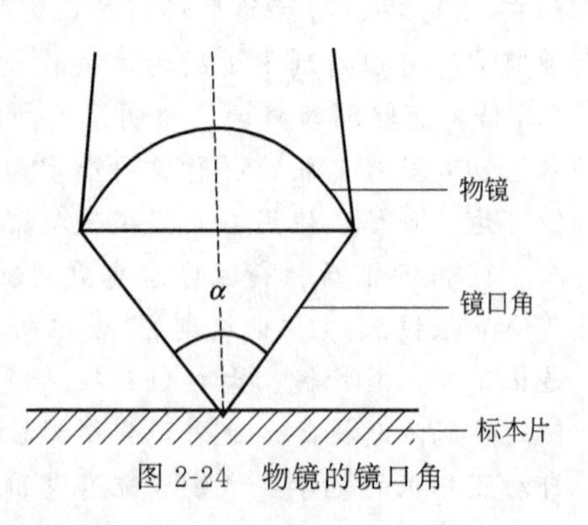

图 2-24 物镜的镜口角

不同的物镜，其数值口径不同，分辨力也不同。低倍物镜，其数值口径较小，分辨力较低，即使增大目镜的放大倍数，也不能增大分辨力；高倍镜的数值口径为 0.65，其分辨率为 0.42μm，小于 0.42μm 的距离就分辨不清，要想看清 0.42μm 以下的距离，就只能增加物镜的放大倍数。

② 焦深　在显微镜下观察标本时，焦点对在某一像面时，物像最清晰，该像面称为焦

平面或目的面，在焦平面的上下还能看见模糊的物像，这两个面之间的距离称为焦深。焦深与数值口径及物镜的放大倍数成反比，即物镜的放大倍数越大，焦深越短，因此在使用高倍镜或油镜时，调焦要慢，否则物像容易滑过而找不到物像。

③ 工作距离　工作距离是指观察标本最清晰时，物镜透镜的下表面与标本之间或与盖玻片之间的距离。物镜的放大倍数越大，其工作距离越短，油镜的工作距离最短，约为0.2mm。所以使用高倍镜和油镜时，一定要小心，避免碰坏镜头或压碎标本片。盖玻片的厚度一般要求为0.17mm。虽然不同放大倍数的物镜工作距离不同，但生产厂家已进行校正，使不同放大倍数物镜转换时，都能观察到标本，只需进行调焦便可使物像清晰。

④ 放大倍数　显微镜的放大倍数是物镜和目镜放大倍数的乘积。如使用40倍的物镜和10倍的目镜观察，则总放大倍数是400倍。观察不同的微生物，要选择适宜的物镜，如细菌的形体很小，必须用油镜才能观察清楚，而酵母菌和霉菌只需选用高倍镜和低倍镜即可。

3. 普通光学显微镜的使用方法

(1) 取放　拿取显微镜时，应一只手握住镜臂，另一只手平托镜座。将显微镜放置在座位桌子左侧距桌边5～10cm处，以便腾出右侧位置进行观察记录或绘图。

(2) 对光　转动转换器，将低倍镜头正对载物台上的通光孔。用左眼或双眼观察目镜。然后，调节反光镜或打开内置光源并调节光强，使镜下视野内的光线明亮、均匀又不刺眼。

(3) 放置玻片　将所要观察的玻片放在载物台上，使玻片中被观察的部分位于通光孔的正中央，然后用压片夹压好载玻片。

(4) 低倍镜使用　观察之前，先转动粗调焦螺旋，使物镜逐渐接近切片。需要注意，不能使物镜触及玻片，以防镜头将玻片压碎。然后，左眼注视目镜内，同时右眼不要闭合（要养成睁开双眼用显微镜进行观察的习惯，以便在观察的同时能用右眼看着绘图或避免物镜压坏玻片），并转动粗准焦螺旋，使物镜慢慢远离玻片，直到看见清晰的物像为止。

(5) 高倍镜使用　由于高倍镜视野范围更小，所以使用前应在低倍镜下选好欲观察的目标，并将其移至视野中央，然后转高倍镜至工作位置。高倍镜下视野变暗且物像不清晰时，可调节光亮度和细调焦轮，不得使用粗调。由于高倍镜使用时与玻片之间距离很近，因此，操作时要特别小心，以防镜头碰击玻片。

(6) 油镜使用　在高倍镜下将要观察的部分移至视野中央，上升镜筒约1.5cm，然后转油镜至工作位置。在盖玻片要观察的位置上滴一滴香柏油，慢慢下降镜筒，使之与油滴接触，然后慢慢调节细调焦轮上升镜筒到物像清晰。若发现香柏油液滴与油镜分离，应重新下降镜筒至与油滴接触，然后细调。油镜工作距离非常小（约为0.2mm），所以这步操作要特别小心，防止压碎玻片。

(7) 调换玻片　观察时如需调换玻片，需先上升镜筒，将高倍镜换成低倍镜，取下原玻片，换上新玻片，重新从低倍镜开始观察。

(8) 使用后整理　观察完毕后，上升镜筒或放下载物台到最低点，取下玻片，用二甲苯、酒精或乙醚混合液（70%乙醚+30%酒精）擦拭油镜，将物镜转离通光孔，使显微镜处于非工作状态，盖上罩子或按原样收好显微镜放入箱内。如果是内置光源，使用完毕应及时关闭电源，延长内置光源的使用寿命。

4. 显微镜的维护

① 显微镜是精密仪器，使用时一定严格遵守操作规则，不许随意拆修。

② 取放显微镜时一定要一手握住弯臂，另一手托住镜座。显微镜不能倾斜，以免目镜从镜筒上端倒出。取放显微镜时要轻拿轻放。

③ 观察时，不能随意移动显微镜的位置。坐姿要端正，双目同时张开，切勿睁一眼、闭一眼或用手遮挡一只眼。

④ 凡是显微镜的光学部分，只能用特殊的擦镜头纸擦拭，不能乱用他物擦拭，更不能用手指触摸透镜，以免汗液玷污透镜。

⑤ 保持显微镜的干燥、清洁，避免灰尘、水及化学试剂的玷污。观察临时制片时，一定要将盖玻片四周溢出的水或其他液体用吸水纸吸干净，以免污染镜头。

⑥ 转换物镜镜头时，只能转动转换器，不要搬动物镜镜头。

⑦ 观察玻片时，一定要按先低倍、后高倍物镜顺序使用。

⑧ 不得随意拆卸物镜镜头，以免损伤转换器螺口，或螺口松动后使物镜转换时不齐焦。

⑨ 使用低倍镜时用粗调焦螺旋，细调焦螺旋是在观察到物像不够清晰时使用。使用高倍物镜时，勿用粗调焦螺旋调焦，以免移动距离过大，损伤物镜和玻片。一般只用细调焦螺旋，切忌沿同一方向不停地转动，用力要轻，转动要慢，转不动时不要硬转。

⑩ 显微镜用毕后，必须检查物镜镜头上是否沾有水或试剂，如有则要擦拭干净，并且要把载物台擦拭干净并放到最低。如果是电光源显微镜，使用完毕一定不要忘记关闭电源开关，延长内置光源的使用寿命。

5. 绘图要求

微生物的形态结构图是根据显微镜下的观察结果绘制的，因此，应选择有代表性的、典型的细胞形态进行绘图。要求客观真实地反映材料的自然状态。即生物绘图要求具备高度的科学性和真实感，形态正确、比例适当、清晰美观。绘图必须使用HB型铅笔，不可用钢笔、圆珠笔或其他笔。

绘图时将图纸放在显微镜右方，确定绘图位置。然后左眼观察显微镜，右眼看图纸并绘制，即边看边绘。依观察结果，用铅笔轻轻勾画出微生物的形态轮廓。所绘线条要均匀、平滑，无深浅、虚实之分，无明显的起落笔痕迹，尽可能一气呵成不反复。绘好图之后，应在图的下方注明该菌名称和放大倍数。

四、实训内容

1. 显微镜构造及功能的认识。让每位学生逐步认识显微镜各部分的名称和功能，以及显微镜的工作原理。

2. 显微镜使用方法训练。给每位学生发放一张微生物玻片标本，让同学们依据显微镜的使用方法对标本进行观察。相邻同学可对换标本片反复训练。老师监督观察结果。

3. 根据观察结果进行细胞结构的绘图描述。

4. 显微镜的维护训练。从取放显微镜、使用前后的擦拭、油镜使用后的清洁、显微镜使用后的休止状态等进行训练。

五、实训报告

1. 详细介绍显微镜的构造、光学原理及使用维护方法。

2. 绘制所观察标本的细菌形态，并标注所观察菌种的名称和放大倍数。

3. 思考题

(1) 普通光学显微镜一般由哪两部分组成？

(2) 取放显微镜时，为保持镜体不倾斜，以防目镜滑落，双手应分别握于哪两个位置？

(3) 显微镜观察玻片标本的顺序是什么？

(4) 使用高倍物镜时，为免移动距离过大，损伤物镜和玻片，一般不用什么调焦？

(5) 油镜使用后如何擦拭干净?

实践技能训练 3　细菌涂片制作及染色技术

一、实训目的

1. 初步掌握细菌的涂片以及简单染色和革兰染色方法。
2. 进一步熟练掌握显微镜的使用技术。

二、实训材料

1. 活材料

培养 12～16h 的枯草芽孢杆菌，培养 24h 的大肠杆菌和金黄色葡萄球菌。

2. 染色液和试剂

结晶紫、碘液、95%酒精、番红、二甲苯、香柏油。

3. 器材

显微镜、接种杯、酒精灯、擦镜纸、吸水纸、废液缸、洗瓶、载玻片等。

三、实训原理

革兰染色原理：用于生物染色的染料主要有碱性染料、酸性染料和中性染料三大类。碱性染料的离子带正电荷，能和带负电荷的物质结合。因细菌蛋白质等电点较低，当它生长于中性、碱性或弱酸性的溶液中时常带负电荷，所以通常采用碱性染料（如美蓝、结晶紫、碱性复红或孔雀绿等）使其着色。酸性染料的离子带负电荷，能与带正电荷的物质结合。当细菌分解糖类产酸使培养基 pH 下降时，细菌所带正电荷增加，因此易被伊红、酸性复红或刚果红等酸性染料着色。中性染料是前两者的结合物，又称复合染料，如伊红美蓝等。

简单染色法是只用一种染料使细菌着色以显示其形态，简单染色不能辨别细菌细胞的构造。

革兰染色法是 1884 年由丹麦病理学家 C. Gram 所创立的。革兰染色法可将所有的细菌区分为革兰阳性菌（G^+）和革兰阴性菌（G^-）两大类，是细菌学上最常用的鉴别染色法。

革兰染色法之所以能将细菌分为 G^+ 菌和 G^- 菌，是由这两类菌的细胞壁结构和成分的不同所决定的。G^- 菌的细胞壁中含有较多易被乙醇溶解的类脂质，而且肽聚糖层较薄、交联度低，故用乙醇或丙酮脱色时溶解了类脂质，增加了细胞壁的通透性，使初染的结晶紫和碘的复合物易于渗出，结果细菌就被脱色，再经番红复染后就成红色。G^+ 菌细胞壁中肽聚糖层厚且交联度高，类脂质含量少，经脱色剂处理后反而使肽聚糖层的孔径缩小，通透性降低，因此细菌仍保留初染时的紫色。

四、实训方法与步骤

1. 简单染色技术

(1) 涂片　取干净载玻片一块，在载玻片的左、右各加一滴蒸馏水，按无菌操作法取菌涂片，左边涂枯草芽孢杆菌或金黄色葡萄球菌，右边涂大肠杆菌。也可先在载玻片上做成菌悬液，再取干净载玻片一块将刚制成的浓菌液挑 2～3 环涂成薄的涂面。注意直接涂片取菌不要太多，并要涂均匀（图 2-25）。

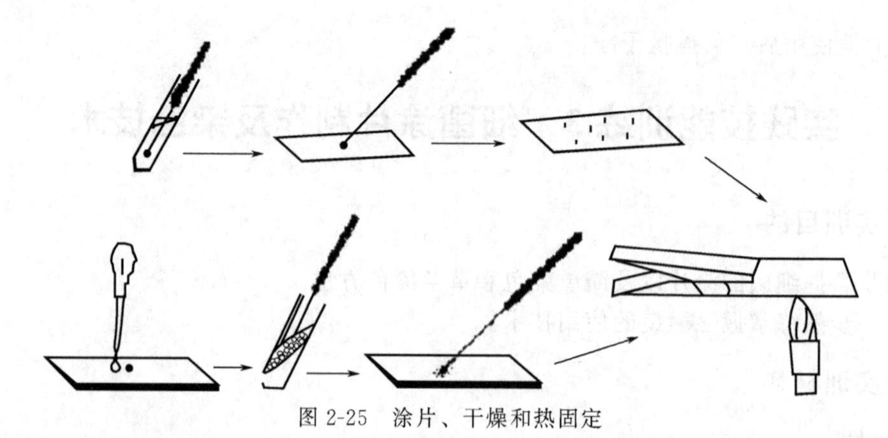

图 2-25 涂片、干燥和热固定

（2）干燥 让涂片自然干燥或者在酒精灯火焰上方文火烘干。

（3）固定 手执玻片一端，涂面朝上，通过火焰 2～3 次（以不烫手为宜，否则会改变甚至破坏细胞形态）。此过程称为热固定，其目的是使细胞质凝固，以固定细胞形态，并使菌体牢固附着在载玻片上。

（4）染色 将固定过的涂片放在废液缸上的搁架上，加番红或结晶紫染色 1min。

（5）水洗 用水洗去涂片上的染色液。

（6）干燥 将洗过的涂片放在空气中晾干或用吸水纸吸干。

（7）镜检 先低倍观察，再高倍观察，并找出适当的视野后，将高倍镜转出，在涂片上加香柏油一滴，将油镜浸入油滴中，仔细调焦观察细菌的形态。

2. 革兰染色技术

（1）涂片固定 与简单染色涂片固定相同。

（2）结晶紫染色 将玻片置于废液缸玻片搁架上，加适量（以盖满细菌涂面）的结晶紫染色液染色 1min。

（3）水洗 倾去染色液，用流水从上端向下小心地冲洗。

（4）媒染 滴加碘液，媒染 1min。

（5）水洗 用水洗去碘液。

（6）脱色 将玻片倾斜，连续滴加 95%乙醇脱色约 30s 至流出液无色，立即水洗。

（7）复染 滴加番红复染 1～2min。

（8）水洗 用水洗去涂片上的番红染色液。

（9）晾干 将染好的涂片放空气中晾干或者用吸水纸吸干水分。

（10）镜检 镜检时先用低倍，再用高倍，最后用油镜观察，并判断菌体的革兰染色反应性。

3. 注意事项

① 革兰染色成败的关键是酒精脱色。如脱色过度，革兰阳性菌也可被脱色而染色成阴性菌；如脱色时间过短，革兰阴性菌也会被染成革兰阳性菌。脱色时间的长短还受涂片厚薄及乙醇用量多少等因素的影响，难以严格规定。一般脱色时以滴加的酒精流出液无色为度。

② 染色过程中勿使染色液干涸。用水冲洗后，应吸去玻片上的残水，以免染色液被稀释而影响染色效果。

③ 宜选用幼龄的细菌。G^+菌培养 12～16h，大肠杆菌培养 24h。若菌龄太老，由于菌体死亡或自溶常使革兰阳性菌转呈阴性反应。

五、实训内容

1. 细菌的简单染色和革兰染色制片训练。
2. 显微镜观察训练，特别是油镜的使用训练。

六、实训报告

1. 详细说明细菌的简单染色和革兰染色制片技术。
2. 将实训观察结果记录在表 2-2 和表 2-3 中。

表 2-2 细菌简单染色观察记录

菌种名称	使用染料	菌体颜色	菌体形态图

表 2-3 细菌革兰染色记录

菌种名称	菌体颜色	菌体形态图	观察结果(G^-/G^+)

3. 思考题

(1) 革兰染色过程中哪个步骤最重要？说明原因。

(2) 革兰染色观察为什么以选择幼龄细菌为宜？

实践技能训练 4 细菌的特殊染色技术

一、实训目的

1. 了解细菌芽孢、荚膜和鞭毛的染色原理和方法。
2. 掌握细菌的特殊染色技术。

二、实训材料

1. 菌种

枯草芽孢杆菌，营养琼脂斜面培养 24h；产气肠杆菌，肉汁葡萄糖斜面培养 24h；普通变形杆菌，营养琼脂斜面培养 18h。

2. 染液

芽孢染色液：5％孔雀绿水溶液、黑色墨水、0.5％番红液（或石炭酸复红液和吕氏美蓝液）。荚膜染色液：刚果红、明胶水溶液，吕氏美蓝液等。鞭毛染色液：硝酸银染色液（A液、B液）。配制方法见附录Ⅰ。

3. 器材

显微镜、载玻璃片、接种环、酒精灯、香柏油、二甲苯、无菌水、擦镜纸等。

三、实训原理

芽孢染色法是根据细菌的芽孢和菌体对染料的亲和力不同的原理，用不同的染料进行染色，使芽孢和菌体呈不同颜色而区分开来。芽孢壁厚、透性低，着色、脱色均较困难，当用弱碱性染料孔雀绿在加热的情况下进行染色时，染料都可以进入菌体及芽孢使其着色，但经水洗后，进入芽孢的染料难以透出，进入菌体的染料易透出而被脱色。如再用番红复染，则菌体呈红色而芽孢呈绿色。

由于荚膜的成分为多糖、糖蛋白和多肽，与染料的亲和力弱，不易着色，所以观察荚膜通常采用负染色法，即将菌体或背景着色，而荚膜不着色，在菌体周围形成一透明圈，从而把荚膜衬托出来。由于荚膜含水量高，制片时不用热固定，以免变形影响观察。

观察鞭毛通常在给鞭毛染色前先用媒染剂处理，使其沉积在鞭毛上而直径加粗，然后再进行染色。细菌只有在个体发育到一定的时期才具有鞭毛，一般在旺盛生长阶段染色。

四、实训方法与步骤

1. 芽孢染色（孔雀绿染色法）

（1）制片　取一干净载玻片按无菌操作取枯草芽孢杆菌菌体少许制成涂片，干燥固定。

（2）初染　在涂菌处滴加数滴孔雀绿染液，用镊子夹住载玻片一端，在微火上加热5～10min，注意及时补加染液，防止染液蒸干。

（3）水洗　待玻片冷却后，用缓流自来水冲洗，直到流出的水无色为止。

（4）复染　用番红复染2min。

（5）水洗　用缓流自来水冲洗，直到流出的水无色为止。

（6）风干后镜检　风干或吸干后用油镜镜检。芽孢呈绿色，营养体呈红色。

2. 荚膜染色法（黑墨水法）

（1）制备菌悬液　加一滴墨水于洁净的载玻片上，然后挑取少量菌体与墨水充分混合均匀。

（2）加盖玻片　放一清洁盖玻片于混合液上，然后在盖玻片上放一张吸水纸，轻轻按压吸去多余的菌液。

（3）镜检　背景灰色，菌体较暗，在菌体周围呈现一明亮的透明圈即荚膜。

3. 鞭毛染色法（银盐染色法）

（1）制片　取一洁净的载玻片，在其一端滴一滴蒸馏水，用接种环挑取少量对数生长期菌体（斜面接种，28～32℃培养12h，取斜面和冷凝水交接处菌体作观察材料），在水滴中轻沾几下（勿涂布），将载玻片倾斜，使菌液流向另一端，然后放平自然干燥。

（2）滴加适量鞭毛染色A液染色2～3min。

（3）将A液充分洗净后，滴加B液，稍加热染色30～60s，冷却后水洗、干燥。

（4）镜检　菌体的颜色较深，鞭毛的颜色较浅。

五、实训内容

1. 对枯草芽孢杆菌进行芽孢染色观察。
2. 对产气杆菌进行荚膜染色观察。
3. 对普通变形杆菌进行鞭毛染色观察。

六、实训报告

1. 详细说明芽孢染色、荚膜染色、鞭毛染色的原理和方法。
2. 绘图表示枯草芽孢杆菌、产气杆菌、变形杆菌的形态特征。
3. 观察细菌的鞭毛为什么选择生长旺盛的菌体？

第二节 放线菌

放线菌因菌落呈放射状而得名，是属于一类具有分枝状菌丝体的多核的单细胞原核生物，革兰染色为阳性。放线菌是一类介于细菌和真菌之间的单细胞生物。一方面，放线菌的细胞构造和细胞壁的化学组成与细菌相似，与细菌同属原核生物；另一方面，放线菌菌体呈纤细的菌丝状，而且分枝，又以外生孢子的形式繁殖，这些特征又与霉菌相似。

放线菌在自然界分布广泛，主要以孢子或菌丝状态存在于土壤、空气和水中，尤其是含水量低、有机物丰富、呈中性或微碱性的土壤中数量最多。绝大多数是腐生，少数寄生，大多数放线菌的最适生长温度为23～37℃。放线菌的应用非常广泛，目前生产的抗生素绝大多数是由放线菌产生的，还可用于某些酶制剂、维生素和有机酸的生产。此外，放线菌还可用于甾体转化、烃类发酵、石油脱蜡和污水处理等方面。少数放线菌也会对人类构成危害，引起人和动植物病害。因此，放线菌与人类关系密切。

一、放线菌的形态结构

放线菌个体由分枝状菌丝组成，菌丝无隔膜，其粗细与杆状细菌相似，直径为1μm左右。细胞中具核质而无真正的细胞核，细胞壁含有胞壁酸与二氨基庚二酸，而不含几丁质和纤维素。链霉菌属是放线菌中种类最多、分布最广、形态特征最典型的类群。以链霉菌属为例，放线菌由菌丝和孢子两部分结构组成。菌丝依形态与功能不同可分为三种类型(图2-26)。

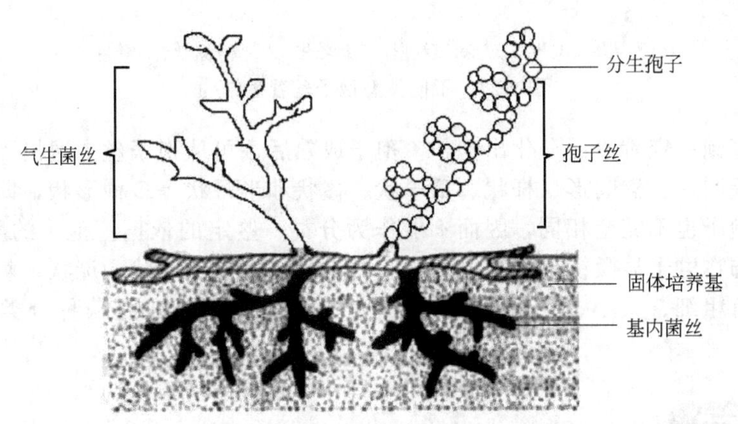

图2-26 链霉菌的一般构造模式图

1. 基内菌丝

生长于培养基中吸收营养物质的菌丝，叫基内菌丝，又称初级菌丝或营养菌丝，主要功能是吸收营养物质和排泄代谢产物。可产生黄、橙、红、绿、蓝、褐、紫和黑等水溶性色素和脂溶性色素，水溶性色素可在培养基内扩散，或不产生色素。色素在放线菌的分类和鉴定上有重要的参考价值。基内菌丝一般无隔膜，不断裂，如链霉菌属和小单孢菌属等；但也有基内菌丝形成横隔膜的放线菌，如诺卡菌属。

2. 气生菌丝

当基内菌丝生长到一定阶段时，向空中生长的菌丝，叫气生菌丝，又称二级菌丝。在显微镜下观察，一般气生菌丝颜色较深，比基内菌丝粗，形状直伸或弯曲，可产生色素，多为脂溶性色素。

3. 孢子丝

气生菌丝发育到一定阶段，其顶端分化出的可形成孢子的菌丝，叫孢子丝，又称繁殖菌丝。孢子丝的形态及其在气生菌丝上的排列方式，因菌种不同而异，是菌种鉴定的重要依据。孢子丝的形状有直线形、波曲、钩形、螺旋状等。孢子丝的着生方式有对生、互生、丛生与轮生等（图 2-27）。

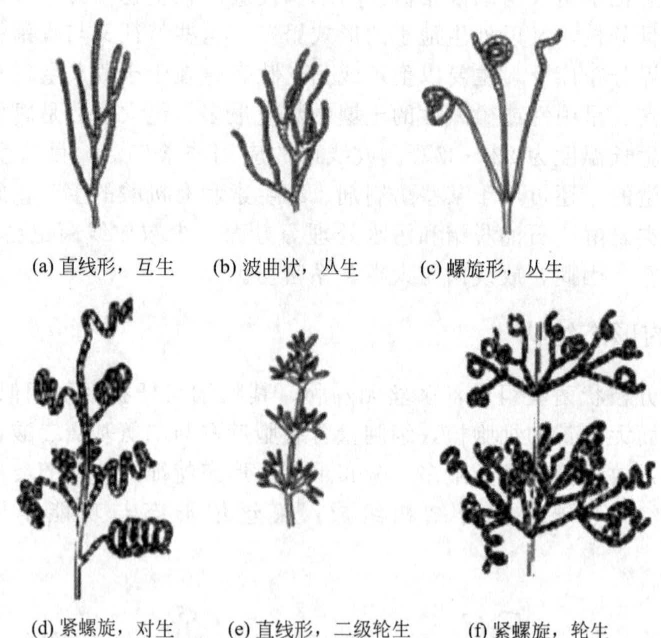

图 2-27　不同类型孢子丝着生结构

孢子丝发育到一定阶段便分化出孢子。孢子成熟后，可从孢子丝中逸出飞散。在光学显微镜下，孢子呈圆形、椭圆形、杆状、瓜子状、梭状和半月状等多种形状，即使是同一孢子丝分化形成的孢子也不完全相同，因而不能作为分类、鉴定的依据。孢子的颜色十分丰富。孢子表面的纹饰在电子显微镜下清晰可见，有的光滑，有的褶皱状、疣状、刺状、毛发状或鳞片状，刺又有粗细、大小、长短和疏密之分，一般比较稳定，是菌种分类、鉴定的重要依据。

[课堂互动]

试比较细菌和放线菌的形态结构有何异同点？

二、放线菌的繁殖与菌落特征

1. 放线菌的繁殖

放线菌没有有性繁殖，主要通过形成无性孢子进行无性繁殖。孢子的形成只有横隔分裂，横隔分裂有两种方式：①细胞膜内陷，并由外向内逐渐收缩，最后形成完整的横隔膜，将孢子丝分隔成许多无性孢子；②细胞壁和细胞膜同时内缩，并逐步缢缩，最后将孢子丝缢缩成一串无性孢子。有些放线菌还形成孢子囊，长在气生菌丝或基内菌丝上，孢子囊内产生有鞭毛、能运动或无鞭毛、不运动的孢囊孢子。成熟的分生孢子或孢囊孢子散落在适宜环境里发芽形成新的菌丝体。

另外，放线菌也可通过菌丝片断繁殖，菌丝体的无限伸长和分枝，脱落成菌丝片段，在适宜条件下都能长成新的菌丝体。

2. 放线菌的菌落特征

放线菌的菌落特征因种而异，大致有两种类型：一类以链霉菌为代表，菌落由菌丝体组成，幼龄菌落类似细菌不易区分，后期由于气生菌丝和分生孢子的形成，菌落表面呈较紧密的绒状或坚实、干燥、多皱。菌落较小，质地致密，不易挑起或挑起后不易破碎。当孢子丝产生大量孢子并布满整个菌落表面后，才形成絮状、粉状或颗粒状的典型的放线菌菌落；有些种类的孢子含有色素，使菌落表面或背面呈现不同颜色，带有泥腥味。另一类以诺卡菌为代表，菌落一般只有基内菌丝而不产生大量菌丝体，结构松散，黏着力差，易于用针挑起且易粉碎，也有特征性的颜色。若将放线菌接种于液体培养基内静置培养，能在瓶壁液面处形成斑状或膜状菌落，或沉降于瓶底而不使培养基混浊；如以振荡培养，常形成由短的菌丝体所构成的球状颗粒。

三、常见放线菌的主要种类

1. 链霉菌属

链霉菌是高等的放线菌，链霉菌孢子在固体培养基上萌发生长，形成发达的基内菌丝和气生菌丝。气生菌丝生长到一定时候分化产生孢子丝，孢子丝发育到一定程度分化为孢子。链霉菌的基内菌丝和气生菌丝有各种不同的颜色，有的菌丝还产生可溶性色素分泌到培养基中，使培养基呈现各种颜色。链霉菌是许多抗生素的产生菌，例如链霉素由灰色链霉菌产生，土霉素由龟裂链霉菌产生等。另外，还有常用的抑制真菌的制霉菌素、抗结核的卡那霉素、防治水稻纹枯病的井冈霉素等，都是链霉菌的次级代谢产物。据研究，由放线菌产生的抗生素，90%是由链霉菌产生的。

2. 诺卡菌属

诺卡菌属又称原放线菌属，在固体培养基上生长时，只有基内菌丝，没有气生菌丝或只有很薄一层气生菌丝，靠菌丝断裂进行繁殖。菌丝体经过15h～4d的培养，产生横隔膜，分枝的菌丝体突然全部断裂成长短近于一致的杆状或球状体或带杈的杆状体（图2-28）。每个杆状体内至少有一个核，因而可以复制并形成新的多核的菌丝体。菌落一般比链霉菌小，表面崎岖多皱，致密干燥，一触即碎；有些种菌落平滑或凸起，无光或发亮呈水浸状。此属多为好气性腐生菌，少数为厌气性寄生菌。现已报导诺卡菌有100余种，能产生30多种抗生素。另外，有些诺卡菌用于石油脱蜡、烃类发酵以及污水处理中分解腈类化合物。

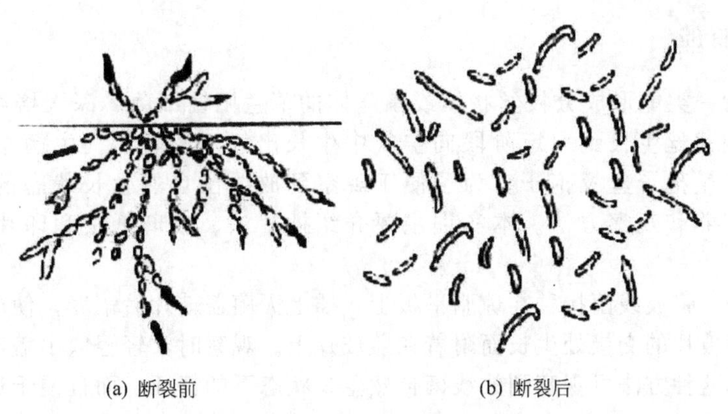

(a) 断裂前　　(b) 断裂后

图2-28　诺卡菌的形态

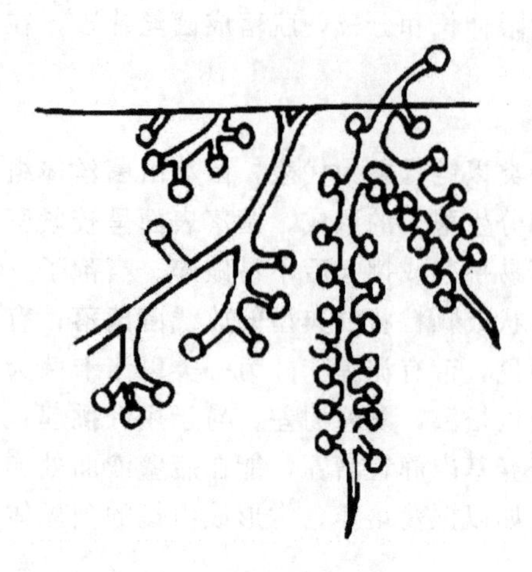

图 2-29　小单孢菌的形态

3. 小单孢菌属

小单孢菌属只有基内菌丝，菌丝纤细，无横隔膜，不断裂，在基内菌丝上长出孢子梗，顶端着生一个球形或长圆形的孢子（图 2-29）。菌落比链霉菌小得多，通常为橙黄色，也有深褐色、黑色、蓝色等。此属菌约 30 多种，一般为好气性腐生，大多分布在土壤、湖底泥土或厩肥中。也是产抗生素较多的一个属，例如庆大霉素就是由绛红小单孢菌和棘孢小单孢菌产生。

4. 放线菌属

放线菌属只有基内菌丝，菌丝较细，直径小于 1μm，有横隔，可断裂成“V”形或“Y”形体。一般为厌氧或兼性厌氧菌。放线菌属多为致病菌，例如引起牛颚肿病的牛型放线菌，寄生于人体可引起后颚骨肿瘤和肺部感染的衣氏放线菌等。此属菌培养时通常需在培养基中加放血清或心、脑浸汁等。

实践技能训练 5　放线菌的形态观察

一、实训目的

1. 观察了解放线菌的基本形态特征。
2. 掌握观察放线菌形态的几种制片方法。

二、实训材料

1. 菌种

细黄链霉菌（5406）。

2. 培养基和试剂

高氏Ⅰ号琼脂培养基、石炭酸复红染液、无菌水等。

3. 器具

显微镜、培养皿、载玻片、盖玻片、镊子、小刀、接种环、玻璃纸、吸水纸、擦镜纸等。

三、实训原理

放线菌是指一类能形成分枝丝状体或菌丝体的革兰阳性细菌。深入培养基内生长的叫基内菌丝，基内菌丝生长到一定阶段向空气中生长出气生菌丝，气生菌丝发育到一定程度，其上分化产生孢子丝及孢子。为了便于观察到放线菌自然生长状态的形态特征，人们设计了各种培养和观察方法。本实训主要介绍插片法、玻璃纸法和印片法三种放线菌形态观察方法。

（1）插片法　将放线菌接种在琼脂平板上，插上灭菌盖玻片后培养，使放线菌菌丝沿着培养基表面与盖玻片的交接处生长而附着在盖玻片上。观察时，轻轻取出盖玻片，置于载玻片上直接镜检，这种方法可观察到放线菌自然生长状态下的特征，而且便于观察不同生长期的形态。

（2）玻璃纸法　玻璃纸是一种透明的半透膜。将灭菌的玻璃纸覆盖在琼脂平板表面，然后将放线菌接种于玻璃纸上，经培养，放线菌在玻璃纸上生长形成菌苔。观察时，揭下玻璃纸，固定在载玻片上直接镜检，这种方法既能保持放线菌的自然生长状态，也便于观察不同生长期的形态特征。

（3）印片法　将要观察的放线菌的菌落或菌苔，先印在载玻片上，经染色后观察。这种方法主要用于观察孢子丝的形态，孢子的排列及其形状等，方法简便，但形态特征可能有所改变。

四、实训方法与步骤

1. 插片法

（1）倒平板　取灭菌的高氏Ⅰ号琼脂培养基倒平板，凝固待用。

（2）接种　用接种环挑取菌种孢子在平板上划线接种。

（3）插片　按无菌操作要求，用无菌镊子将灭菌的盖玻片以大约45°插入琼脂（插在接种线上），插片数量根据实际情况而定。

（4）培养　将插片平板倒置在28℃培养箱培养3～5天（根据观察目的而定）。

（5）镜检　用镊子小心拔出盖玻片，擦去背面培养物，然后将有菌的一面朝上放在载玻片上，直接或染色后置于显微镜下观察。

2. 玻璃纸法

（1）倒平板

（2）铺玻璃纸　按无菌操作要求，用无菌镊子将已灭菌的玻璃纸片铺在培养基平板上，用无菌玻璃涂棒（或接种环）将玻璃纸压平，使其紧贴在琼脂表面，玻璃纸和琼脂之间不留气泡。每个平板根据实际可铺5～10块玻璃纸。

（3）接种　用接种环挑取菌种孢子在玻璃纸上划线接种。

（4）培养　将平板倒置，28℃培养3～5天。

（5）镜检　在洁净载玻片上加一小滴水，用镊子小心取下玻璃纸片，菌面朝上放在载玻片的水滴上，使玻璃纸平贴在玻片上，勿留气泡，置于显微镜下观察。

3. 印片法

（1）接种培养　用高氏Ⅰ号琼脂平板，划线接种或点种，28℃培养4～7天。

（2）印片　用接种铲或解剖刀将平板上的菌苔连同培养基切下一小块，菌面朝上放在载玻片上。另取一洁净载玻片置火焰上微热后，盖在菌苔上，轻轻按压，使培养物（气生菌丝、孢子丝或孢子）黏附在后一块载玻片的中央，有印迹的一面朝上，通过火焰2～3次固定。

（3）染色　用石炭酸复红覆盖印迹，染色约1min后水洗。

（4）镜检　干后用油镜镜检。

五、实训内容

分别用插片法、玻璃纸法和印片法三种方法进行制片训练，然后置于显微镜下进行放线菌的形态观察。

六、实训报告

1. 详细说明放线菌的三种形态观察方法。
2. 绘制所观察到的放线菌的形态结构。

3. 比较三种观察方法的优缺点。

4. 放线菌的菌体为什么不易挑取？

[目标检测]

一、名词解释

中间体 糖被 荚膜 鞭毛 芽孢 菌落 显微镜的分辨力和数值口径 基内菌丝 气生菌丝 孢子丝。

二、选择题

1. 属于革兰阳性菌细胞壁特有成分的是（ ）。

A. 肽聚糖 B. 磷壁酸 C. 脂多糖 D. 脂蛋白

2. 属于革兰阴性菌细胞壁特有成分的是（ ）。

A. 肽聚糖 B. 磷壁酸 C. 脂多糖 D. 核蛋白

3. 下列微生物中，属于革兰阳性菌的是（ ）。

A. 大肠杆菌 B. 金黄色葡萄球菌 C. 沙门菌 D. 志贺菌

4. 下列微生物中，属于革兰阴性菌的是（ ）。

A. 大肠杆菌 B. 金黄色葡萄球菌 C. 肉毒芽孢杆菌 D. 枯草芽孢杆菌

5. 在放线菌生长发育过程中，吸收水分和营养的器官是（ ）。

A. 基内菌丝 B. 气生菌丝 C. 孢子丝 D. 孢子

6. 属于细菌细胞特殊结构的是（ ）。

A. 细胞膜 B. 细胞壁 C. 芽孢 D. 细胞核

7. 原核微生物核糖体大小为（ ）。

A. 50S B. 60S C. 70S D. 80S

8. 经过革兰染色后，革兰阴性菌为（ ）。

A. 无色 B. 红色 C. 紫色 D. 黄色

9. 细菌细胞壁的主要成分为（ ）。

A. 肽聚糖 B. 几丁质 C. 纤维素 D. 葡聚糖和甘露聚糖

10. 革兰染色中最为关键的步骤是（ ）。

A. 初染 B. 媒染 C. 脱色 D. 复染

11. 放线菌的形态结构是（ ）。

A. 单核单细胞 B. 多核单细胞 C. 单核多细胞 D. 多核多细胞

12. 下列产生抗生素最多的放线菌是（ ）。

A. 链霉菌属 B. 小单孢菌属 C. 诺卡菌属 D. 放线菌属

13. 下列常用于细菌培养的培养基是（ ）。

A. 牛肉膏蛋白胨琼脂培养基

B. 高氏Ⅰ号培养基

C. 查氏培养基

D. 麦芽汁琼脂培养基

三、简答题

1. 简述革兰染色原理和革兰染色的步骤。

2. 简述显微镜的构造、维护及使用方法。

3. 比较革兰阳性细菌和革兰阴性细菌细胞壁的成分和构造。

4. 为什么芽孢具有极强的抗逆性？
5. 糖被有何生理功能？
6. 简述细菌和放线菌的菌落特征。

第三章
真核微生物

[学习目标]

1. 知识目标

了解真核微生物细胞的一般结构；熟悉酵母菌的形态、繁殖方式及菌落特征；熟悉霉菌菌丝的一般形态和特殊形态；熟悉霉菌的繁殖方式及菌落特征；了解霉菌常见种类。

2. 技能目标

能够进行真菌水浸片的制作方法；能够进行酵母菌死活细胞的鉴别；能够进行细胞大小的测定；能够进行霉菌的载片培养及形态观察。

第一节 真核微生物基本知识

真核微生物是具有核膜，能进行有丝分裂，细胞质中存在细胞器的微生物。主要包括真菌、显微藻类和原生动物。在真核微生物中主要介绍真菌中的酵母菌和霉菌。

一、真菌的分类

真菌是真核微生物中数量最大的一个类群。

1. 根据细胞形态大小分类

真菌可分为：

真菌
- 单细胞真核微生物或者单细胞真菌（酵母菌）
- 丝状真核微生物
  - 丝状真菌（霉菌）
  - 大型子实体真菌（蕈菌或伞菌）

2. 系统分类

采用 Ainsworth 于 1966 年提出的分类系统，真菌分为鞭毛菌亚门、接合菌亚门、子囊菌亚门、担子菌亚门和半知菌亚门。

真菌界
- 真菌门
  - 鞭毛菌亚门（有游动孢子）
  - 接合菌亚门（接合孢子）
  - 子囊菌亚门（子囊孢子）
  - 担子菌亚门（担孢子）
  - 半知菌亚门（缺乏或未发现有性阶段）
- 黏菌门

鞭毛菌亚门：大多水生，少数两栖和陆生。菌丝无隔膜，多核。营腐生或寄生，可引起植物病害。无性繁殖产生的孢囊孢子为游动孢子，有性繁殖产生卵孢子。如绵霉属——水稻病菌。

接合菌亚门：菌丝无横隔、多核。无性繁殖产生不能游动的孢囊孢子，有性繁殖产生接合孢子。腐生于土壤、植物残体和动物粪便中。如毛霉属和根霉属。

子囊菌亚门：这类菌主要生长在朽木、土壤、粪便、腐败的果实和蔬菜、动植物残体等上面。除酵母菌外，大多数具有发达的菌丝体，菌丝有横隔膜。无性繁殖产生分生孢子，有性繁殖产生子囊孢子。如酵母菌、脉孢菌属、赤霉菌和虫草属。

担子菌亚门：产生担孢子，是真菌最高等的类群。分布广，腐生或寄生。如植物锈病和黑粉病的病原菌、食用和药用菌如蘑菇、平菇、香菇、木耳、茯苓、灵芝等。

半知菌亚门：只发现无性繁殖阶段，未发现有性阶段的所有的真菌的统称。如曲霉属的黄曲霉、米曲霉、黑曲霉等。青霉属的产黄青霉、点青霉等。

二、真菌细胞的基本结构

真菌细胞由细胞壁、细胞膜、细胞质、细胞核、线粒体、核糖体、内质网、液泡（幼龄菌较小）以及各种贮藏物质等构成（图 3-1、图 3-2）。酵母菌细胞具有典型的真核微生物细胞结构。

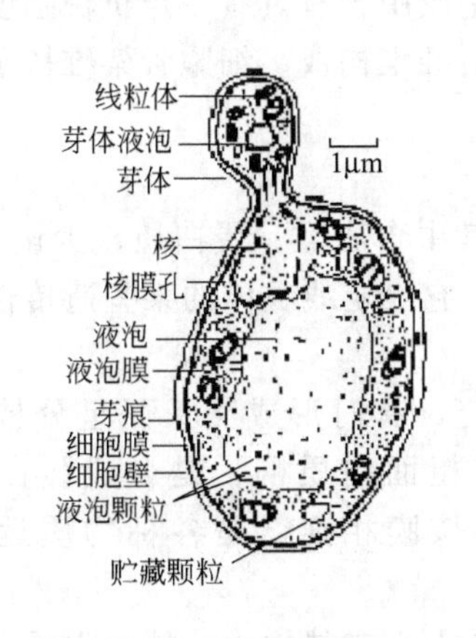

图 3-1 酵母菌细胞结构示意图

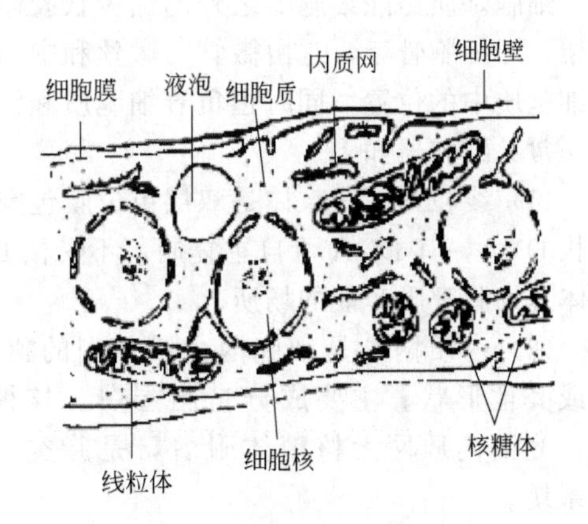

图 3-2 霉菌细胞结构示意图

1. 细胞壁

酵母菌细胞壁厚度 0.1～0.3μm，重量占细胞干重的 18%～25%。酵母菌细胞壁呈“三明治”的三层结构，外层主要为甘露聚糖，内层主要为葡聚糖，中间层主要是蛋白质（如图 3-3）。几丁质是真核微生物的特有成分，但并不是所有的酵母菌中都有，其含量也因种而异。裂殖酵母一般不含几丁质，酿酒酵母含 1%～2%，有的假菌丝酵母含量超过了 2%。

2. 细胞膜

真核微生物细胞膜与原核微生物细胞膜的结构和功能十分相似，都是由脂类和蛋白质构成。酵母菌细胞膜也是磷脂双分子层，其间镶嵌着蛋白质和甾醇（如图 3-4）。甾醇在原核生物是没有的。

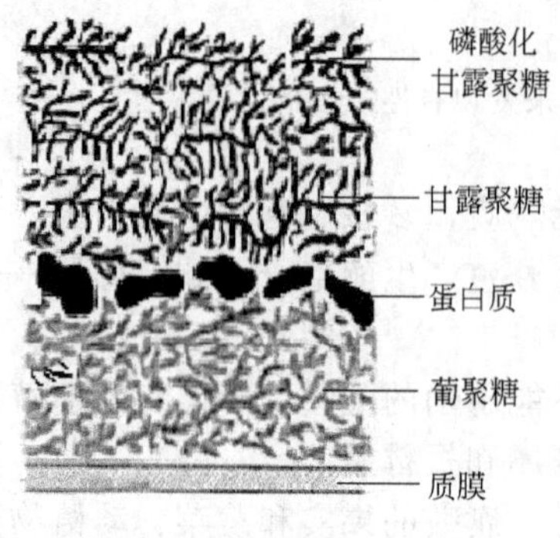

图 3-3 酵母细胞壁结构简图

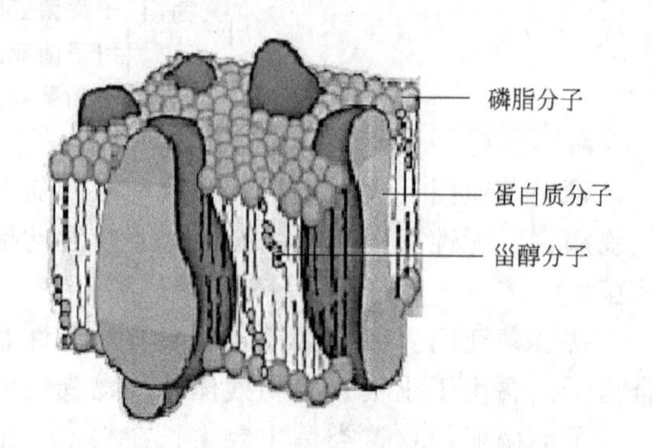

图 3-4 酵母细胞膜构造示意图

3. 细胞核

酵母具有由多孔核膜包裹着的细胞核，核膜是一种双层单位膜，上面有大量的核孔。

核膜：厚 8～20nm，透性比任何生物膜都大。常有核糖体附着，且与内质网连接。

染色体：由 DNA 和组蛋白牢固结合而成，呈线状，数目因种而异。

核仁：核内有一个或几个区域 rRNA 含量很高，这一区域为核仁，是合成核糖体的场所。

细胞核的功能：携带遗传信息，控制细胞的增殖和代谢。

4. 细胞质和细胞器

主要由细胞基质、细胞骨架和各种细胞器组成。

细胞基质是除细胞器之外的黏稠状胶体溶液。细胞基质中含有具有一定机械强度的细胞支架，即细胞骨架，它由微管、微丝和中间纤维三种蛋白纤维构成。细胞骨架维持了细胞器在细胞质中的位置，同时担负着细胞质和细胞器的运动。

常见细胞器如下。

（1）线粒体　线粒体是双层单位膜包围的细胞器，其中含脂类、蛋白质、少量 RNA 和环状 DNA，其 DNA 可自主复制，不受核 DNA 的控制，它决定线粒体的某些遗传性状。线粒体是细胞呼吸产能的场所。

（2）内质网　是细胞内由膜包围的狭窄的通道系统，有时形成交叉而呈分枝状的管道或其他形状。主要成分是脂蛋白。核糖体附着形成粗面内质网，是合成蛋白质的场所；光面内质网无核糖体附着，是脂类合成场所。与核膜相连，是各种物质运转的循环系统。

（3）核糖体　酵母菌的核糖体为 80S，由 60S 和 40S 大小亚基构成，是细胞质和线粒体中的微小颗粒，是蛋白质的合成场所。在细胞质内呈游离状态或附着在内质网上。

（4）高尔基体　也是一种内膜结构。它是由扁平双层膜和小泡所构成。膜都是光滑的。功能：形成泡囊进行运输，为细胞提供一个内部的运输系统。

（5）液泡　由单层膜包裹的囊泡物，液泡中主要是碱性氨基酸、多磷酸盐分子、多种酶。液泡常在细胞发育后期出现，它的大小可做为衡量细胞成熟的标志。功能：储藏营养物和水解酶类，与细胞质进行物质交换；调节渗透压。

（6）溶酶体　单层膜，内含多种酸性水解酶的小球形、囊泡状。主要起消化作用。

（7）叶绿体　绿色植物和藻类细胞中含有，是进行光合作用的场所。

第二节 酵母菌

一、酵母菌概述

酵母菌是一群单细胞真菌。酵母菌不是一个自然分类群，是一个通俗名称，没有确切定义。它们分布在子囊菌、担子菌和半知菌中。

酵母菌种类较多，分布广。目前已知约有500多种。主要分布在水果、蔬菜、花蜜和植物叶子表面以及果园的土壤里。在牛奶、动物的排泄物以及空气中也有酵母存在。大多数腐生，少数寄生。

酵母菌是人类应用比较早的微生物。在食品方面可酿酒、制作面包、生产调味品等。在医药方面可生产酵母片、核糖核酸、核黄素、细胞色素C、B族维生素、乳糖酶、脂肪酶、氨基酸等。在化工方面可使石油脱蜡、以石油为原料生产柠檬酸等。在农业方面可生产饲料等。在生物工程方面可作为基因工程的受体菌。

酵母菌的危害：是发酵工业常见的污染菌，能使果汁、果酱、蜂蜜、酒类、肉类等食品变质。某些酵母菌在动植物和人体内营寄生生活，可引起人、动物和植物的病害，例如白假丝酵母可引起皮肤、黏膜、呼吸道、消化道等的多种疾病。

二、酵母菌的形态与大小

大多酵母菌为单细胞，形状因种而异。基本形状主要有球形、卵圆形、椭圆形、圆柱形和香肠形等。某些酵母菌进行连续芽殖，产生的子细胞并不立即分离，形成几个或几十个酵母细胞连在一起的多细胞状态，称为假菌丝。

酵母菌细胞壁上具有芽痕的特殊结构。这是因为酵母菌为出芽繁殖，芽体长成后与母细胞分离，在母细胞壁上就留下一个出芽痕的标记，在子细胞上就留下一个诞生痕标记。根据酵母细胞表面留下芽痕的数目，就可以确定某细胞产生的芽体数，也可估计该细胞的菌龄。芽痕在光学显微镜下无法看到，但用荧光染料染色，或用电镜观察，则可看到芽痕。

酵母菌细胞直径约为细菌的10倍，一般为2～5μm，长度为5～30μm，最长可达100μm。例如酿酒酵母宽度为2.5～10μm，长度为4.5～21μm。酵母的大小、形态与菌龄、环境有关。一般成熟的细胞大于幼龄的细胞，液体培养的细胞大于固体培养的细胞。有些种的细胞大小、形态极不均匀，而有些种的酵母则较为均匀。

三、酵母菌的繁殖方式

酵母菌具有无性繁殖和有性繁殖两种方式，大多数以无性繁殖为主。无性繁殖有芽殖、裂殖和产生无性孢子。有性繁殖产生有性孢子。

1. 无性繁殖

(1) 芽殖　芽殖是酵母菌最常见的繁殖方式（如图3-5)。芽殖发生在细胞壁的预定点上，此点被称为芽痕。成熟的酵母细胞从芽痕处长出芽体，母细胞的细胞核分裂成两个子核，一个随母细胞的细胞质进入芽体内，当芽体接近母细胞大小时，自母细胞脱落成为新个体，如此继续出芽。如果酵母菌在营养丰富的适宜环境，则生长繁殖速度快，在芽体尚未自母细胞脱落前，即可在芽体上又长出新的芽体，最后形成假菌丝。

(2) 裂殖　与细菌的裂殖相似。进行裂殖的酵母种类较少，在裂殖酵母中存在，如裂殖酵母属的八孢裂殖酵母就属裂殖。其过程是细胞延长，核分裂为二，细胞中央出现隔膜，将

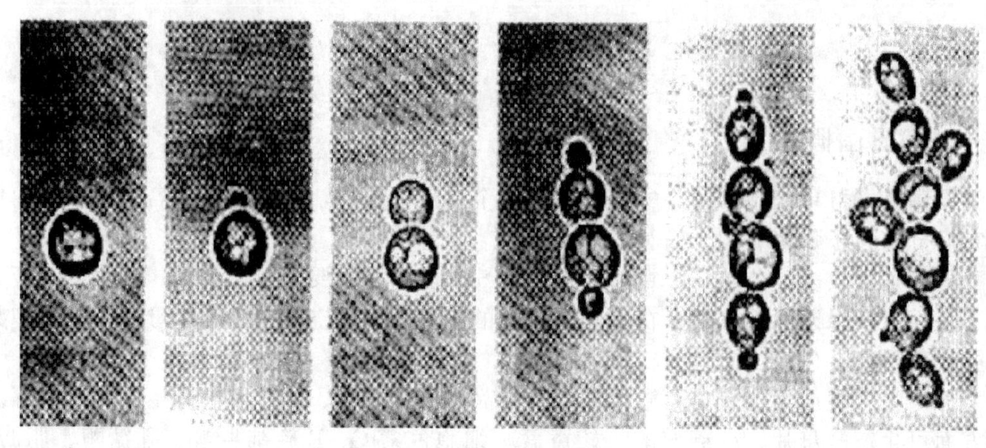

图 3-5 酵母菌的芽殖过程

细胞横分为两个具有单核的子细胞。

（3）产生无性孢子 少数酵母菌可以产生无性孢子。掷孢子是掷孢酵母属等少数酵母菌产生的无性孢子，外形呈肾形。节孢子是地霉属产生的无性孢子。白假丝酵母还能在假菌丝的顶端产生厚垣孢子。

2. 有性繁殖

酵母菌以形成子囊和子囊孢子的方式进行有性繁殖（如图 3-6）。两个临近的酵母细胞各自伸出一根管状的原生质突起，随即相互接触、融合，并形成一个通道，两个细胞核在此通道内结合，形成双倍体细胞核，然后进行减数分裂，形成 4 个或 8 个细胞核。每一子核与其周围的原生质形成孢子，即为子囊孢子，形成子囊孢子的细胞称为子囊。

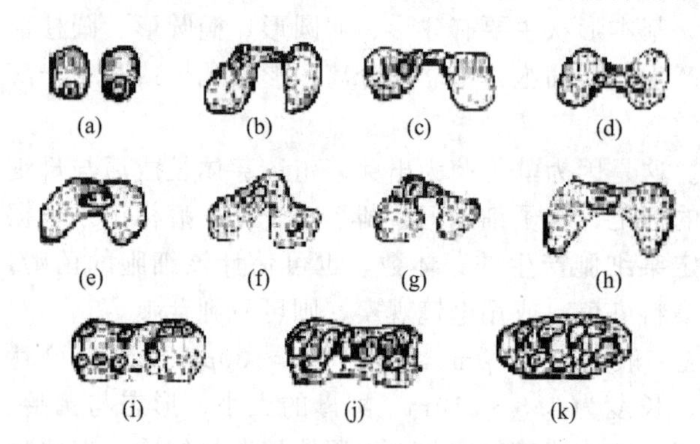

图 3-6 酵母菌子囊孢子形成示意图

（a）～（d）两个细胞接合；（e）接合子；（f）～（i）核分裂；（j）、（k）形成子囊孢子

四、酵母菌的菌落特征

（1）固体培养 菌落大而厚，圆形，光滑湿润，黏性，颜色单调。常见白色、土黄色、红色。多数有酒味。

（2）液体培养 在液体培养基上，不同的酵母菌生长的情况不同。好气性生长的酵母可在培养基表面上形成菌膜，其厚度因种而异。有的酵母菌在生长过程中始终沉淀在培养基底部。有的酵母菌在培养基中均匀生长，使培养基呈浑浊状态。

五、常见的酵母菌

1. 啤酒酵母

啤酒酵母属于子囊菌亚门、酵母科的酵母菌属，无性繁殖为芽殖，有性繁殖形成子囊孢子。啤酒酵母是啤酒生产上常用的典型的上面发酵酵母。在麦芽汁琼脂培养基上菌落为乳白色，有光泽，平坦，边缘整齐。能发酵葡萄糖、麦芽糖、半乳糖和蔗糖，不能发酵乳糖和蜜二糖。用于酿造啤酒、酒精和发酵面包等。菌体维生素、蛋白质含量高，可作食用、药用和饲料酵母，还可用于提取细胞色素C、核酸、谷胱甘肽、凝血质、辅酶A和三磷酸腺苷等。

啤酒酵母的形态为近圆形、卵圆形或长圆形，一般按细胞长与宽的比例分为三组。第一组细胞为长/宽<2，细胞形态多为圆形、卵圆形或卵形，主要用于酒精发酵、酿造饮料酒和面包生产；第二组细胞为长/宽≈2，细胞形状多为卵形和长卵形，也有圆形或短卵形细胞。主要用于酿造葡萄酒和果酒，也可用于啤酒、蒸馏酒和酵母生产；第三组细胞为长/宽>2，细胞为长圆形。这类酵母比较耐高渗透压和高浓度盐，适合用甘蔗糖蜜为原料生产的酒精。

2. 卡尔斯伯酵母

因丹麦卡尔斯伯（Carlsberg）地方而得名，是啤酒生产上的典型的下面发酵酵母，俗称卡氏酵母。麦芽汁25℃培养24h后，细胞呈椭圆形或卵形。在麦芽汁琼脂斜面培养基上，菌落呈浅黄色，具光泽，边缘产生细的锯齿状，孢子形成困难。卡氏酵母能发酵葡萄糖、蔗糖、半乳糖、麦芽糖及棉子糖。除用于酿造啤酒外，还可做食用、药用和饲料酵母，麦角固醇含量较高，也可用于泛酸、硫胺素、吡哆醇和肌醇等维生素的测定。

3. 裂殖酵母

裂殖酵母属于子囊菌亚门、酵母科中的裂殖酵母亚科，代表种为八孢裂殖酵母。细胞为椭圆形或圆柱形。无性繁殖为分裂繁殖，有时形成假菌丝。有性繁殖是营养细胞结合形成子囊，子囊内有1～4个或8个子囊孢子。子囊孢子是球形或卵圆形，具有酒精发酵的能力，不同化硝酸盐。麦芽汁25℃培养3天，液面无菌醭，液清，菌体沉于管底。在麦芽汁琼脂培养基上菌落为乳白色，无光泽。可从蜂蜜、粗制蔗糖和水果上分离得到。

4. 产朊假丝酵母

产朊假丝酵母属于半知菌亚门、芽孢菌纲、隐球酵母科的假丝酵母属，又叫产朊圆酵母或食用圆酵母。同属还有热带假丝酵母和解脂假丝酵母等种。产朊假丝酵母细胞为圆形、椭圆形或腊肠形。无性繁殖为多边芽殖，形成假菌丝。液体培养不产醭，管底有菌体沉淀。在麦芽汁琼脂培养基上，菌落乳白色，平滑，有或无光泽，边缘整齐或菌丝状。

产朊假丝酵母蛋白质含量和维生素B含量均高于啤酒酵母。它能以尿素和硝酸盐为氮源，在培养基中不需加入任何生长因子即可生长。它不能分解脂肪，能利用五碳糖和六碳糖，即能利用造纸工业的亚硫酸废液、木材水解液和糖蜜等生产出人畜可食用的蛋白质。

5. 球拟酵母菌

球拟酵母菌属于半知菌亚门、芽孢菌纲、隐球酵母科的球拟酵母菌属，代表种为白色球拟酵母。该属生殖方式为芽殖，细胞为球形、卵形或略长形。在麦芽汁琼脂斜面上菌落为乳白色，表面皱褶，无光泽，边缘整齐或不整齐。无假菌丝，无色素，有酒精发酵能力。有些种能产生甘油等多元醇。在适宜条件下能将40%的糖转化为多元醇。由于甘油是重要的化工原料，所以该属菌是工业中的重要种类。球形球拟酵母能耐高渗透压，可在高糖浓度的基质（如蜜饯、蜂蜜等食品）上生长。有的菌种也可进行石油发酵，可生产蛋白质或其他产品。

6. 红酵母菌

红酵母菌属于隐球酵母科的红酵母属，代表种为粘红酵母。生殖方式为多边芽殖，细胞为圆形、卵形或长形，无假菌丝，有明显的红色或黄色色素，菌落因菌生荚膜而呈黏质状。该菌没有酒精发酵的能力，少数种类为致病菌，在空气中时常发现。粘红酵母能产生脂肪，其脂肪含量可达干物质量的50%～60%，但合成脂肪的速度较慢，如在培养液中添加氮和磷，可加快其合成脂肪的速度。产1g脂肪大约需4.5g葡萄糖。此外，粘红酵母还可产生丙氨酸、谷氨酸、蛋氨酸等多种氨基酸。

实践技能训练 6　酵母菌的形态观察及死活细胞的鉴别

一、实训目的

1. 学会真菌的水浸片制作方法。
2. 观察认识酵母菌的形态及出芽繁殖方式。
3. 掌握鉴别酵母菌死活细胞的方法。
4. 进一步学习并掌握光学显微镜的使用方法。

二、实训材料

1. 菌种

啤酒酵母。

2. 染色液

0.1%吕氏碱性美蓝染色液、革兰染色用碘液。

3. 仪器及其他

显微镜、载玻片、盖玻片、擦镜纸、吸水纸等。

三、实训原理

(1) 形态观察　酵母菌是不运动的单细胞真核微生物，通常比常见细胞大几倍甚至十几倍。大多数酵母菌以出芽方式进行无性繁殖，有的分裂繁殖；有性繁殖是通过接合产生子囊孢子。本实训采用美蓝染液水浸片和水-碘液水浸片来观察酵母的形态和出芽生殖方式。

(2) 死活鉴定　美蓝是一种无毒性的染料，它的氧化型呈蓝色，还原型呈无色。用美蓝对酵母的活细胞进行染色时，由于细胞的新陈代谢作用，细胞内具有较强的还原能力，能使美蓝由蓝色的氧化型变为无色的还原型。因此，具有还原能力的酵母活细胞是无色的，而死细胞或代谢作用微弱的衰老细胞则成蓝色或淡蓝色。

四、实训方法与步骤

1. 水浸片观察

(1) 涂片　在干净的载玻片中央加一滴无菌水，然后按无菌操作用接种环挑取少量酵母菌放入水滴中，混合均匀，或者加一滴预先稀释至适宜浓度的酵母菌菌悬液。滴加无菌水不宜过多或过少，否则在盖上盖玻片时，菌液会溢出或出现气泡而影响观察。

(2) 盖片　用镊子取一块盖玻片，先将盖玻片一边与菌液接触，然后慢慢将盖玻片放下使其盖在菌液上，并用吸水纸吸去多余的水分。盖玻片不宜平着放下，以免产生气泡影响观察。

(3) 镜检　将制作好的水浸片置于显微镜的载物台上，先用低倍镜，后用高倍镜进行观察，注意观察各种酵母的细胞形态和繁殖方式，并进行记录。

2. 美蓝染液浸片观察

(1) 染液制片　在干净的载玻片中央加一小滴0.1%吕氏碱性美蓝染色液，然后挑取少量酵母菌于染液中，混合均匀。用镊子取盖玻片从侧面盖上，并吸去多余的水分和染色液(注意染色液不宜过多或过少)。

（2）镜检　将制好的染色片置于显微镜的载物台上，放置约 3min 后进行镜检，先用低倍镜后用高倍镜进行观察，并根据细胞颜色来区分死细胞（蓝色）和活细胞（无色）。

（3）比较　染色约 30min 后再次进行观察，注意死细胞数量是否增加。

（4）用 0.05%吕氏碱性美蓝染液重复上述操作。

3. 水-碘液浸片的观察

在载玻片中央加一小滴革兰染色用碘液，然后在其上加 3 小滴水，取少量酵母菌放在水-碘液中混匀，盖上盖玻片后镜检。

五、实训内容

每位同学分别用水浸片、美蓝染液浸片和水-碘液浸片三种方法进行制片训练，然后置于显微镜下进行酵母菌的形态观察和死活细胞鉴别。

六、实训报告

1. 绘制酵母菌的形态图，计算死活酵母菌细胞数。
2. 思考题

（1）吕氏碱性美蓝染液浓度和作用时间的不同，对酵母菌死活细胞数量有何影响？

（2）在显微镜下观察，酵母菌有哪些突出的与一般细菌不同的特征？

实践技能训练 7　微生物细胞大小的测定

一、实训目的

1. 理解微生物菌体的测量原理。
2. 掌握细胞大小测量的方法。

二、实训材料

1. 材料

酿酒酵母菌种、巨大芽孢杆菌等。

2. 器具

显微镜、目镜测微尺、镜台测微尺、擦镜纸、载玻片、盖玻片等。

三、实训原理

微生物细胞的大小是微生物重要的形态特征之一，也是分类鉴定的依据之一。微生物的大小需要在显微镜下借助于测微尺进行测定。测微尺包括目镜测微尺和镜台测微尺两种，其安装和校正如图 3-7 所示。

目镜测微尺是一块可放入接目镜内的圆形玻片，其中央刻有精确等分线刻度，通常把 5mm 长度等分为 50 小格和 100 小格两种。测量时将其放在接目镜中的隔板上，用以测量经显微镜放大后的菌体物象。由于不同显微镜或不同物镜和目镜组合的放大倍数不同，目镜测微尺每小格所代表的实际长度就不一样。所以使用前须用镜台测微尺校正，以求得在一定显微镜及一定放大倍数下实际测量时的每小格长度。然后根据微生物细胞相当于目镜测微尺的格数，即可计算出细胞的实际大小。

镜台测微尺是中央刻有精确等分线的载玻片。一般将 1mm 等分为 100 小格，每格长 10μm。

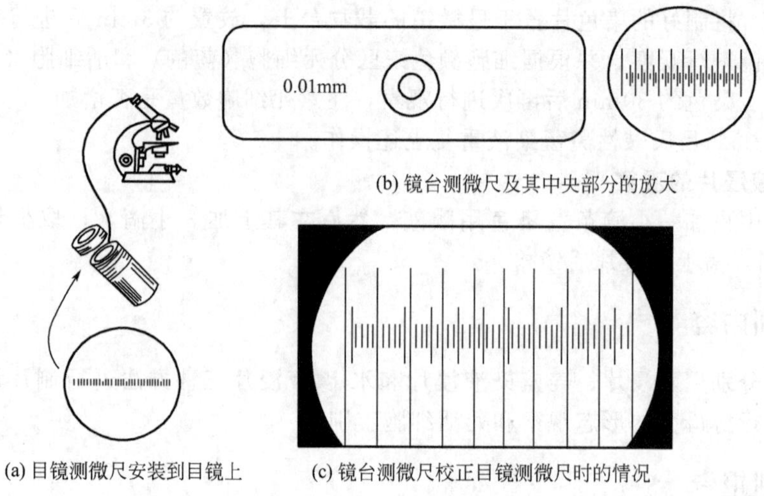

(b) 镜台测微尺及其中央部分的放大

(a) 目镜测微尺安装到目镜上　　(c) 镜台测微尺校正目镜测微尺时的情况

图 3-7　测微尺的安装和校正

镜台测微尺并不直接用于测量菌体的大小，而是专用于校正目镜测微尺每格的相对长度。

四、实训方法与步骤

1. 目镜测微尺的校正

（1）目镜测微尺的放置　取出接目镜，把目镜的透镜旋下，将目镜测微尺的刻度朝下轻放于目镜的隔板上，然后旋上目镜透镜，再将目镜插入镜筒中。

（2）校正目镜测微尺　将镜台测微尺的正面朝上置于载物台上，使刻度线的中央部位对准显微镜透光孔的中心。先用低倍镜观察，调节焦距，当视野中看清镜台测微尺的刻度后，转动目镜和移动镜台测微尺，使目镜测微尺与镜台测微尺的刻度平行，利用移动器移动镜台测微尺，使两尺的某一条刻度线完全重合，定位后，再仔细向右寻找第二条完全重合的刻度线，分别数出两条重合线之间目镜测微尺及镜台测微尺的小格数。

注意：观察时光线不宜太强，否则难以找到镜台测微尺的刻度，换高倍镜和油镜校正时，一定要小心，防止接物镜压坏镜台测微尺和损坏镜头。

（3）计算　已知镜台测微尺每格长 10μm，根据下列公式即可分别计算出不同放大倍数下，目镜测微尺每格所代表的长度。

$$\text{目镜测微尺每格长度}(\mu\text{m})=\frac{\text{两重合线间镜台测微尺格数}\times 10}{\text{两重合线间目镜测微尺格数}}$$

例如，上图放大倍数下，目镜测微尺 6 小格与镜台测微尺 1 小格重合，则相应的目镜测微尺上每小格所代表的长度为：

$$\frac{1\times 10}{6}=\frac{5}{3}\mu\text{m}$$

用同样的方法依次校正在低倍镜、高倍镜和油镜下目镜测微尺每小格所代表的长度。

2. 菌体大小的测定

（1）制片　将酵母菌斜面制成一定浓度的菌悬液，取一滴酵母菌制成水浸片。

（2）测量　将待测菌体的载玻片置于载物台上，先在低倍镜下找到目标菌，然后在高倍镜下用目镜测微尺测量酵母菌菌体的长、宽各占多少格（不足 1 格的部分估计到小数点后 1 位），其格数乘上目镜测微尺每小格的长度，即可计算出菌体的长与宽。一般要在同一个涂片测定 5～10 个菌体，求出平均值，才能代表该菌的大小，而且一般用对数生长期的菌体为测定材料。测量芽孢杆菌等细菌时，应在油镜下进行。

3. 使用注意事项

① 当更换显微镜或不同放大倍数的目镜或物镜时，必须重新校正目镜测微尺每格所代表的实际长度。目镜测微尺的矫正与菌体的测量必须在同一放大倍数下进行。

② 用高倍镜或油镜校正目镜测微尺时，因物镜距镜台测微尺太近，使用时一定要小心，以免压碎镜台测微尺。

五、实训内容

1. 每位同学分别取一块镜台测微尺和目镜测微尺，按上述方法进行目镜测微尺的校正，并将结果填入表3-1。

表 3-1 目镜测微尺校正结果表

接目镜放大倍数	接物镜放大倍数	目镜测微尺格数	镜台测微尺格数	目镜测微尺每格代表的长度/μm
	低倍镜（ ）			
	高倍镜（ ）			
	油镜（ ）			

2. 每位同学制一张片（酵母菌或芽孢杆菌），在显微镜下找到目标菌，然后在高倍镜下测定8个菌体，填入表3-2，求出平均值。

表 3-2 菌体测定结果表

序号	酵母菌测定结果				芽孢杆菌测定结果			
	目镜测微尺格数		实际大小		目镜测微尺格数		实际大小	
	宽	长	宽	长	宽	长	宽	长
1								
2								
3								
4								
5								
6								
7								
8								
均值								

六、实训报告

1. 详细说明目镜测微尺的校正方法和细胞大小的测定方法。
2. 将测定结果填入实训表。
3. 思考题

为什么更换不同放大倍数的目镜或物镜时，必须用镜台测微尺重新对目镜测微尺进行校正？

第三节 霉 菌

一、霉菌概述

霉菌是丝状真菌的通称，是会引起物品霉变的真菌。霉菌通常指那些菌丝体发达又不产生大型肉质子实体结构的真菌。霉菌不是一个自然分类群，是一个通俗名称。在分类上，它们分别属于藻状菌纲、子囊菌纲、半知菌纲。

霉菌种类多，分布广。广泛分布于土壤、空气、水和其他物品中。霉菌是各种复杂有机物，尤其是数量最大的纤维素、半纤维素和木质素的主要分解菌。一般情况下，霉菌在潮湿的环境下易于生长，特别是在偏酸性的基质当中。

霉菌的应用主要有以下几种。

① 食品应用：生产各种传统食品，如酿制酱、酱油、干酪等。

② 工业应用：生产有机酸（如柠檬酸、葡萄糖酸）、酶制剂（如淀粉酶、蛋白酶和纤维素酶）、抗生素（如青霉素、头孢霉素）、维生素、生物碱、真菌多糖、植物生长刺激素（如赤霉素）、生产甾体激素类药物和酿造食品等。

③ 另外在生物防治、污水处理和生物测定等方面都有应用。

霉菌的危害主要有以下几种。

① 引起霉变：可造成食品、生活用品以及一些工具、仪器和工业原料等的发霉变质。

② 引起植物病害：真菌大约可引起 3 万种植物病害。如水果、蔬菜、粮食等植物的病害。例如马铃薯晚疫病、小麦的麦锈病和水稻的稻瘟病等。

③ 引起动物疾病：不少致病真菌可引起人体和动物病变。浅部病变如皮肤癣菌引起的各种症状，深部病变既可侵害皮肤、黏膜，又可侵犯肌肉、骨骼和内脏的各种致病真菌，在当前已知的约 5 万种真菌中，被国际确认的人、畜致病菌或条件致病菌已有 200 余种（包括酵母菌在内）。

④ 产生毒素，引起食物中毒：霉菌能产生多种毒素，目前已知有 100 种以上。例如：黄曲霉毒素，毒性极强，可引起食物中毒及癌症。

二、霉菌的一般形态

1. 菌丝与菌丝体

霉菌的菌体由分枝或不分枝的菌丝构成。菌丝是构成真菌营养体的基本单位。它是由细胞壁包被的一种管状细丝，长度可无限生长，但宽度一般为 3～7μm。

分枝的菌丝相互交错而成的群体称为菌丝体。

幼龄菌丝的细胞质稠密，老龄菌丝的细胞质稀薄，并出现液泡，最初液泡较小，后来逐渐变大，驱使细胞质向菌丝顶端流动，在菌丝的最老部位，细胞质及细胞壁发生自溶而降解。

菌丝大都无色透明，有些能产生色素而呈现各种颜色。

菌丝有下述两种分类方式。

(1) 按形态分　可把菌丝分为无隔菌丝和有隔菌丝两种类型（如图 3-8）。无隔菌丝中没有横隔膜，整个菌丝为一个单细胞，菌丝内有许多核，为多核菌丝。低等真菌具有这种类型，如大多数的接合菌属于无隔菌丝。有隔菌丝有横隔膜，将菌丝分隔成许多个细胞，每个细胞含有一至多个细胞核。高等真菌具有这种类型，如子囊菌和担子菌属于有隔菌丝。

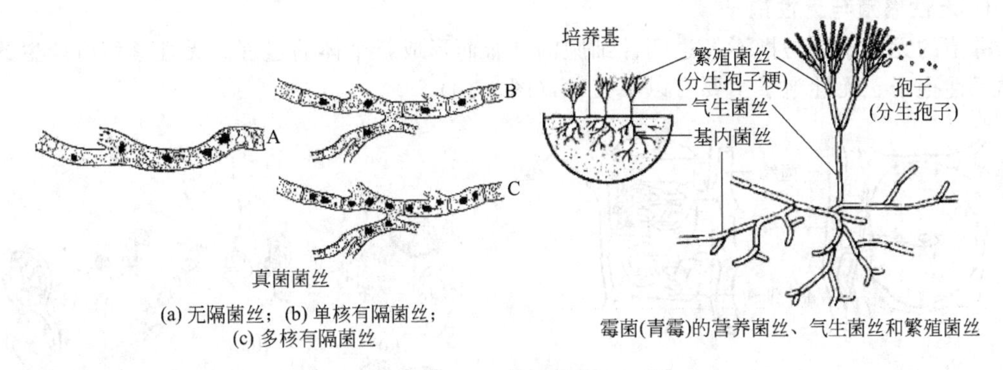

图 3-8 菌丝类型

(2) 按分化程度分 可分为营养菌丝、气生菌丝和繁殖菌丝（如图 3-8）。深入到培养基内部，以吸取养分为主的菌丝称为营养菌丝或基内菌丝，向空中生长的菌丝为气生菌丝，气生菌丝发育到一定阶段可分化为繁殖菌丝。

2. 菌丝的特殊形态

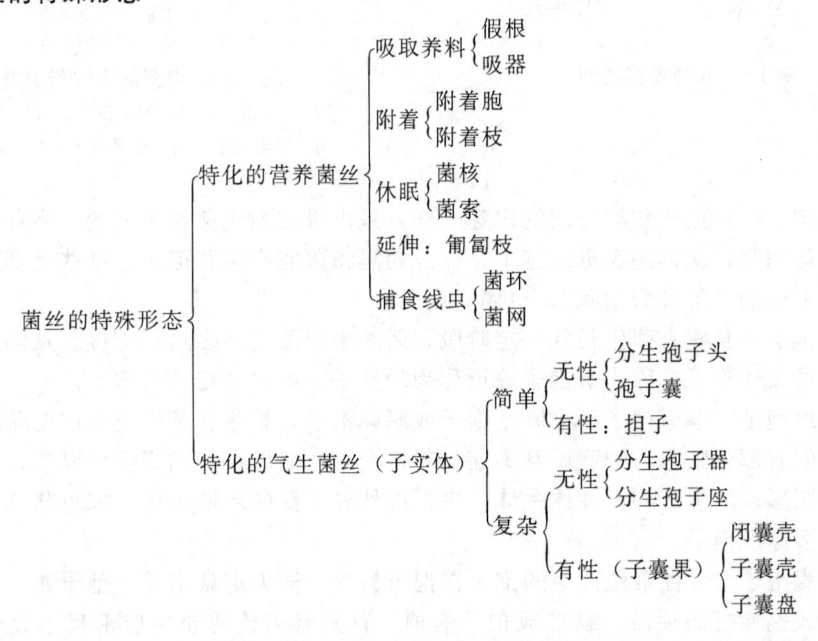

不同的真菌在长期的进化过程中，对各自所处的环境条件产生了高度的适应性，其营养菌丝体和气生菌丝体的形态与功能发生了明显的变化，形成了各种特殊的结构。

(1) 吸器 是某些寄主真菌从菌丝上产生的旁枝，侵入寄主细胞内形成指状、球状或丛枝状结构（图 3-9）。其功能是吸收寄主细胞中的养料。

(2) 假根 是根霉属真菌的匍匐枝与基质接触处分化形成的根状菌丝（图 3-14，见后根霉），起固定和吸收营养的作用。

(3) 菌核 是由大量菌丝集结成团的一种硬的休眠体。在条件适宜时可以萌发出菌丝，孢子梗等。

(4) 子实体 是由真菌菌丝缠结而成的具有一定形态的产孢结构，如伞菌。

三、霉菌的繁殖方式

1. 无性繁殖与无性孢子

霉菌的无性繁殖是指不经过两性细胞的结合而形成新个体的过程。无性繁殖所产生的孢子称无性孢子。无性孢子主要有以下几种（图 3-10）。

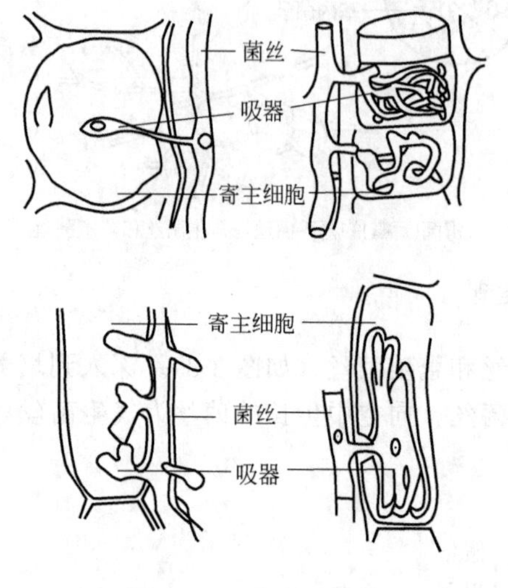

图 3-9 几种吸器类型

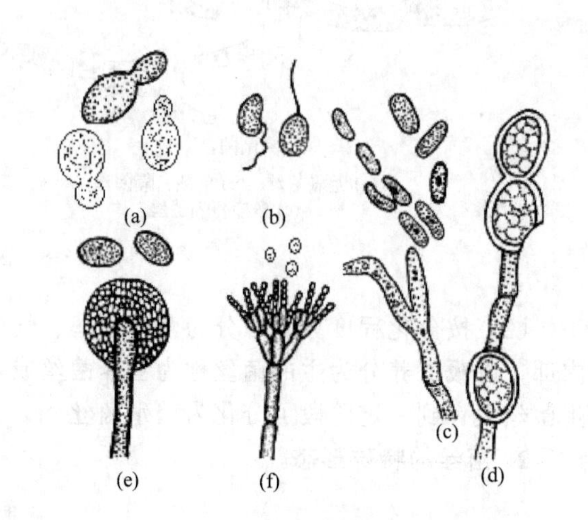

图 3-10 霉菌的无性孢子类型

(a) 芽孢子；(b) 游动孢子；(c) 节孢子；(d) 厚垣孢子；(e) 孢囊孢子；(f) 分生孢子

(1) 芽孢子　芽孢子和酵母菌的出芽一样，是由母细胞生芽而形成的。当芽长到正常大小时，脱离母细胞，或仍连在母细胞上，如玉蜀黑粉菌能产生芽孢子。某些毛霉或根霉在液体培养基中形成的“酵母型细胞”，也属芽孢子。

(2) 节孢子　某些真菌生长到一定阶段，菌丝中间形成许多隔膜，接着从隔膜处断裂成许多竹节样的无性孢子，称为节孢子，也称为粉孢子。如白地霉的节孢子。

(3) 厚垣孢子　厚垣孢子又称厚壁孢子或厚膜孢子。某些真菌生长到一定阶段，在菌丝的顶端或中间有部分细胞的细胞质密集在一起，变圆，然后在其四周生出厚壁，或原细胞壁加厚，形成圆形、纺锤形的无性休眠体，来抵抗外界不良的环境条件，如总状毛霉常在菌丝中间形成许多厚垣孢子。

(4) 孢囊孢子　无性繁殖产生的孢子在孢子囊内，称为孢囊孢子。孢子囊一般生在气生菌丝的顶端或孢囊梗的顶端。在形成孢子囊前，首先有多核的原生质密集于此处，使其膨大，并在下方生出横隔，形成圆形的囊状物，然后其中原生质体割裂成许多小块，每一块发育成为一个孢囊孢子。因而每一个孢子囊所含有的孢囊孢子的数目一般都相当多。

孢囊孢子一般有两种类型：一种具有一根或两根鞭毛，能够游动，所以称游动孢子，如腐霉；另一种无鞭毛，不能游动，又称静止孢子，毛霉目的孢囊孢子即属此类。

(5) 分生孢子　分生孢子是真菌中最常见的一类无性孢子。有的生在气生菌丝或分支的顶端，有的生在分生孢子梗的顶端或侧面。其形成方式有两种：一种是在分生孢子梗的顶端突出，发育成第一个孢子。梗再伸长形成第二个孢子，如此重复，形成一串孢子。这样形成的分生孢子，顶端的最老。曲霉属和青霉属的分生孢子形成属于此类型。另一种是在第一个分生孢子形成时，柄的长度已达到最高，由第一个分生孢子顶端生长出第二个分生孢子，如此重复形成一串孢子。这样形成的分生孢子，下部的最老，如枝孢霉属的分生孢子形成属于此类型。

2. 有性繁殖与有性孢子

两个不同性细胞的结合，产生新的个体的繁殖方式称为有性繁殖。繁殖过程可分为三个阶段：第一个阶段为质配，细胞质的融合；第二个阶段为核配，细胞核的融合，形成二倍体的核；第三个阶段是减数分裂，恢复核的单倍体状态。

有性孢子有：卵孢子、接合孢子、子囊孢子和担孢子等类型。

（1）卵孢子　同两个大小不同的配子囊结合发育而成。小配子囊称为雄器，大配子囊称为藏卵器。藏卵器中有一个或数个卵球。当雄器和藏卵器相配时，雄器中细胞质与细胞核，通过受精管而进入藏卵器与卵球配合，此后卵球生出外壁即成为卵孢子（图 3-11）。卵孢子的数量取决于卵球的数量。

（2）接合孢子　接合孢子是由菌丝生出形态相同或略有不同的配子囊接合而成。两个邻近的菌丝相通，各自向对方伸出极短的侧枝，称为原配子囊。原配子囊接触后，顶端各自膨大并形成横隔，形成配子囊。配子囊下面的部分称为配子囊柄。相接触的两个配子囊之间的横隔消失，细胞质和细胞核相互融合，同时外部形成厚壁，即为接合孢子（图 3-12）。产生接合孢子的方式有同宗配合和异宗配合两种。异宗配合需要两种不同性质菌系的菌丝相遇后才能形成，而这两种有亲和力的菌系在形态上并无区别，所以通常用“+”和“−”符号来代表。

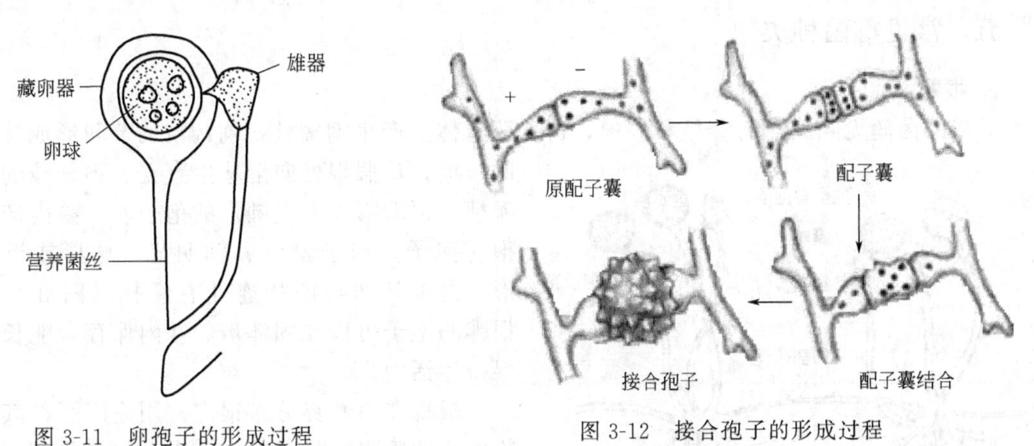

图 3-11　卵孢子的形成过程

图 3-12　接合孢子的形成过程

（3）子囊孢子　子囊孢子产生于子囊中。子囊是一种囊状结构，形状因种而异，有圆球形、棒形、圆筒形和长方形等。子囊中孢子数目为 2^n，通常为 1～8 个。典型的子囊中有 8 个孢子。

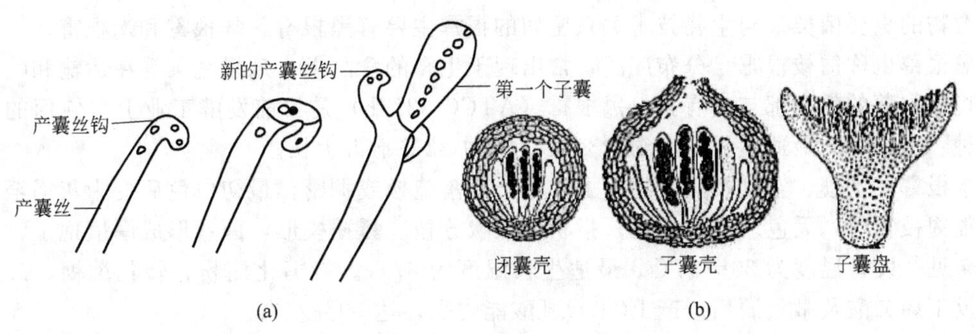

图 3-13　子囊与子囊果

（a）子囊孢子的形成过程；（b）子囊果

霉菌形成子囊和子囊孢子要比酵母菌复杂得多，首先是同一菌丝或相邻的两菌丝上的两个形状和大小不同的性细胞相互接触，经受精作用后形成分枝的产囊丝。产囊丝分化形成子囊，子囊内完成核配和减数分裂，形成子囊孢子。大多数的霉菌在子囊和子囊孢子发育过程中，在产囊丝下面的细胞产生出许多菌丝，它们将产囊丝包围，于是形成了子囊果。子囊果有3种类型：闭囊壳、子囊壳和子囊盘（图3-13）。子囊孢子的形态、大小、颜色、形成方式等，均是子囊菌的特征，常作为分类鉴定的依据。

[课堂互动]

1. 比较细菌与酵母菌形态结构的异同点。
2. 比较酵母菌和霉菌形态结构的异同点。
3. 比较放线菌与霉菌形态结构的异同点。

四、霉菌的菌落特征

霉菌的菌落大、疏松、干燥、不透明，有的呈绒毛状、絮状、网状等，菌体可沿培养基表面蔓延生长，由于不同的真菌孢子含有不同的色素，所以菌落可呈现红、黄、绿、青绿、青灰、黑、白、灰等多种颜色。

五、常见霉菌种类

1. 根霉

根霉的菌丝无隔膜、有分枝和假根，营养菌丝体上产生匍匐枝，匍匐枝的节间形成特有的假根，从假根处向上丛生直立、不分枝的孢囊梗，顶端膨大形成圆形的孢子囊，囊内产生孢囊孢子。孢子囊内囊轴明显，球形或近球形，囊轴基部与梗相连处有囊托（图3-14）。根霉的孢子可以在固体培养基内保存，能长期保持生活力。

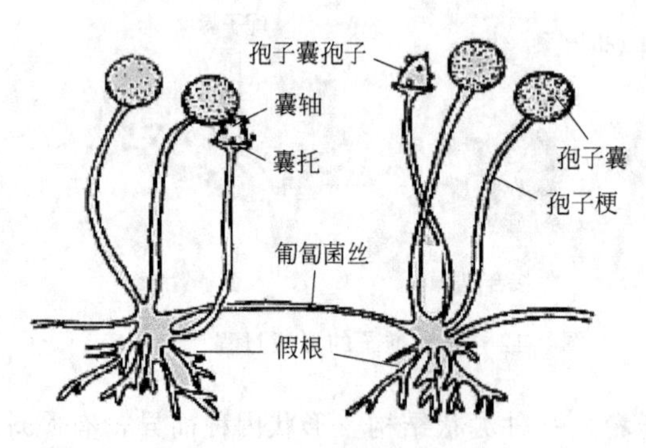

图3-14　根霉的形态

根霉在自然界分布很广，用途广泛，其淀粉酶活性很强，是酿造工业中常用糖化菌。我国最早利用根霉糖化淀粉（即阿明诺法）生产酒精。根霉能生产延胡索酸、乳酸等有机酸，还能产生芳香性的酯类物质。根霉亦是转化甾族化合物的重要菌类。与生物技术关系密切的根霉主要有黑根霉、华根霉和米根霉。

黑根霉也称匐枝根霉，分布广泛，常出现于生霉的食品上，瓜果蔬菜等在运输和贮藏中的腐烂及甘薯的软腐都与其有关。黑根霉（ATCC 6227b）是目前发酵工业上常使用的微生物菌种。黑根霉的最适生长温度约为28℃，超过32℃不再生长。

米根霉在土壤、空气及其他物质上常见。菌落疏松或稠密，最初白色后变为灰褐至黑褐色，匍匐枝爬行，无色。假根发达，指状或根状分枝。囊托楔形，菌丝形成厚垣孢子，接合孢子未见。发育温度为30～35℃，最适生长温度为37℃。能糖化淀粉、转化蔗糖，产生乳酸、反丁烯二酸及微量酒精。产L(+)乳酸能力强，达70%左右。

2. 毛霉

毛霉又叫黑霉、长毛霉。以孢囊孢子和接合孢子繁殖。菌丝无隔、多核、分枝状，在基质上或基质内能广泛蔓延，无假根或匍匐菌丝。菌丝体上直接生出单生、总状分枝或假轴状分枝的孢囊梗。各分枝顶端着生球形孢子囊，内有形状各异的囊轴，但无囊托。囊内产大量球形或椭圆形、壁薄、光滑的孢囊孢子，孢子成熟后孢子囊即破裂并释放孢囊孢子（图3-15）。有性生殖借异宗配合或同宗配合，形成一个接合孢子。某些种产生厚垣孢子。毛霉菌丝初期白色，后灰白色至黑色，这说明孢子囊大量成熟。毛霉菌丝体每日可延伸3cm左右，生产速度明显高于香菇菌丝。

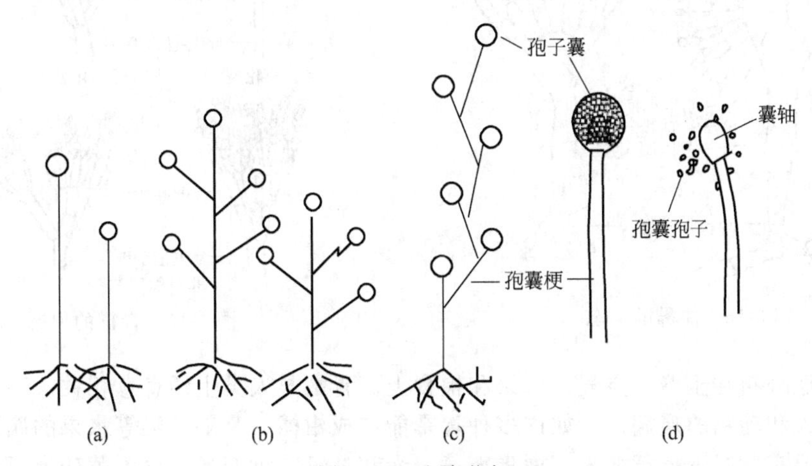

图3-15 毛霉形态

（a）单生孢囊梗；（b）单轴式孢囊梗；（c）假轴式孢囊梗；（d）孢子囊结构

毛霉在土壤、粪便、禾草及空气等环境中存在。在高温、高湿度以及通风不良的条件下生长良好。毛霉的用途很广，常出现在酒药中，能糖化淀粉并能生成少量乙醇，产生蛋白酶，有分解大豆蛋白的能力，我国多用来做豆腐乳、豆豉。许多毛霉能产生草酸、乳酸、琥珀酸及甘油等，有的毛霉能产生脂肪酶、果胶酶、凝乳酶等。常用的毛霉主要有鲁氏毛霉和总状毛霉。

3. 曲霉

曲霉菌丝有隔膜，为多细胞霉菌。营养菌丝大多匍匐生长，初期多为无色，老熟时渐变为浅黄色至褐色。分生孢子梗生于足细胞上，并通过足细胞与营养菌丝相连。分生孢子梗顶端膨大成为顶囊，一般呈球形、半球形、椭圆形。顶囊表面长满一层或两层辐射状小梗（初生小梗与次生小梗）。最上层小梗瓶状，顶端着生成串的球形分生孢子（图3-16）。孢子呈绿、黄、橙、褐、黑等颜色。曲霉只有少数种具有有性阶段，产生闭囊壳，内生子囊和子囊孢子，故归于半知菌类。

曲霉是发酵工业和食品加工业的重要菌种，已被利用的有近60种。2000多年前，我国就将曲霉用于制酱，它也是酿酒、制醋曲的主要菌种。现代工业利用曲霉生产各种酶制剂（淀粉酶、蛋白酶、果胶酶等）、有机酸（柠檬酸、葡萄糖酸、五倍子酸等），农业上用作糖化饲料菌种。例如黑曲霉、米曲霉。

曲霉广泛分布在谷物、空气、土壤和各种有机物上。有些曲霉对人类有害，如生长在花生、玉米等上的黄曲霉，会产生黄曲霉毒素 B_1、B_2、G_1、G_2、M_1、M_2、P_1 等十几种，其中黄曲霉毒素 B_1 毒性最强，鸭雏经口 LD_{50} 为 0.24～0.56mg/kg。黄曲霉毒素属于肝脏毒，引起肝脏损害，可致癌，严重者甚至引起死亡。

4. 青霉

青霉菌属多细胞，营养菌丝无色、淡色或具鲜明颜色。菌丝有横隔，分生孢子梗亦有横隔，光滑或粗糙。基部无足细胞，顶端不形成膨大的顶囊，其分生孢子梗经过多次分枝，产生几轮对称或不对称的小梗，形如扫帚，称为帚状体（图3-17）。分生孢子球形、椭圆形或短柱形，光滑或粗糙，大部分生长时呈蓝绿色。有少数种产生闭囊壳，内生子囊和子囊孢子，亦有少数菌种产生菌核。目前已发现的青霉绝大多数以无性繁殖的方式繁衍后代，故归于半知菌类。

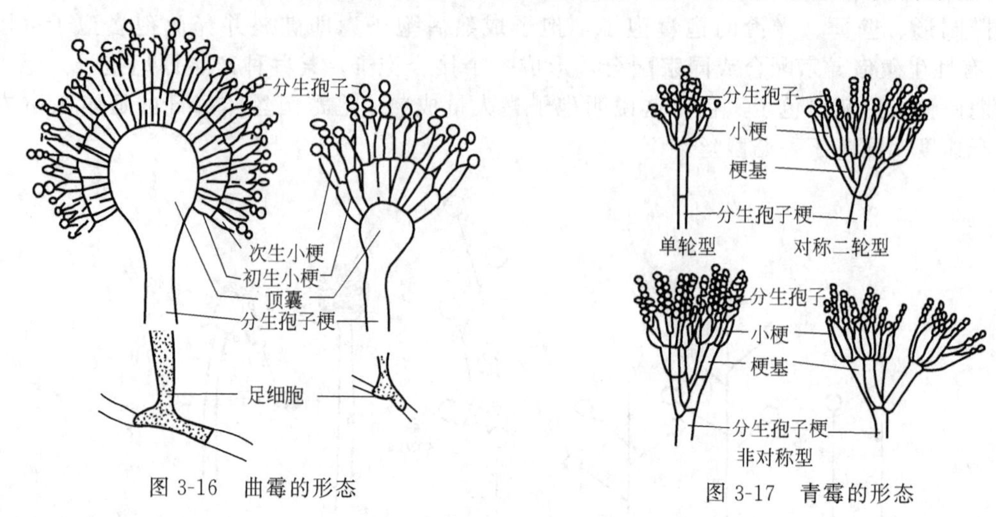

图 3-16　曲霉的形态

图 3-17　青霉的形态

青霉广泛分布在土壤、空气、水果和粮食上。青霉与人类生活息息相关。一方面，少数种类能引起人和动物的疾病。例如许多种青霉能造成柑橘、苹果、梨等水果的腐烂，造成大米黄变（主要有黄绿青霉黄变米、橘青霉黄变米和岛青霉黄变米，食用黄变米可引起毒害）；在生物实验室中，它也是一种常见的污染菌。加强通风，降低温度，减少空气相对湿度，可以大大减轻青霉的危害。另一方面，青霉对人类也非常重要。它可用于生产柠檬酸，延胡索酸，葡萄糖酸等有机酸和酶制剂，非常名贵的娄克馥干酪，丹麦青干酪都是用青霉酿制而成的；人类利用的抗生素——青霉素就是从青霉的某些品系中提取而来的；后发现的另一重要抗生素——灰黄霉素，是由灰黄青霉产生的，是抑制脚癣等真菌性皮肤病的最好抗生素。

[知识链接]

青霉素是英国细菌学家亚历山大·弗莱明偶然发现的。弗莱明在研究葡萄球菌时因人为疏忽，培养基没有加入高浓度食盐，并且没有盖上盖子与空气隔绝，不久之后培养基上长出了青霉。结果发现青霉生长的菌落，周围金黄色葡萄球菌都出现了死亡。他意识到青霉可以分泌一种抑制葡萄球菌生长的物质，然后分离出这种青霉提取液，命名为青霉素，并且发现它能抑制多种细菌的生长。1929 年，弗莱明在《英国实验病理学杂志》上报道了其发现。

实践技能训练 8　霉菌的形态观察

一、实训目的

1. 学习并掌握观察霉菌形态的基本方法。
2. 观察并认识四类常见霉菌（根霉、曲霉、毛霉、青霉）的基本形态构造。

二、实训材料

1. 菌种

根霉、毛霉、曲霉、青霉。

2. 材料

乳酸石炭酸棉蓝染色液、马铃薯培养基。

3. 实训器具

显微镜、无菌吸管、载玻片、盖玻片、解剖针、镊子、滤纸等。

三、实训原理

霉菌可产生复杂分枝的菌丝体，分基内菌丝和气生菌丝，气生菌丝生长到一定阶段分化产生繁殖菌丝，由繁殖菌丝产生孢子。霉菌菌丝体（尤其是繁殖菌丝）及孢子的形态特征是识别不同种类霉菌的重要依据。霉菌菌丝和孢子的宽度通常比细菌和放线菌粗得多（为3～10μm），常是细菌菌体宽度的几倍至几十倍，因此，用低倍显微镜即可观察。观察霉菌的形态有多种方法，常用的有下列三种方法。

(1) 直接制片观察法　是将培养物置于乳酸石炭酸棉蓝染色液中，制成霉菌制片镜检。这种染色液制成的霉菌标本片的特点有：细胞不变形；具有杀菌防腐作用，不易干燥，能保持较长时间；能防止孢子飞散；染液的蓝色能增强反差，有一定的染色效果。可用树胶封固，制成永久标本长期保存。

(2) 载玻片培养观察法　用无菌操作将培养基琼脂薄层置于载玻片上，接种霉菌孢子后盖上盖玻片培养，霉菌即在载玻片和盖玻片之间的有限空间内沿盖玻片横向生长。培养一定时间后，将载玻片上的培养物置显微镜下观察。这种方法既可以保持霉菌自然生长状态，还便于观察不同发育期的培养物。

(3) 玻璃纸培养观察法　利用玻璃纸的半透膜特性及透光性，将霉菌生长在覆盖于琼脂培养基表面的玻璃纸上，然后将长菌的玻璃纸剪取一小片，贴放在载玻片上用显微镜观察。

四、实训方法与步骤

1. 直接制片观察法

于洁净载玻片上，滴一滴乳酸石炭酸棉蓝染色液，用解剖针从霉菌菌落的边缘处取少量带有孢子的菌丝置于染色液中，再细心地将菌丝挑散开，然后小心地盖上盖玻片，注意不要产生气泡。置显微镜下用低倍镜观察，必要时再换高倍镜。

2. 载玻片观察法

① 将略小于培养皿底内径的滤纸放入皿内，再放上U形玻棒，其上放一洁净的载玻片，然后将两个盖玻片分别斜立在载玻片的两端，盖上皿盖，把数套（根据需要而定）如此装置的培养皿叠起，包扎好，121℃湿热灭菌20min备用。

② 将6～7mL灭菌的马铃薯葡萄糖培养基倒入直径为9cm的灭菌平皿中，待凝固后，用无菌解剖刀切成0.5～1cm^2的琼脂块，用刀尖铲起琼脂块放在已灭菌的培养皿内的载玻片上，每片上放置2块（图3-18）。

③ 用灭菌的尖细接种针或装有柄的缝衣针，取（肉眼方能看见的）一点霉菌孢子，轻轻点在琼脂块的边缘，用无菌镊子

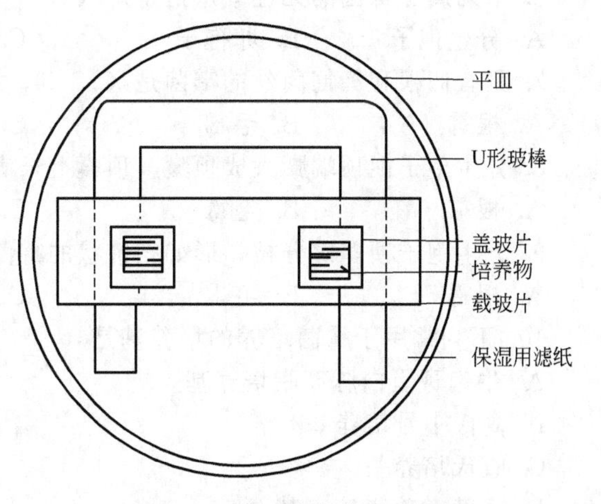

图3-18　载玻片培养法示意图

夹着立在载玻片旁的盖玻片盖在琼脂块上，再盖上皿盖。

④ 在培养皿的滤纸上，加无菌的20%甘油数毫升，至滤纸湿润即可停加。将培养皿置28℃培养一定时间后，取出载玻片置显微镜下观察。

五、实训内容

1. 每位同学取载玻片1张，挑取病果实表面的霉菌菌丝直接制片观察霉菌形态。

2. 每位同学准备一套无菌培养皿（包括1张载玻片、2张盖玻片、U形玻棒等），按载玻片观察法进行无菌接种和培养，将培养的霉菌玻片置于显微镜下观察形态。

六、实训报告

1. 把观察到的霉菌形态绘图并注明各部分名称。

2. 主要根据哪些形态特征来区分四种霉菌？

[目标检测]

一、名词解释

酵母菌　霉菌　菌丝与菌丝体　芽孢子　节孢子　厚垣孢子　孢囊孢子　卵孢子　接合孢子　子囊孢子　半知菌　假根

二、选择题

1. 下列属于单细胞真核微生物的是（　　）。

A. 细菌　B. 放线菌　C. 酵母菌　D. 霉菌

2. 下列不属于真菌的是（　　）。

A. 蕈菌　B. 放线菌　C. 酵母菌　D. 霉菌

3. 酵母菌的主要无性繁殖方式是（　　）。

A. 芽殖　B. 裂殖　C. 无性孢子　D. 子囊孢子

4. 酵母菌的菌落特征与下列哪类菌比较接近（　　）。

A. 细菌　B. 放线菌　C. 霉菌　D. 蕈菌

5. 用美蓝对酵母菌染色镜检，活细胞的颜色是（　　）。

A. 无色　B. 红色　C. 蓝色　D. 黑色

6. 下列属于霉菌的无性繁殖孢子是（　　）。

A. 分生孢子　B. 卵孢子　C. 接合孢子　D. 子囊孢子

7. 具有假根和匍匐菌丝的霉菌是（　　）。

A. 根霉　B. 毛霉　C. 曲霉　D. 青霉

8. 分生孢子梗顶端膨大成顶囊，顶囊上长满一层或两层小梗的霉菌是（　　）。

A. 根霉　B. 毛霉　C. 曲霉　D. 青霉

9. 分生孢子梗多次分枝，形如扫帚状的霉菌是（　　）。

A. 根霉　B. 毛霉　C. 曲霉　D. 青霉

10. 下列常用于霉菌培养的培养基是（　　）。

A. 牛肉膏蛋白胨琼脂培养基

B. 高氏Ⅰ号培养基

C. 查氏培养基

D. 麦芽汁琼脂培养基

三、简答题

1. 简述酵母菌的细胞结构。
2. 简述酵母菌的芽殖和有性繁殖过程。
3. 简述霉菌有哪些无性和有性孢子。
4. 真菌门一般分类为哪五个亚门?
5. 比较根霉与毛霉、曲霉与青霉的异同点。
6. 比较细菌、放线菌、酵母菌和霉菌四大菌的菌落特征的异同点。

第四章 非细胞生物——病毒的形态

[学习目标]

1. 知识目标

熟知病毒的定义和特点；熟悉病毒、亚病毒的形态结构；理解病毒的增殖过程；理解理化因素对病毒的影响。

2. 技能目标

能够从自然环境中分离、纯化噬菌体。

第一节 病毒的基本知识

一、病毒的定义及特点

1. 定义

病毒是一类比细菌更微小，能通过滤菌器，仅含一种类型的核酸（DNA 或 RNA），只能在活的细胞内生长繁殖的非细胞形态的微生物。

2. 病毒的特点

① 个体极其微小。比细菌还小，可通过细菌过滤器，只能在电子显微镜下看到。

② 没有细胞结构，化学成分较简单。只含一种类型的核酸。一种病毒的毒粒内只含有一种核酸，DNA 或者 RNA。

③ 专性寄生。严格的活细胞内寄生，没有自身的核糖体，没有个体生长，也不进行二分裂，必须依赖宿主细胞进行自身的核酸复制，形成子代。

④ 没有独立的代谢能力。大部分病毒没有酶或酶系统不完全，不含催化能量代谢的酶，不能进行独立的代谢作用。因而在活细胞外，以化学大分子颗粒形式长期存在，并保持感染活性。

⑤ 对大多数抗生素不敏感，对干扰素敏感。

⑥ 病毒耐冷不耐热。一般在 50～60℃下失活。

可见，病毒是一类既具有化学大分子属性，又具有生物体基本特征；既具有细胞外的感染性颗粒形式，又具有细胞内的繁殖性基因形式的独特生物类群。

二、病毒的发现及研究意义

1. 病毒的发现史

1892 年，俄国人伊万诺夫斯基在研究可传染的烟草花叶病时，发现将病烟叶研碎用细菌过滤器处理后，滤叶仍然能使正常烟叶发病。他推测可能有一种体积很小、能通过细菌过滤器的微生物存在，但他依然认为该微生物是个极小的细菌而不是新的微生物。

1898 年，荷兰人贝杰林克独立地完成了相同的实验，并观察到同样的现象。他进一步研究发现该物质可以在凝胶中扩散，总结认为该病原体不是细菌而是一种有传染性的活的流质，并将其命名为“virus”。因此，贝杰林克被认为是病毒学的开创者。

2. 病毒学研究的意义

自 19 世纪末科学家发现烟草花叶病毒以来，相继发现了细菌病毒（噬菌体）、真菌病毒、昆虫病毒、脊椎动物病毒、植物病毒等许多病毒粒子以及亚病毒粒子，现已发现的病毒有 3600 多种。并且会随着科学技术的发展推动病毒学的迅速发展。

病毒不仅是病毒学研究的对象，而且也是分子生物学和分子遗传学的研究对象，如噬菌体作为基因载体应用于遗传工程中。也常利用噬菌体的专一性用于细菌的分型鉴定。

研究病毒学对于有效控制和消灭人和有益生物的病毒病具有重要意义。由微生物引起的人类传染性疾病，有 80％是由病毒引起的，如甲型肝炎、禽流感、口蹄疫、疯牛病、艾滋病等。病毒病的传染性高，传播速度快，诊治困难，死亡率高，对人类身体健康已造成严重威胁。因此，研究病毒，认识病毒的传播和发病特点，有效控制病毒对人类和有益生物的危害具有重要意义。

[知识链接]

流行性感冒一般分为甲型、乙型和丙型三种，乙型和丙型流行性感冒一般只在人群中传播，很少传染到其他动物。甲型流行性感冒大部分都是禽流感，一般很少使人发病。1997 年在香港首次发现人类也会感染禽流感，H5N1 型禽流感病毒是人与动物共患的流感病原体。其后，东亚、东南亚、欧洲等地相继传出 H5N1 禽流感感染报告。人感染高致病性禽流感死亡率约是 60％，目前，还没有发现人传染人的病例，一般主要是通过接触禽类引起感染。家禽感染的死亡率几乎是 100％。

三、病毒的分类及命名

1. 病毒的分类

病毒的分类依据很多，主要包括病毒的形态、结构、基因组、复制、化学组成、寄主范围，以及病毒的抗原性、生物学性质等。这里只简单讲三种。

（1）根据病毒结构及化学组分分类

非细胞生物
- （真）病毒：至少含核酸和蛋白质二种组分
- 亚病毒
  - 类病毒：只含具侵染性的 RNA 组分
  - 卫星 RNA：只含有不具侵染性的 RNA 组分
  - 朊病毒：只含蛋白质

（2）根据病毒的寄主分类

可分类细菌病毒（噬菌体）、真菌病毒、昆虫病毒、脊椎动物病毒、植物病毒等。

（3）根据病毒的核酸类型分类

国际病毒分类委员会第七次报告（1999年），将病毒分为：单链DNA（ssDNA）病毒、双链DNA（dsDNA）病毒、DNA与RNA反转录病毒、双链RNA（dsRNA）病毒、单链RNA（ssRNA）病毒、裸露RNA病毒、亚病毒因子七大类群。

2. 病毒的命名

病毒的命名常有习惯命名和系统命名。

习惯命名常以所致疾病来命名，如致肝炎的病毒命名为肝炎病毒、致禽流感的病毒命名为禽流感病毒、致口蹄疫的病毒命名为口蹄疫病毒等。

随着病毒的发现越来越多，为了便于科学研究，1966年成立了国际病毒分类委员会（ICTV），病毒的分类和命名由该委员会统一进行，ICTV于1996年在第十届国际病毒大会上提出了38条新的病毒命名规则，主要内容有：病毒分类系统依次采用目、科、属、种的分类等级，病毒“种”占据特定的生态环境，并且具有多标准分类特征（包括基因组、毒粒结构、理化特性、血清学性质等），种名和属名应有明确含义，种的命名多以所致疾病、形态结构或分离地点为依据。病毒“属”是一群具有某些共同特征的种，属名的词尾是“virus”，例如Picornavirus（小RNA病毒属），承认一个新属必须同时承认一个代表种。病毒“科”是一群具有某些共同特征的属，科名的词尾是“viridae”，例如Picor-naviridae（小RNA病毒科），承认一个新科必须同时承认一个代表属。病毒“目”是一群具有某些共同特征的科，目名的词尾是“virales”。

第二节 病毒的形态结构

一、病毒的形态与大小

1. 病毒的形态

病毒的形态多样，基本形态有球状、杆状、蝌蚪状、线状、砖形、弹状等（图4-1）。人、动物和真菌的病毒大多是球状，少数是弹状或砖状。植物病毒和昆虫病毒多数是丝状或杆状，少数是球状。细菌病毒部分是蝌蚪状，部分是丝状和球状。

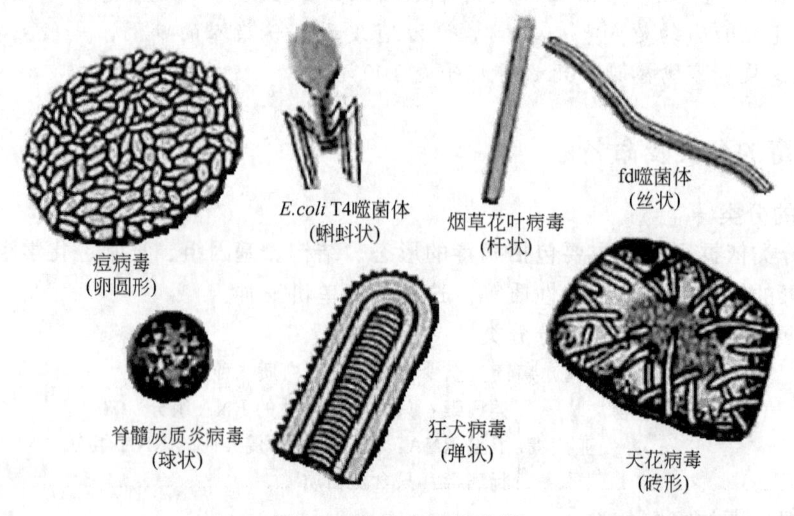

图4-1 常见病毒的形状

2. 病毒的大小

病毒形体极其微小，常用单位是纳米（nm）。不同种类病毒的大小相差甚大。小的病毒直径只有 10～20nm 左右，例如：口蹄疫病毒的直径为 22nm；大的病毒直径可超过 250nm，例如：痘病毒的大小约为 250nm×300nm。大多数病毒的直径都在 150nm 以下。

二、病毒的结构与化学组成

病毒粒子：病毒在细胞外环境以形态成熟、结构完整，具有侵染力的单个颗粒形式存在，称为病毒粒子，简称毒粒。毒粒是病毒在细胞外环境的存在形式，也是病毒的感染性形式。

- 病毒粒子
  - 核衣壳（基本结构）
    - 核心：DNA 或 RNA
    - 衣壳：由若干衣壳粒构成
  - 包膜、刺突（非基本结构）
    - 由类脂或脂蛋白和糖蛋白构成

病毒粒子的基本结构主要由核心和衣壳两部分组成，统称为核衣壳。有些较为复杂的病毒还具有包膜、刺突等结构（图 4-2）。只有核衣壳的病毒称为裸露病毒，在核衣壳外有包膜的病毒称为包膜病毒。

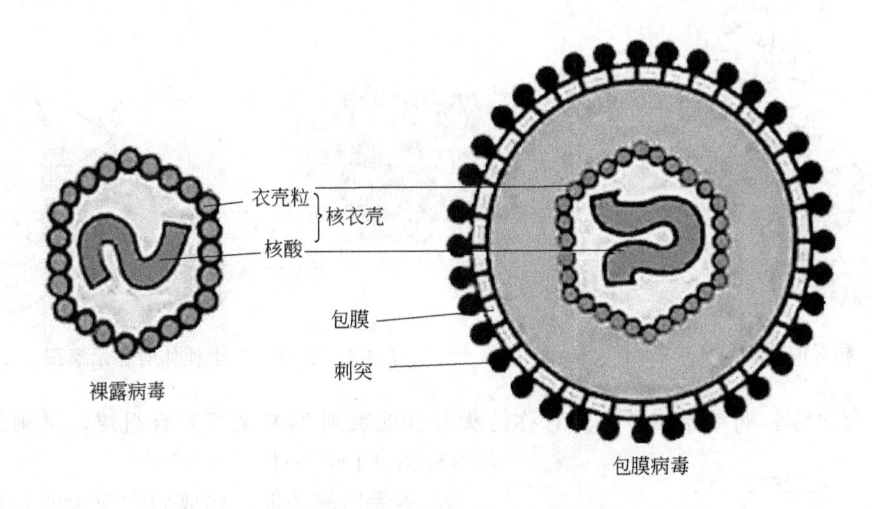

图 4-2 病毒粒子的结构模式图

病毒粒子的基本化学组成是核酸和蛋白质，有的病毒还有脂类和糖类等其他成分。

1. 病毒的核心

病毒的核心是病毒粒子的内部中心，由核酸和少量功能蛋白构成。病毒的核酸只含 RNA 或 DNA 一种类型，绝不混含两种核酸。因此，可将病毒分为 DNA 病毒和 RNA 病毒两大类。核酸有 DNA 单、双链和 RNA 单、双链 4 种形式。如果按合成 mRNA 的方式不同，又可将病毒基因组分为单链 DNA、双链 DNA、单正链 RNA、单负链 RNA、双链 RNA 和反转录 6 种类型。

核酸的功能主要有储存病毒的遗传信息、控制病毒的遗传变异、控制病毒的增殖、控制病毒对宿主的感染性等功能。

2. 病毒的衣壳

病毒的衣壳（壳体）由若干衣壳粒（壳粒）组成，壳粒是电镜下能见的最小的形态学单位，由一种或多种肽链折叠而成的蛋白质。由于壳粒在壳体上的不同排列，壳体具有下列 3

种对称的形态结构。

壳体结构类型
- 螺旋对称（helical symmetry）壳体
- 二十面体对称（icosahedral symmetry）壳体
- 复合对称（complex symmetry）结构

① 螺旋对称。壳粒一个挨一个有规律地沿着中心轴（核酸）呈螺旋对称排列而成（图4-3）。衣壳形似一中空柱，病毒核酸以多个弱键与蛋白质亚基相结合，从而保证了衣壳结构的稳定性。具有此结构的病毒多数是单链 RNA 病毒，病粒为线状（如大肠杆菌噬菌体 f1）、直杆状（如烟草花叶病毒）和弯曲杆状（如马铃薯 X 病毒）等形态。

② 立体（二十面体）对称。外形看起来似球形或近球形，没有包膜，直径 70～80nm；高倍电镜下为多面体，它有 12 个角，20 个面，30 条棱；衣壳由 252 个球形的衣壳粒组成，每个衣壳粒通常是由 5 个或 6 个蛋白质亚基聚集形成，有 12 个称做五邻体的衣壳粒位于 12 个角上，每个五邻体上突出一根末端带有顶球的蛋白纤维，也称为刺突，有 240 个六邻体均匀分布在 20 个面上（图 4-4）。

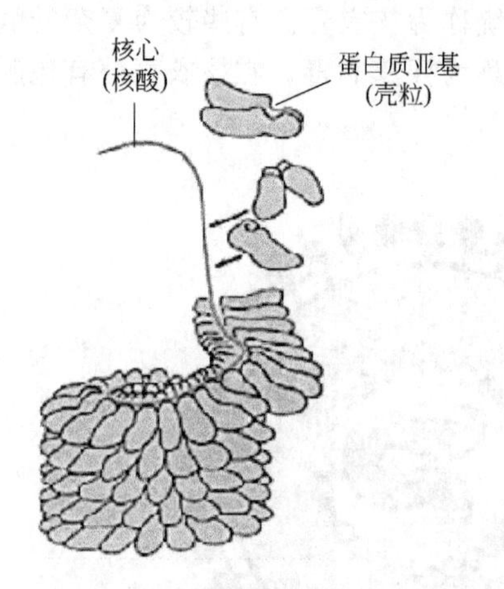

图 4-3 病毒的螺旋对称示意图

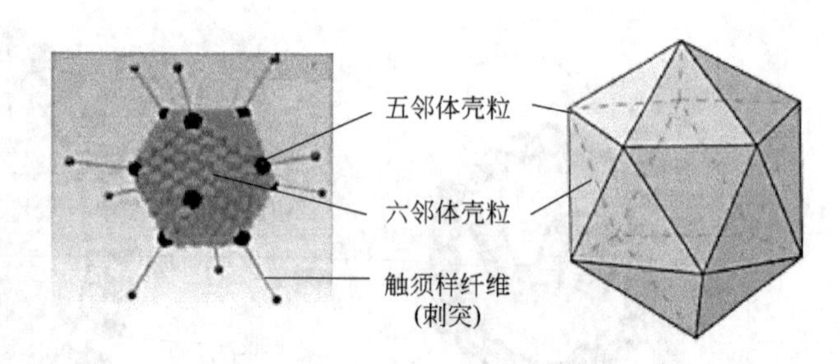

图 4-4 病毒的二十面体对称示意图

③ 复合对称。病毒壳体由立体对称的头部和螺旋对称的尾部复合组成，呈蝌蚪状。如大肠杆菌 T4 噬菌体（图 4-5）。

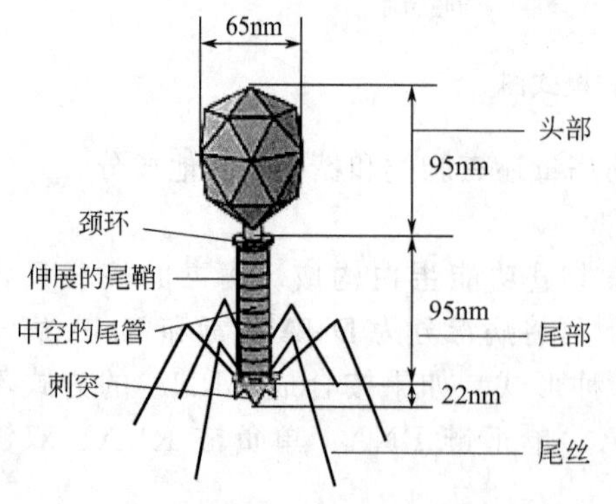

图 4-5 病毒复合对称（T4）结构模式图

壳体蛋白的功能：构成病毒粒子的外壳，具有保护核酸的作用；参与病毒的吸附、侵入过程及病毒感染的特异性及表面抗原性。

3. 病毒的包膜

有些病毒核衣壳的外面有一层较为疏松、肥厚的膜状结构，称为包膜或囊膜，它的主要成分是糖蛋白和脂类。

糖蛋白由蛋白质和糖组成，蛋白质由病毒基因组编码而合成，糖来自寄主细胞。糖蛋白由一条或几条多肽链骨架与寡糖侧链连接而成，位于包膜表面形成包膜突起或刺突。糖蛋白的主要功能：病毒的主要表面抗原，与病毒的分型、致病性和免疫性有关，赋予病毒的某些特殊功能，如流感病毒包膜上有血凝素和神经氨基酸等刺突，血凝素与人体红细胞有特殊的亲和力，产生血凝现象。神经氨基酸与细胞表面神经氨酸起作用，破坏易感寄主细胞表面上的受体，便于病毒侵入细胞内。

病毒包膜中的脂类是病毒在寄主细胞内成熟释放过程中所获得的寄主细胞成分，其种类和含量具有对寄主细胞的特异性，它决定病毒特定的侵害部位。

病毒包膜对干燥、热、酸、去污剂和脂溶剂敏感，易被乙醚溶解而灭活。包膜病毒易被胃酸、胆汁灭活，故包膜病毒一般不经消化道感染，主要是通过呼吸道、血液和组织移植等途径传播疾病。

有些病毒在核衣壳的外层和包膜内侧有一层基质蛋白，它具有支撑包膜、维持病毒结构的功能，还有促进核衣壳和包膜之间的识别，有利于病毒的装配。有些无包膜的病毒核衣壳上有触须突出物（图 4-4），与包膜刺突功能相似，具有凝集作用和毒害敏感寄主细胞的作用。

三、病毒的特征

1. 噬菌斑

将一定量经稀释的噬菌体悬液与高浓度敏感菌悬液及半固体琼脂培养基（1%琼脂）混合均匀后，然后倒入含底层琼脂培养基（2%琼脂）的平板上，经过一段时间培养后，由于噬菌体的作用而溶菌，在细菌菌苔上会出现肉眼可见的圆形斑，称为噬菌斑。一般溶源性噬菌体的噬菌斑为混浊噬菌斑，因中央残存着已溶源化的细胞；烈性噬菌体为透明噬菌斑（图 4-6）。

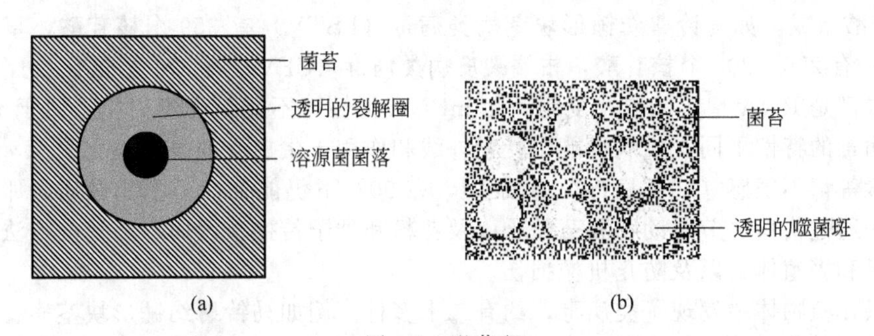

图 4-6　噬菌斑

（a）溶源性噬菌体；（b）烈性噬菌体

一个噬菌斑是一个噬菌体侵染的结果，一个噬菌斑中的噬菌体遗传性都相同，故可通过多次重复接种获得纯系噬菌体。因每种噬菌体的噬菌斑有一定的大小、形状、边缘和透明度，故可作为鉴定的指标。噬菌斑也可作为病毒效价的定量。

2. 血凝现象与干扰现象

有血凝素（HA）的病毒能凝集人或动物红细胞，称为血凝现象。如流感病毒、天花病毒等。血凝现象能被相应抗体抑制称为血凝抑制试验，原理是相应抗体与病毒结合后，阻止病毒表面 HA 与红细胞结合。血凝现象常用于正黏病毒、副黏病毒及黄病毒等的辅助诊断、流行病调查，也常用于鉴定病毒。

两种不同的病毒同时或先后感染同一宿主细胞时，一种病毒抑制另一种病毒复制的现象，称为干扰现象。如乙型脑炎病毒能干扰脊髓灰质炎病毒增殖，流感病毒能干扰西方型马脑炎病毒的增殖等。

3. 细胞病变效应

细胞病变效应是指病毒在细胞内增殖及其对细胞产生损害的明显表现。例如细胞发生凝缩、团聚、肿大，细胞融合为多核，细胞脱落、裂解，细胞内出现包涵体等。不同的病毒感染同一细胞可能出现不同的病变效应。

（1）包涵体　某些细胞在感染病毒后，形成结构特殊、有一定染色特性、在光学显微镜下可见的大小、形态和数量不等的小体，称为包涵体。包涵体多数位于细胞质内，具有嗜酸性，少数位于细胞核内，具有嗜碱性。包涵体有颗粒形和多角形两种。

包涵体可以是病毒粒子的聚集体，如昆虫的核型多角体病毒和质型多角体病毒的包涵体。也可以是病毒结构性蛋白等组分的聚集体，如人类巨细胞病毒的致密体等。

（2）细胞融合现象　细胞融合现象是指由于病毒感染宿主细胞而出现的多核细胞现象。如仙台病毒可在Hela细胞、猪肾继代细胞内引起细胞融合现象。其发生决定于病毒和细胞的种类，也受病毒数量、温度、离子强度等因素的影响。

四、亚病毒结构

人们把具有核衣壳基本结构的病毒称为真病毒，将仅具有核酸或蛋白质的感染性活体称为亚病毒。亚病毒是一类比病毒还小、结构更简单的非细胞生物，主要有类病毒、卫星RNA（拟病毒）和朊病毒三类。

1. 类病毒

类病毒是一类无蛋白质外壳，仅有一条裸露的闭合环状单链RNA分子，专性寄主活细胞并能自我复制，使宿主致病或死亡的分子生物。

类病毒的分子量在（0.5～1.2）×10^5 Da，是已知的最小RNA分子量的1/10，由246～600个核苷酸组成。如马铃薯纺锤形块茎病类病毒（PSTV）有359个核苷酸，草矮生类病毒（HSV）有290～300个核苷酸，柑橘裂皮病类病毒（CEV）有371个核苷酸。

类病毒都是RNA型，能自我复制，无mRNA活性，不能编码蛋白质。由于不具衣壳，因而与真病毒的特性不同，类病毒能耐受紫外线和作用于蛋白质的各种理化因素，比如对蛋白酶、尿素等都不敏感（“真病毒”均敏感），在90℃下仍能存活。不能像病毒那样感染细胞，主要是通过伤口、节肢动物和菟丝子以及花粉和种子传播。因而，防治的方法主要选择无感的种子和繁殖体，以及防止机械损伤。

目前只在植物体中发现了类病毒，约有二十多种。例如马铃薯纺锤形块茎病、番茄簇顶病、柑橘裂皮病、黄瓜白果病、鳄梨白斑病、椰子死亡病等。类病毒的传染力强，但大多数呈不显性感染，只有少数呈现症状。并且类病毒的潜伏期长，如马铃薯在感染后几个月甚至第二代才出现症状。

2. 卫星病毒与卫星RNA

卫星病毒是一类必须依赖辅助病毒（寄生在真病毒中）才能复制的分子生物。有两种类型：一类可编码自身衣壳蛋白（如卫星烟草坏死病毒、丁型肝炎病毒等），即真病毒中的病毒，常称为卫星病毒；另一类不编码自身衣壳蛋白，仅为环状RNA分子，称为卫星RNA。即真病毒衣壳内有两条RNA，其中小分子的RNA就是卫星RNA。严格地说，卫星RNA才是一种亚病毒，卫星病毒不是亚病毒，但人们常将大多数卫星病毒也划归为亚病毒。如腺联病毒（AAV）、大肠杆菌噬菌体P4、卫星烟草坏死病毒（STNV）、卫星烟草花叶病毒（STMV）、丁型肝炎病毒（HDV）等。卫星病毒大多与植物感染有关，并且对辅助病毒的依赖性相当专一。对人类疾病有关的卫星病毒只发现了丁型肝炎病毒一种。

卫星RNA原称为拟病毒。是一类寄生于真病毒中的小的环状RNA分子。被拟病毒侵染的植物真病毒被称为辅助病毒，拟病毒必须通过辅助病毒才能感染与复制。单独的辅助病毒或拟病毒都不能使植物受到感染。

拟病毒首先是澳大利亚人在研究绒毛烟斑驳病时发现的，现已从绒毛烟、苜蓿、莨菪和地下三叶草上都发现了拟病毒。这些病毒的蛋白质衣壳内都含有两种 RNA 分子：一种是分子量大的线状 RNA1；另一种是分子量小的类似于类病毒的环状 RNA2，这种 RNA2 分子被称为拟病毒。拟病毒在核苷酸组成、大小和二级结构上均与类病毒相似，并与许多类病毒有序列同源性，但生物学特性完全不同，它的特点主要有：①单独存在没有侵染性，必需依赖于辅助病毒才能进行侵染和复制，其复制需要辅助病毒的线状 RNA。②其 RNA 不具有编码能力，需要利用辅助病毒的外壳蛋白，并与辅助病毒基因组 RNA 一起包裹在同一病毒粒子内。③复制时常干扰辅助病毒的增殖，因此，可用于生物防治中。④与辅助病毒基因组之间无核酸系列的同源性。⑤可加入或从病毒中分离，并能维持其独立的遗传特性，与寄主病毒和寄主的寄主细胞无关。现有许多学者将拟病毒统称为卫星 RNA 或卫星病毒。

3. 朊病毒

朊病毒就是只有蛋白质而没有核酸的病毒。是一类能侵染动物并在宿主细胞内复制的小分子无免疫性疏水蛋白质。朊病毒在电镜下呈杆状颗粒，直径为 25nm，长 100～200nm，不单独存在，呈丛状排列。

1982 年，美国动物病理学家斯垣利·普鲁辛纳（Prusiner）在研究羊瘙痒病病原体时发现，经紫外线照射、高温处理等能使病毒失活的方法处理后病原体仍有活性，而 SDS（十二烷基硫酸钠）、尿素、苯酚等蛋白质变性剂则能使之失活。因此认为，这种病原体是一种蛋白质侵染颗粒，即朊病毒。

朊病毒无免疫原性，对核酸失活的各种理化因子有较强的抵抗力，如对紫外线、蛋白酶、消毒剂（乙醇、过氧化氢、高锰酸钾等）、有机溶剂和常规高压灭菌等具有较强抵抗力，使用次氯酸钠、氢氧化钠等才可有效降低朊病毒的传染性。

朊病毒对人类最大的威胁是可以导致人类和家畜患中枢神经系统退化性病变，最终不治而亡。因此，世界卫生组织将朊病毒病和艾滋病并立为世纪之交危害人体健康的顽疾。现已知的人类朊病毒有：库鲁病、克雅氏综合征、格斯特曼综合征和致死性家族性失眠症四种。动物朊病毒有：绵羊瘙痒病、山羊瘙痒病、大耳鹿慢性消耗病、牛海绵脑病（疯牛病）、猫海绵脑病、传染性雪貂白质脑病。

[课堂互动]

请比较类病毒、卫星病毒、卫星 RNA、朊病毒的主要不同点。

第三节 病毒的增殖

一、一步生长曲线

就是将适量病毒接种于高浓度敏感细胞培养物，或高倍稀释病毒细胞培养物，或以抗病毒血清处理病毒细胞培养物，以建立同步感染，以感染时间为横坐标，病毒的效价为纵坐标，绘制出的病毒特征曲线，即为一步生长曲线（图 4-7）。是研究病毒复制的一个实验，最初为研究噬菌体复制而建立，现已推广到动植物病毒复制的研究中。一步生长曲线分为潜伏期、裂解期和平稳期。有三个特征参数：潜伏期、裂解期和裂解量。

（1）潜伏期　指毒粒吸附于细胞到受染细胞释放出子代毒粒所需的最短时间。它又可以分为两个阶段：①隐晦期：指在潜伏期前一阶段，病毒在受染细胞内消失到细胞内出现新的感染性病毒的时期，包括病毒的吸附、穿入、脱壳和生物合成，此期用电镜观察不到病毒颗

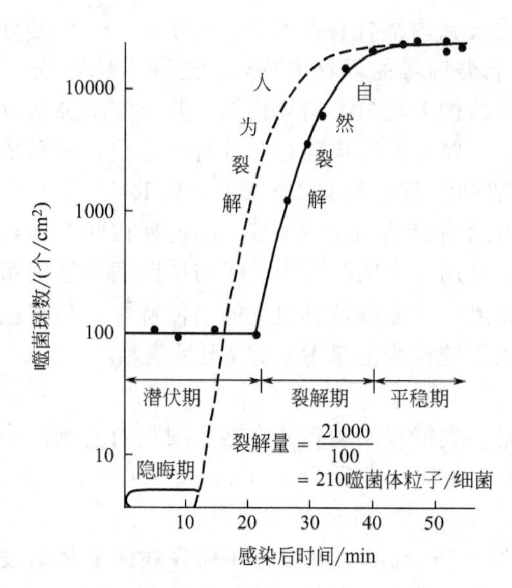

图 4-7 病毒增殖的一步生长曲线

粒，故称为隐晦期或隐蔽期；②胞内累积期：在潜伏期的后一阶段，从出现新的感染性病毒到寄主细胞裂解释放出子代毒粒。这一阶段在细胞内装配噬菌体粒子，此时电镜可以观察到病毒粒子。

（2）裂解期 裂解期又称为成熟期，是指紧接在潜伏期后的宿主细胞迅速裂解、溶液中噬菌体粒子急速增加的一段时间。此期为装配的成熟毒粒裂解释放到细胞外的过程，由于宿主群体中各个细胞的裂解不可能是同步的，故会出现较长的裂解期。

（3）平稳期 发生在裂解末期，指感染后的宿主细胞全部裂解，子代毒粒数目在最高处达到稳定的时期。溶液中噬菌体的数目达到最高峰。在这个时期，每一个宿主细胞释放的平均噬菌体粒子数称为裂解量，即裂解量等于潜伏期受染细胞的数目除以稳定期受染细胞所释放的全部子代病毒数目，也等于稳定期病毒效价与潜伏期病毒效价之比。

二、噬菌体的一般增殖过程

病毒粒子进入细胞内增殖发育成熟的全过程，大体上分为吸附、侵入与脱壳、生物合成、装配、释放 5 个阶段。不同病毒的增殖过程在细节上有所差异。下列以 T4 噬菌体为例说明（图 4-8）。

1. 吸附

吸附是指病毒以其表面的特殊结构与宿主细胞的病毒受体发生特异性结合的过程，这是发生感染的第一步。

病毒吸附蛋白（VAP）是病毒表面的结合蛋白，它能特异性识别宿主细胞上的病毒受体并与之结合。如流感病毒包膜表面的血凝素，T 偶数噬菌体的尾丝蛋白。病毒受体是宿主细胞的表面成分，能够被病毒吸附蛋白特异性识别并与之结合，介导病毒侵入。如狂犬病毒的受体是细胞表面的乙酰胆碱受体，单纯疱疹病毒的受体是硫酸乙酰肝素。噬菌体以其尾丝尖端的蛋白质吸附于菌体细胞表面的特异性受体上。如 T3、T4 和 T7 噬菌体吸附吸附的特异性受体是脂多糖；T2 和 T5 噬菌体吸附的受体为脂蛋白；沙门菌的 X 噬菌体吸附在细菌的鞭毛上。

吸附作用受许多内外因素的影响，如细胞代谢抑制剂、酶类、脂溶剂、抗体，以及温度、pH 值、离子浓度等。

2. 侵入与脱壳

侵入是指病毒或其一部分进入宿主细胞的过程。侵入的方式因病毒或宿主细胞种类的不同而异。

有伸缩尾的 T 偶数噬菌体吸附于宿主细胞后，尾丝收缩使尾管触及细胞壁，尾管端携带的溶菌酶溶解局部细胞壁的肽聚糖。接着通过尾鞘收缩将尾管推出并将头部核酸迅速注入到细胞内，其蛋白质衣壳留在菌体外。

动物病毒侵入宿主细胞有 3 种方式：①膜融合，病毒包膜与宿主细胞膜融合，将病毒的内部组分释放到细胞质中，如流感病毒；②利用细胞的胞吞作用，多数病毒按此方式侵入；③完整病毒穿过细胞膜的移位方式，如腺病毒。

植物病毒的侵入通常是由表面伤口或咬食的昆虫口器感染，并通过胞间连丝、导管和筛管在细胞间乃至整个植株中扩散。

脱壳是病毒侵入后，病毒的包膜和/或衣壳被除去而释放出病毒核酸的过程。脱壳的部位和方式随病毒种类的不同而异。大多数病毒在侵入时就已在宿主细胞表面完成，如T偶数噬菌体；有的病毒则需在宿主细胞内脱壳，如痘病毒需在吞噬泡中溶酶体酶的作用下部分脱壳，然后启动病毒基因部分表达出脱壳酶，在脱壳酶作用下完全脱壳。

3. 生物合成

病毒粒子脱壳后，释放的DNA或RNA转入细胞核中或仍留在细胞质内。病毒粒子一经脱壳释放，即可利用寄主细胞提供的低分子物质合成大量病毒核酸和结构蛋白，这一过程称为生物合成。

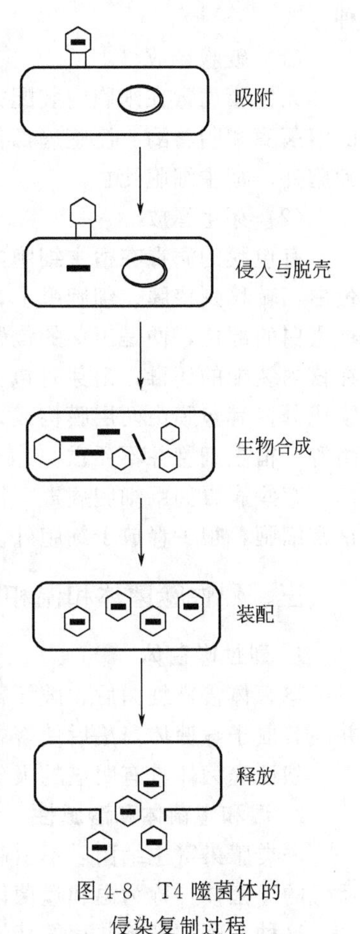

图 4-8　T4 噬菌体的侵染复制过程

病毒核酸在寄主细胞内主导生物合成的过程包括：复制病毒自身的核酸、转录成mRNA和mRNA转译病毒蛋白质。由于病毒的核酸类型不同，其复制、转录方式也不同。若是DNA病毒，其基因组作为模板进行转录成mRNA，mRNA转移到细胞的核糖体上进行转译，合成病毒蛋白质。若是RNA病毒，其RNA正链可直接作为mRNA进行蛋白质的合成。

病毒早期mRNA转译的蛋白质，包括病毒复制所必需的复制酶和一些抑制蛋白，主要参与病毒核酸复制及转录，以及改变或抑制寄主细胞的正常代谢，使细胞代谢转向有利于病毒的复制；晚期mRNA主要转译构成子代病毒衣壳的结构蛋白。

4. 装配

装配就是在病毒感染的细胞内，将分别合成的病毒核酸和蛋白质组装为成熟病毒粒子的过程。

(1) 噬菌体的装配　T4噬菌体装配过程较复杂，主要步骤有：DNA分子的缩合，通过衣壳包裹DNA而形成完整的头部，尾丝和尾部的其他“部件”独立装配完成，头部和尾部相结合后，最后装上尾丝。

(2) 动物病毒的装配　无包膜的动物病毒组装成核衣壳即为成熟的病毒体，有包膜的动物病毒一般在核内或细胞质内组装成核衣壳，然后以出芽形式释放时再包上宿主细胞核膜或质膜后，成为成熟病毒。

(3) 植物病毒的装配　TMV等杆状病毒是先初装成许多双层盘，然后因RNA嵌入和pH降低等因素而变成双圈螺旋，最后由它聚合成完整的杆状病毒。球状病毒则是靠一种非专一的离子相互作用而进行的自体装配体系来完成的。它们的核酸能催化蛋白亚基的聚合和装配，并决定其准确的二十面体对称的球状外形。

5. 释放

释放是指病毒粒子从被感染的细胞内转移到外界的过程。主要有破胞释放和芽生释放两种方式。

(1) 破胞释放

无包膜病毒在细胞内装配完成后，借助自身的降解宿主细胞壁或细胞膜的酶，如噬菌体的溶菌酶和脂肪酶、流感病毒包膜刺突的神经氨酸酶等裂解宿主细胞，子代病毒便一起释放到胞外，宿主细胞死亡。

(2) 芽生释放

有包膜的病毒在宿主细胞内合成衣壳蛋白时，还合成包膜蛋白，经添加糖残基修饰成糖蛋白，转移到核膜、细胞膜上，取代宿主细胞的膜蛋白。宿主核膜或细胞膜上有该病毒特异糖蛋白的部位，便是出芽的位置。在细胞质内装配的病毒，出芽时外包上一层质膜成分。若在核内装配的病毒，出芽时包上一层核膜成分。有的先包上一层核膜成分，后又包上一层质膜成分，其包膜由两层膜构成，两层包膜上均带有病毒编码的特异蛋白、血凝素、神经氨酸酶等，宿主细胞并不死亡。

有些病毒如巨细胞病毒，往往通过胞间连丝或细胞融合方式，从感染细胞直接进入另一正常细胞，很少释放于细胞外。

三、烈性噬菌体和温和噬菌体

1. 烈性噬菌体

噬菌体侵染细菌后，破坏寄主细菌原有的遗传物质，合成大量的自身遗传物质和蛋白质并组装成子噬菌体，最后使寄主裂解的一类噬菌体。

烈性噬菌体具有明显的吸附、侵入、复制、装配和裂解这五个阶段而实现其繁殖。

2. 温和噬菌体和溶源性

一类感染寄主细菌后不引起细菌裂解而与寄主细胞建立共生关系并随细菌繁殖传给细菌后代的噬菌体，称为温和噬菌体。

这种与寄主细菌共存的特性称为溶源性。

温和噬菌体的基因组能与寄主菌基因组整合，并随细菌分裂传至子代细菌的基因组中，不引起细菌裂解。整合到细菌基因组中的噬菌体基因组称为前噬菌体。带有前噬菌体基因组的细菌称为溶源性细菌。

溶源性细菌的特性如下。

① 具遗传性。可代代相传，即溶源周期。

② 裂解性。前噬菌体偶尔可自发地（自发裂解）或在某些理化和生物因素（诱发裂解）的诱导下脱离宿主菌基因组而进入溶菌周期（裂解周期），产生大量子代噬菌体，导致细菌裂解。

③ 免疫性。溶源性细菌对赋予其溶源性的噬菌体有免疫性。

④ 复愈。经过诱发裂解后存活下来的少数细菌中，有些会失去噬菌体 DNA 而复愈。

⑤ 溶源性转变。前噬菌体可导致细菌基因型和性状发生改变，这种获得新性状的现象称为溶源性转换。如白喉棒状杆菌产生白喉毒素，肉毒梭菌的毒素、金黄色葡萄球菌毒素。

四、理化因素对病毒的影响

1. 物理因素

(1) 温度　大多数病毒耐冷不耐热，离开机体后在室温中只能存活数小时。在 0℃以下的温度，特别是在干冰温度（－70℃）和液氮温度（－196℃）下可长期保持其感染性。相反，大多数病毒于 55～60℃下，几分钟至十几分钟即被灭活，100℃时在几秒钟内即可灭活病毒。即使是哺乳动物的体温（37～38.5℃）也可能使某些病毒灭活。热对病毒的灭活机理，主要是使病毒衣壳蛋白和包膜病毒的糖蛋白刺突发生变性，因而，阻止细菌吸附于宿主细胞。热也能破坏病毒复制所需的酶类，使病毒不能脱壳。因此，病毒必须低温保存。

有蛋白质或 Ca^{2+}、Mg^{2+} 存在，常可提高某些病毒对热的抵抗力。如脊髓灰质炎病毒在1mol/L 的 $MgCl_2$ 中具有明显的稳定作用，1mol/L 的 $MgSO_4$ 对流感病毒、副流感病毒、麻疹病毒和风疹病毒也具有稳定作用。冻融，特别是反复冻融可使许多病毒灭活。因此，病毒标本的保存应尽快低温冷冻，并且避免不必要的冻融。

（2）pH　大多数病毒在 pH6～8 的范围之内比较稳定，而在 pH5.0 以下或 pH9.0 以上迅速灭活，但不同病毒对 pH 的耐受能力有很大的不同。

（3）射线　γ线和 X 线以及紫外线都能使病毒灭活。有些病毒经紫外线灭活后，若再用可见光照射，因激活酶的原因，可使灭活的病毒复活，故不宜用紫外线来制备灭活病毒疫苗。

2. 化学因素

病毒对化学因素的抵抗力一般较细菌强，可能是病毒缺乏酶的缘故。

（1）脂溶剂　包膜病毒的包膜包含脂质成分，易被乙醚、氯仿、去氧胆酸盐等脂溶剂所溶解。因此，包膜病毒进入人体消化道后，即被胆汁破坏。乙醚在脂溶剂中对病毒包膜具有很大的破坏作用，所以乙醚灭活试验可鉴别有包膜病毒和无包膜病毒。

（2）氧化剂、卤素及其化合物　酚类能除去病毒蛋白衣壳；甲醛能破坏病毒的感染性，保留抗原性，用于制备病毒灭活疫苗；70%乙醇和过氧乙酸均有消毒作用；抗生素对病毒无抑制作用。

实践技能训练 9　从自然环境中分离和纯化噬菌体

一、实训目的

1. 学习从自然环境中分离、纯化噬菌体的基本原理和方法。
2. 观察认识噬菌斑。

二、实训材料

1. 菌种

大肠杆菌。

2. 培养基

3 倍浓缩的牛肉膏蛋白胨液体培养基 100mL 装于 500mL 的三角瓶中、牛肉膏蛋白胨液体培养基 5mL 于试管中、上层牛肉膏蛋白胨琼脂培养基（含琼脂 0.7%，试管分装，每管 4mL），底层琼脂平板（含牛肉膏蛋白胨培养基 10mL，琼脂 2%）。

3. 实训器具

刻度吸管、涂布棒、过滤器（孔径 0.22μm）、离心机、恒温水浴锅、真空泵等。

4. 阴沟污水

三、实训原理

病毒具有很强的专性寄生性。在自然界中凡是有细菌分布的地方，都有其特异的噬菌体存在。例如粪便或阴沟污水中含有大量的大肠杆菌，故能很容易地分离到大肠杆菌噬菌体；乳牛场有较多的乳酸杆菌，也容易分离到乳酸杆菌噬菌体等。噬菌体侵入细菌细胞后进行复制、转录和一系列基因的表达并装配成噬菌体颗粒后，通过裂解或挤出（宿主细胞不被杀死，如M13噬菌体）宿主细胞而释放出来。证明噬菌体存在的方法有两种：①在液体培养基内可使混浊的菌悬液变澄清或比较清。②在有宿主细菌生长的固体琼脂平板上，噬菌体可裂解细菌或限制被感染细菌的生长，从而出现透明或混浊的噬菌斑。一个噬菌体产生一个噬菌斑，利用这一现象可将噬菌体进行纯化与测定噬菌体效价。

本实训是从阴沟污水中分离大肠杆菌噬菌体并进一步纯化。

四、实训方法与步骤

1. 噬菌体的分离

（1）制备菌悬液　37℃培养18h的大肠杆菌斜面一支，加4mL无菌水洗下菌苔，制成菌悬液。

（2）增殖培养　于100mL三倍浓缩的牛肉膏蛋白胨液体培养基的三角瓶中，加入污水样品200mL与大肠杆菌悬液2mL，37℃振荡培养12～24h。

（3）制备裂解液　将以上混合培养液用离心机2500r/min离心15min。将离心上清液倒入过滤器，开动真空泵，过滤除菌。所得滤液经37℃培养过夜，以作无菌检查。

注意：将无菌过滤器用无菌操作安装于灭菌抽滤瓶上，常规操作连接真空抽滤装置。上清液抽滤完毕，应打开安全瓶的放气阀增压后再停真空泵，否则将产生滤液回流，污染真空泵。

（4）确证试验　经无菌检查没有细菌生长的滤液作进一步证实噬菌体的存在。方法：a. 于牛肉膏蛋白胨琼脂平板上加一滴大肠杆菌悬液，再用灭菌玻璃涂棒将菌液涂布成均匀的一薄层。b. 待平板菌液干后，分散滴加数小滴滤液于平板菌层上面，置37℃培养过夜，如果在滴加滤液处形成无菌生长的透明噬菌斑，便证明滤液中有大肠杆菌噬菌体。

2. 噬菌体的纯化

① 如已证明确有噬菌体存在，则用接种环取滤液一环接种于液体培养基内，再加入0.1mL大肠杆菌悬液，使混合。

② 取上层琼脂培养基，溶化并冷却至48℃（可预先溶化、冷却，放在48℃水浴锅内备用），加入以上噬菌体与细菌的混合液0.2mL，立即混匀。

③ 立即将以上菌液倒入底层琼脂平板上，铺匀。置37℃培养24h。

④ 此法分离的单个噬菌斑，其形态、大小常不一致，需要进一步纯化。方法是：用接种针（或无菌牙签）在单个噬菌斑上刺一下，接入含有大肠杆菌的液体培养基内，于37℃培养。

⑤ 待管内菌液完全溶解后，过滤除菌，即得到纯化的噬菌体。

注意：能否在平板上得到单个噬菌斑，取决于所分离得到的噬菌体滤液的浓度和所加滤液的量。如果平板上的噬菌斑连成一片，则需减少接种量（少于一环）或增加液体培养基的量。如果噬菌斑太少，则增加接种量。

3. 高效价噬菌体的制备

刚分离纯化所得到的噬菌体往往效价不同，需要进行增殖。将纯化了的噬菌体滤液与液体培养基按1∶10的比例混合，再加入适量大肠杆菌悬液（可与噬菌体滤液等量或1/2的量），培养，使增殖，如此重复移种数次，最后过滤，可得到高效价的噬菌体制品。

五、实训内容

1. 每 4 位同学为一小组，共同完成实训操作的第一步，即完成噬菌体的分离，得到无菌的含有大肠杆菌噬菌体的滤液。

2. 每 1 位同学取以上滤液单独进行噬菌体的纯化操作，要求要得到单个的噬菌斑（重点考核内容），并进一步纯化，最后每位同学制备得到高效价的噬菌体制品。

六、实训报告

1. 详细说明实训操作方法。
2. 绘图表示平板上出现的噬菌斑。
3. 思考题
(1) 若要分离化脓性细菌的噬菌体，取什么样品材料最容易得到？
(2) 试比较分离纯化噬菌体与分离纯化细菌在基本原理和具体方法上的异同。
(3) 制备裂解液为什么要过滤除菌，不过滤的污水将会出现什么实验结果，为什么？

[目标检测]

一、名词解释

真病毒　病毒粒子　噬菌斑　亚病毒　烈性噬菌体　温和噬菌体　类病毒　卫星病毒　卫星 RNA　朊病毒　病毒的包膜　血凝现象　干扰现象　一步生长曲线

二、选择题

1. 下列属于非细胞结构生物的是（　　）。
A. 细菌　　B. 放线菌　　C. 病毒　　D. 霉菌
2. 噬菌体属于下列哪一种病毒类型（　　）。
A. 细菌病毒　　B. 真菌病毒　　C. 植物病毒　　D. 脊椎动物病毒
3. 病毒在宿主细胞内的复制周期过程，描述正确的是（　　）。
A. 吸附、侵入、脱壳、生物合成、装配及释放
B. 吸附、脱壳、生物合成、装配及释放
C. 吸附、结合、侵入、生物合成、装配及释放
D. 特异性结合、脱壳、复制、装配及释放
4. 对病毒包膜的叙述错误的是（　　）。
A. 化学成分主要为糖蛋白质和脂类　　B. 包膜病毒主要经过消化道感染
C. 糖蛋白是病毒的主要表面抗原　　D. 包膜易被胃酸、胆汁溶解而使病毒灭活
5. 下列关于病毒描述正确的是（　　）。
A. 病毒粒子的基本结构由核衣壳和包膜组成
B. 病毒粒子能在光学显微镜下看见
C. 病毒一般耐冷不耐热
D. 病毒一般对抗生素不敏感，对干扰素敏感
6. 构成病毒核心的化学成分是（　　）。
A. 脂类　　B. 蛋白质　　C. 核酸　　D. 肽聚糖
7. 有包膜的病毒一般不经过的传播方式是（　　）。
A. 吸吸道　　B. 消化道　　C. 血液　　D. 组织移植

8. 裸露病毒的结构是（　　）。

A. 核酸＋包膜　　B. 核心＋衣壳　　C. 核酸＋刺突　　D. 核心＋衣壳＋包膜

9. 温和噬菌体基因组在溶源性细菌内可以以下列何种状态存在？（　　）

A. 复制、表达产生子病毒　　B. 整合于宿主基因组

C. 不会自发脱离宿主基因组进入裂解循环　　D. 产生成熟的病毒颗粒

10. 下列哪一项不是人类利用病毒为人类服务的实例？（　　）

A. 无脊椎动物病毒制成杀虫剂

B. 给高烧病人注射青霉素

C. 用噬菌体治疗烧伤病人的化脓性感染

D. 给健康人注射流行性乙型脑炎疫苗

三、简答题

1. 溶源性细菌有哪些特性？
2. 病毒有哪些基本特点？
3. 病毒的壳体有哪三种对称的形态结构？
4. 简述一步生长的三个时期。
5. 简述病毒增殖的一般过程。
6. 影响病毒的理化因素有哪些？

第五章 微生物营养及培养基制备技术

[学习目标]

1. 知识目标

理解微生物的营养物质及其生理功能；熟知微生物的营养类型及营养物质进入细胞的方式；熟悉培养基类型及配制原则；熟悉微生物常见消毒与灭菌方法。

2. 技能目标

能够进行微生物培养基的配制；熟练使用高压湿热灭菌锅。

第一节 微生物的营养需求

微生物和其他生物一样都需要从外界环境中不断吸收适当的营养物质，在细胞内将其转化为新的细胞物质和储藏物质，并从中获得生命活动所需的能量。不同种类微生物需要的营养物质有一定的差别，通过对微生物细胞的化学组分分析可以知道微生物所需要的营养物质类型及比例，能为培养基的科学合理配制提供依据。

凡是能够满足微生物机体生长繁殖和完成各种生理活动所需的物质统称为营养物质。微生物获得和利用营养物质的过程称为营养。

一、微生物细胞的化学组成和营养要素

1. 微生物细胞的化学组成

通过分析微生物细胞的化学成分，发现微生物细胞与其他生物细胞的化学元素组成没有本质的差异，都是由碳、氢、氧、氮、磷、硫、钾、钠、镁、钙、铁、锰、铜、钴、锌、钼等化学元素组成。微生物细胞的化学元素组成的比例常因微生物种类不同而有所差异（表5-1）。微生物细胞的化学元素组成比例也常随菌龄及培养条件的不同而有一定的变化，幼龄的或在氮源丰富的培养基生长的细胞含氮量较高，反之较低。

表 5-1 微生物细胞中 C、H、O、N 的含量（占干物质的百分比/%）

微生物种类	C	H	O	N
细菌	50	8	20	15
酵母菌	50	7	31	12
霉菌	48	7	40	5

微生物细胞组分
- 水：70%～90%
- 干物质：10%～30%
  - 有机物：占干物质 90%～97%
  - 无机物：占干物质 3%～10%

按组成细胞的元素含量不同，分为大量元素和微量元素。大量元素包括碳、氢、氧、氮、磷、硫、钾、钠、钙、镁、铁等，其中碳、氢、氧、氮、磷、硫六种元素占微生物细胞干重的 97%。微量元素包括锌、锰、氯、钼、硒、钴、铜、钨、镍、硼等。

构成微生物细胞元素的物质由水和干物质两部分组成，干物质又包括有机物和无机物。

水是微生物及一切生物细胞中含量最多的成分，是生物体维持正常生命活动必不可少的物质。细胞湿重与干重之差即为细胞含水量。湿重就是将细胞表面所吸附的水分除去后称量所得的质量；干重是采用高温（105℃）烘干、低温真空干燥等方法将细胞水分除去至恒重所得的质量。一般微生物细胞的含水量为 70%～90%，干物质为 10%～30%。

有机物主要包括糖类、脂类、蛋白质、核酸以及它们的降解产物和一些代谢产物等物质，有机物约占细胞干重的 90%～97%，主要由碳、氢、氧、氮等元素组成。

固体无机物的含量又称为灰分，将微生物干物质在高温炉（550℃）中焚烧成灰，所得到的灰分物质就是各种矿物元素的氧化物。灰分约占细胞干重的 3%～10%。采用无机化学常规分析法可定量分析出灰分中各种无机元素的含量。据分析，其中以磷元素含量最高，约占灰分总量的 50%。

2. 微生物的营养物质及其生理功能

环境中的营养物质主要以有机化合物或无机化合物的形式被微生物吸收利用，也有小部分以分子态的气体形式被利用。根据营养物质在机体中生理功能的不同，可将微生物的营养物质分为碳源、氮源、无机盐、生长因子和水五大类营养素。

（1）碳源　凡是能被微生物吸收利用，构成微生物细胞和代谢产物中碳素来源的营养物质称为碳源。

碳源物质主要有下列两种生理功能。

① 碳源物质被微生物吸收后，经过分解代谢和合成代谢生成微生物自身的细胞物质（如糖类、蛋白质、脂肪等）和代谢产物（如乙醇、丙酮等）及细胞储藏物质。碳素一般占细菌细胞干重的一半。

② 碳源物质通过能量代谢产生的能量，是维持机体正常生命活动的主要能量，因此，碳源物质通常又称为能源物质。可见，碳源物质对微生物生长发育有着重要意义。

不同种类微生物利用的碳源物质有一定差异。如自养型微生物可以以二氧化碳为唯一碳源合成有机物质。化能异养型微生物可以不同程度利用各种有机碳化合物，就连高度不活跃的碳氢化合物（如石蜡、各种烷烃）也能被某些微生物利用。

微生物利用碳源具有选择性。通常情况下，微生物可以利用多种碳源，但几种不同的可利用碳源同时存在环境时，微生物对碳源的利用就有先后选择顺序。如在葡萄糖和淀粉同时存在的环境中，微生物优先利用葡萄糖，只有当环境中的葡萄糖用完后，才利用淀粉。微生物利用碳源的一般规律是：结构简单、相对分子量小的优于结构复杂、相对分子量大的。如单糖优于双糖，双糖优于多糖，戊糖优于己糖，纯多糖优于杂多糖。根据微生物对不同碳源的利用速率差异，可将碳源分为速效碳源和迟效碳源。

在微生物培养基中常用的碳源有葡萄糖、蔗糖、果糖、淀粉、甘油、甘露醇、有机酸等；在微生物工业发酵中，常用农副产品和工业废弃物作为碳源，如米粉、玉米粉、米糠、麸皮以及木屑、作物秸秆等。

(2) 氮源　凡是构成微生物细胞和代谢产物中氮素来源的物质称为氮源。

氮源物质主要有下列三种生理功能。

① 微生物细胞的重要组分。微生物细胞中含氮5%～13%。如细胞壁中的肽聚糖、细胞膜中的膜周边蛋白、细胞核中的核酸等都是重要的含氮化合物。氮素对微生物的生长繁殖具有重要作用。

② 调节微生物代谢。酶是含氮化合物，一切生化反应都是在酶的催化下进行的，它调节代谢方向和代谢速率。

③ 作为能量物质。一般不提供能量，只有少数细菌（如硝化细菌）可利用铵盐、硝酸盐作为氮源和能源，某些厌氧微生物在厌氧条件下可以利用一些氨基酸作为能源物质。

不同微生物对氮源的利用有差异。氮源物质种类很多，从分子态氮到结构复杂的含氮有机化合物，如分子态氮、铵盐、硝酸盐、尿素、胺、酰胺、氰化物、嘌呤、嘧啶、氨基酸、肽、胨、蛋白质、牛肉膏、玉米浆、酵母粉等都可被不同微生物所利用。如根瘤菌可以利用分子态氮（N_2）为唯一氮源，将其还原成NH_3，进一步合成为有机氮化合物。有些微生物能以无机氮（铵盐或硝酸盐或尿素）为唯一氮源，合成它们所需要的有机氮化合物。有些微生物不能合成某些必需氨基酸，需要从环境中吸收，如金黄色葡萄球菌等。有些微生物能向细胞外分泌蛋白酶，可以利用环境中大分子蛋白质。

微生物对氮源的利用具有选择性。通常情况，铵离子可被细胞吸收后直接利用。因此，微生物吸收利用铵盐的能力较强。微生物选择利用氮源的一般规律是：铵盐优于硝酸盐，氨基酸优于蛋白质。根据微生物对不同氮源是否直接利用，可把氮源分为速效氮源（如铵盐等）和缓效氮源（如豆饼等）。前者利于菌体生长，后者利于代谢产物的形成，在生产上常将两者按一定比例配制成混合氮源。

在微生物培养基中常用牛肉膏、蛋白胨、酵母膏等为氮源。工业发酵常以玉米浆、鱼粉、豆饼、花生饼、酵母粉等为氮源。

(3) 无机盐　无机盐是一类为微生物生长繁殖提供必不可少的矿物质元素的营养物质。由于微生物需要的矿质元素种类多，因而，无机盐也有许多种类。

无机盐主要有下列四种生理功能。

① 微生物细胞的组成成分。微生物细胞中的矿质元素占干重的3%～10%。

② 构成酶的活性基团或酶的激活剂。

③ 调节微生物细胞的渗透压、pH和氧化还原电位。

④ 有些无机盐，如S、Fe还可做为自养微生物的能源。

根据微生物对矿质元素需要量的不同，分为常量元素和微量元素。常量元素一般生长所需浓度为10^{-4}～10^{-3} mol/L，包括磷、硫、钾、钠、钙、镁等，主要参与细胞结构组成，并与能量转移、细胞透性调节功能有关；微量元素一般生长所需浓度为10^{-8}～10^{-6} mol/L，包括锌、铁、锰、钼、钴、铜、钨、镍等，一般为酶的辅助因子。

常量元素主要有下列六种生理功能。

① 磷。磷是合成核酸、核蛋白、磷脂、辅酶等含磷化合物的重要元素，参与能量代谢

的磷酸化过程，生成高能磷酸化合物（ATP），磷酸盐对培养基 pH 的变化有缓冲作用。微生物主要从无机磷化合物（如 KH_2PO_4、K_2HPO_4）中获得磷。

② 硫。含硫氨基酸、硫胺素、辅酶 A 等的成分，谷胱甘肽可调节细胞内氧化还原电位，硫和硫化物是某些自养微生物（硫细菌）的能源物质。微生物可从含硫无机盐［如 $(NH_4)_2SO_4$、$MgSO_4$］或有机硫化物中获得硫。

③ 镁。镁是叶绿素或菌绿素的光合色素，是一些酶（如己糖磷酸化酶、异柠檬酸脱氢酶、羧化酶、固氮酶等）的激活剂。镁在细胞中还起着稳定核糖体、细胞膜和核酸的作用。微生物可以从硫酸镁或其他镁盐获得镁。

④ 钾。钾不参与细胞结构物质的组成，钾是细胞中重要的阳离子之一，它是许多酶（如果糖酶）的激活剂，可促进碳水化合物代谢，钾与细胞质胶体特性和细胞膜的透性有关。钾在细胞内的浓度比细胞外高许多倍。各种水溶性钾（如 KH_2PO_4、K_2HPO_4）可作为钾源。

⑤ 钙。钙也是细胞内重要的阳离子之一，是某些酶（如蛋白酶）的激活剂，维持细胞的胶体状态，降低细胞膜的通透性，调节 pH 以及拮抗重金属离子的毒性等。钙也是细菌芽孢的重要组分，在细菌芽孢耐热性和细胞壁稳定性方面起着关键作用。各种水源性钙（如 $CaCl_2$）可作为钙源。

⑥ 钠。钠也是细胞内重要的阳离子，与维持细胞内渗透压和某些酶的稳定性有关。还与某些菌的吸收营养物有关，如一些嗜盐菌吸收葡萄糖需要钠离子的帮助。海洋微生物和嗜盐微生物细胞内含有较高浓度的钠离子。

微量元素的主要生理功能如下。

微量元素是构成微生物酶类的活性基成分，是酶的激活剂，对微生物的生长有刺激作用。如锌是乙醇脱氢酶、乳酸脱氢酶、碱性磷酸酶、核酸聚合酶的组成元素；锰是过氧化物歧化酶和柠檬酸合成酶的组成元素；钼是硝酸盐还原酶、固氮酶和甲酸脱氢酶中的元素；钴是谷氨酸变位酶中的元素；铜是细胞色素氧化酶中的元素；钨甲酸脱氢酶中的元素；镍是脲酶中的元素。

（4）生长因子　生长因子是指微生物在生长过程中不能自己合成或合成量不足的、生长繁殖必需的、需要量很少的、需外界加入的有机化合物。各种微生物需要的生长因子种类和数量是不同的，根据微生物对生长因子需要情况的不同，可把微生物分为生长因子自养型微生物和生长因子异养型微生物。前者不需要外源生长因子，完全靠自身合成也能满足生长需要，如自养型细菌和一些腐生性细菌和霉菌。后者需要在培养基中添加其所需生长因子才能生长，如一些异养型细菌，如金黄色葡萄球菌和乳酸杆菌等。

广义的生长因子主要包括维生素、氨基酸、碱基（嘌呤或嘧啶）和脂肪酸等。狭义的生长因子仅指维生素。这些生长因子被微生物吸收后，一般不被分解，而是直接参与或调节代谢反应。生长因子的提供方式有水解蛋白质或动植物组织汁液，如酵母膏、玉米浆、肝浸出液、麦芽汁、豆饼水解液或毛发水解液等。

维生素类：有的微生物自己不能合成维生素，需要外加才能生长，主要是缺乏 B 族维生素，如硫胺素（维生素 B_1）、叶酸（维生素 B_9）、泛酸（维生素 B_5）、核黄素（维生素 B_2）、生物素（维生素 H）等。维生素在机体内所起的作用主要是作为酶的辅基或辅酶参与新陈代谢，非结构性和能量物质。有的微生物可以自行合成并向细胞外分泌大量维生素，可用于维生素的生产，如肠道菌可用于生产维生素 K。

氨基酸：有些微生物自己不能合成某些氨基酸，必须给予补充才能生长。如肠膜状明串珠菌需要外源供给 17 种氨基酸。微生物需要氨基酸的量一般比需要维生素的量要高。氨基酸在机体的作用主要作为合成蛋白质和酶的结构物质。

碱基：碱基包括嘌呤和嘧啶，主要作用是作为辅酶或辅基，以及用来合成核苷酸。有些微生物不仅不能合成嘧啶和嘌呤，而且也不能利用外源嘧啶和嘌呤来合成核苷酸，必须供给核苷酸才能生长，如某些乳酸杆菌生长就需要核苷酸。

（5）水　水是微生物生长必不可少的主要成分。

水主要有下列六种生理功能。

① 水是微生物细胞的重要组成成分。微生物细胞含水量占细胞鲜重的70%～90%。

② 水是营养物质和代谢产物的良好溶剂和运输媒介。营养物质和代谢产物都是通过溶解和分解在水中而进出细胞的。

③ 参与生化反应。微生物的一切生化反应都必须以水为介质才能进行，水是某些化学反应的直接参与者。

④ 控制细胞温度。水的比热较高，又是热的良好导体，因此，水能及时地将细胞生成的大量热量散发出去，从而有效地控制了细胞温度的变化。

⑤ 水有利于蛋白质、核酸等生物大分子结构的稳定。

⑥ 保持充足的水分是细胞维持自身正常形态的重要因素。

水在细胞中有结合水和游离两种存在形式，结合水与细胞其他物质结合在一起，不能作为溶剂，不具有水的特性。游离水是指细胞内呈游离状态的水，具有水的生理功能。

游离水可用水分活度 A_w 来表示。水分活度定义为在相同温度、压力下，体系中溶液的水的蒸汽压与纯水的蒸汽压之比，即：

$$A_w = P/P_0$$

式中　P——溶液中水的蒸汽压；

　　　P_0——纯水的蒸汽压。

不同种类的微生物对水分活度的要求不同，当水分活度在不适值以下时，就会影响微生物的正常生长。

二、微生物的营养类型

根据碳源、能源及电子供体性质的不同，可将微生物的营养类型分为光能自养型、光能异养型、化能自养型、化能异养型四种类型（表5-2）。

表5-2　微生物的营养类型

营养类型	能源	主要碳源	氢或电子供体	举例
光能自养型	日光	CO_2	水或还原态无机物	蓝细菌、紫硫细菌
光能异养型	日光	CO_2或简单有机物	简单有机物	红螺菌属
化能自养型	无机物的氧化	CO_2或可溶性碳酸盐	还原态无机物	硝化细菌、硫细菌
化能异养型	有机物的氧化	有机物	有机物	大部分细菌、放线菌和真菌

1. 光能自养型微生物（光能无机营养型）

这类微生物具有光合色素，利用日光为能源，以CO_2为基本碳源，以水或无机物（H_2S等）为供氢体来还原CO_2，合成微生物细胞的有机物质。该类型主要有藻类、蓝细菌、紫硫细菌、绿硫细菌等。

（1）产氧光合作用　藻类和蓝细菌含有叶绿素，能利用光能分解水，产生氧气，并还原CO_2为有机碳化物。其反应通式为：

$$CO_2+H_2O\xrightarrow[\text{叶绿素}]{\text{光能}}[CH_2O]+O_2\uparrow$$

（2）不产氧的光合作用　紫硫细菌和绿硫细菌的细胞内含有菌绿素，以日光为能源，以还原态无机硫化物（如H_2S、S、$S_2O_3^{2-}$）作为氢或电子供体来同化CO_2。其代表反应为：

$$CO_2+2H_2S\xrightarrow[\text{菌绿素}]{\text{光能}}[CH_2O]+H_2O+2S$$

2. 光能异养型微生物（光能有机营养型）

这类微生物体内也具有光合色素，以日光为能源，以简单的有机物为供氢体来还原CO_2为有机碳化物。这类微生物除以CO_2为碳源外，也可利用简单的有机物为碳源，一般需要供给维生素等外源生长因子才能生长。红螺菌属是这类微生物的代表。

3. 化能自养型微生物（化能无机营养型）

这类微生物利用无机物（H_2、H_2S、NH_4^+、NO_2^-、Fe^{2+}等）氧化放出的化学能作为能源，以无机物为电子供体，以CO_2或碳酸盐作为唯一碳源或主要碳源合成为有机碳化物。它们可以完全生活在无机环境中，有机物的存在对它们有毒害作用。由于氧化无机物需要有氧参加，因而环境中需要有充足的氧气供应。这类微生物主要有硝化细菌、亚硝化细菌、硫化细菌、铁细菌、氢细菌等。

4. 化能异养型微生物（化能有机营养型）

这类微生物以有机物为碳源，以有机物氧化产生的化学能为能源，以有机或无机含氮化合物为氮源，合成细胞物质。有机物既是碳源，又是能源。这类微生物种类多，数量大，包括绝大多数细菌、全部真菌和原生动物以及专性寄生的病毒。

由于栖息场所和摄取养料不同，可将异养微生物分为腐生型、寄生型和中间类型。

腐生型：利用无生命的有机物获取营养物质。

寄生型：从活的寄生体内获取营养物质，如病毒。

中间类型：兼性腐生或兼性寄生，如痢疾杆菌就是兼性寄生菌。

三、微生物对营养物质的吸收

营养物质能否被微生物利用关键在于营养物质能否进入微生物细胞。营养物质进入微生物细胞的屏障是细胞壁和细胞膜，细胞壁只对大颗粒物质起阻挡作用，因而，对营养物质进入细胞影响不大。细胞膜具有高度的选择透性，是控制营养物质进入和代谢产物排出细胞的主要屏障。

细胞膜的选择透性与营养物质的极性和分子大小有关。细胞膜具有磷脂双分子层和膜蛋白结构，细胞膜对脂溶性物质具有高度的亲和性，脂溶性越强的营养物质则越容易进入细胞。对于极性（水溶性）分子（如单糖、氨基酸、核苷酸、离子、代谢产物等），则是通过膜上蛋白转运进出细胞的。另外，一些小分子物质可直接通过膜孔进出细胞。凡是复杂大分子（如淀粉、蛋白质、纤维素、果胶等）物质不能进入细胞，需在胞外酶的降解后才能进入细胞。

一般认为营养物质通过质膜进入细胞的方式主要有四种：简单扩散、促进扩散、主动运送、基团转移，前两者不需要能量，属于被动运输，后两者需要消耗能量，属于主动运输，是营养物质进入细胞的主要方式。另外，原生动物特别是变形虫中还存在胞饮（或胞吞）作用。

1. 简单扩散

简单扩散又称为单纯扩散。营养物质通过原生质膜上的小孔，顺浓度梯度扩散进入细胞的一种运输方式。该过程是一个单纯的物理扩散过程，不需要载体，不需要能量，其推动力是细胞膜两侧的浓度差。物质运输的速率随着该物质的浓度差的降低而减小，当细胞两侧物质的浓度相等时，运输的速率降低为零，简单扩散就达到动态平衡（见图 5-1）。

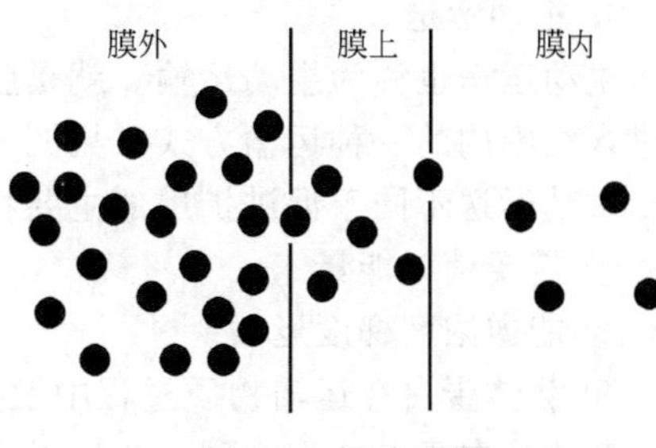

图 5-1　简单扩散

简单扩散的主要特点有以下三点。

① 非特异性。进入细胞的物质取决于分子的大小，而不取决于分子的种类，凡是小于质膜小孔的物质都有可能进入细胞内。

② 不需要消耗能量。运输动力来自物料的浓度差，只有膜外物质浓度大于膜内物质浓度才能进入细胞。

③ 不需要载体蛋白。单纯的物理扩散，物料在进入细胞过程中不发生化学变化。

由于扩散速率很慢，进入细胞的物质没有特异性和选择性，因而，不是细胞获取营养物质的主要方式。

简单扩散的物质主要是一些小分子物质，如水、溶于水中的气体分子（氧气和二氧化碳）和一些小的极性分子（如乙醇、甘油等）等。

2. 促进扩散

促进扩散也称易化扩散。外界环境中的营养物质通过与膜上的载体蛋白的特异性结合，然后顺浓度梯度转移到细胞质膜内表面，再释放到细胞质中的运输方式（见图 5-2）。

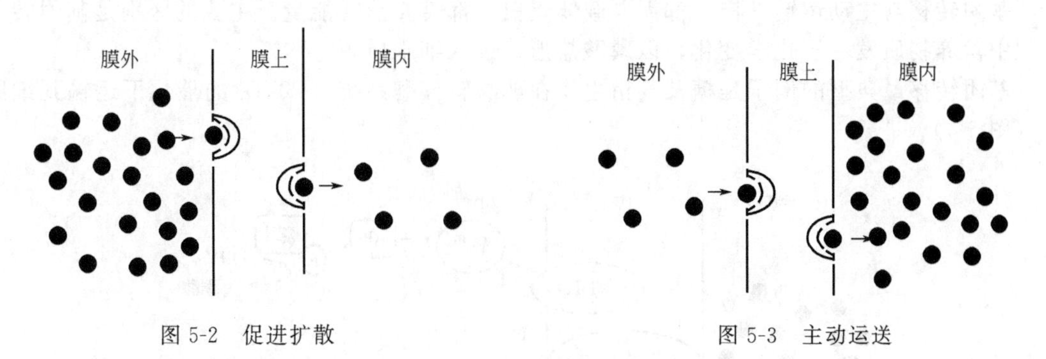

图 5-2　促进扩散　　图 5-3　主动运送

促进扩散不同于简单扩散的主要特点有以下三点。

① 需要载体蛋白。载体蛋白是运输物料的运输工具，像“渡船”一样把物料从膜外运到膜内，载体蛋白又称为渗透酶，它们大多是诱导产生的，即当环境中存在所需的营养物质时，就诱导产生相应的载体蛋白。

② 运输的营养物质具有高度的选择性和专一性。一定的载体蛋白只与相应的营养物质进行特异性结合，例如葡萄糖载体蛋白只转运葡萄糖。

③ 运输营养物质的速度比简单扩散快得多。由于载体的存在，能显著提高营养物质的转运速度，使扩散提前达到动态平衡。与简单扩散的共同点：不需消耗能量，营养物质仍然

是从高浓度的膜外向低浓度的膜内被动扩散；运输过程中，营养物质也不发生化学变化。

通过促进扩散进入细胞的营养物质主要有氨基酸、单糖、维生素及无机盐等。

促进扩散在真核微生物中较为普遍，如葡萄糖就是通过这种方式进入酵母菌细胞的，但在原核微生物中较为少见。

3. 主动运送

主动运送也称为主动运输。就是膜外营养物质与膜上特异性蛋白结合后，逆浓度梯度运输进入细胞内的一种运输方式（见图 5-3）。

主动运送不同于促进扩散的主要特点有以下三点。

① 需要消耗能量。

② 能逆浓度梯度运输。

③ 载体蛋白在运输物质过程中发生构型变化。

载体蛋白具有一定构型，与外界营养物质特异性结合成复合体，亲和力强。当复合体旋转 180°从膜外转移到膜内，消耗能量 ATP，载体蛋白构型发生变化，亲和力减弱，被结合的营养物质被释放到细胞质中，构型变化的载体蛋白获得能量后又恢复为原来的构型。

与促进扩散的共同点：都具有高度专一性的载体蛋白，营养物质也不发生化学变化。

通过主动运送进入细胞的营养物质主要有无机离子（如 K^+）、一些糖类（如乳糖、葡萄糖）、氨基酸和有机酸等。

主动运送是微生物吸收营养物质的主要方式，是微生物从低浓度外界环境中获取养料得以生存的重要原因之一，如大肠杆菌在生长期中，细胞中的 K^+ 浓度比外界环境高出 3000 倍。

4. 基团转移

基团转移是一种特殊的主动运输方式。被运输的营养物质首先发生磷酸化反应，生成磷酸基团再转移到细胞质膜内，以磷酸化形式释放到细胞质中。进入细胞内的磷酸盐不能跨膜溢出，能直接参与细胞的合成代谢和分解代谢。

基团转移与主动运输一样，都需要载体蛋白，都需要消耗能量。主要的区别是基团转移过程中营养物质发生了化学变化，以磷酸盐形式进入细胞质内。

基团转移最典型的例子是糖及其衍生物在磷酸转移酶系统（PTS）的催化下运输到细胞内（图 5-4）。

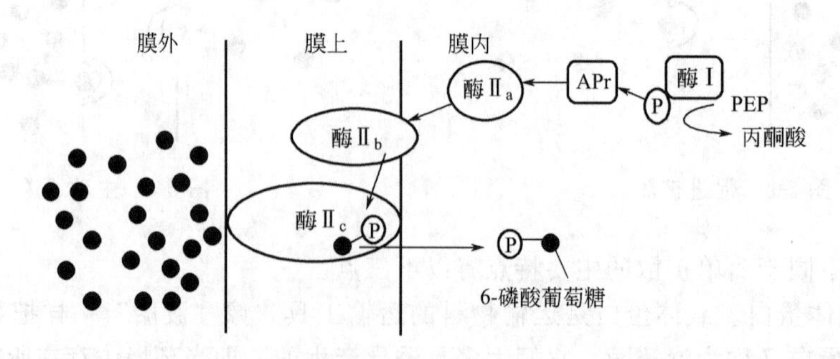

图 5-4 细菌的 PTS 运输系统

磷酸转移酶系统由酶Ⅰ和酶Ⅱ（包括 a、b、c 三个亚基）和热稳定载体蛋白（HPr）组成。酶Ⅰ是磷酸烯醇式丙酮酸-已糖磷酸转移酶，属于非特异性的可溶性蛋白，不与糖结合，起着激活 HPr 作用；酶$Ⅱ_a$为细胞质蛋白，无特异性，起传递磷酰基作用；酶$Ⅱ_b$和酶$Ⅱ_c$均为膜蛋白，具有特异性，属于载体蛋白，属诱导酶；HPr 是一种低分子质量的可溶性蛋白，也不与糖结合，起着高能磷酸载体的作用。整个过程分为两步进行。

第一步：热稳定载体蛋白（HPr）被激活。细胞内的高能化合物磷酸烯醇式丙酮酸（PEP）在酶Ⅰ的催化下把 HPr 激活。

$$PEP + HPr \xrightarrow{\text{酶Ⅰ}} P\sim HPr + \text{丙酮酸}$$

第二步：糖经磷酸化后运入细胞内。P～HPr 将磷酰基通过酶Ⅱ$_a$和酶Ⅱ$_b$传递给酶Ⅱ$_c$，磷酰基和与酶Ⅱ$_c$特异性结合的葡萄糖磷酸化反应生成 6-磷酸葡萄糖，然后将 6-磷酸葡萄糖释放到细胞质内。

$$P\sim HPr + \text{葡萄糖} \xrightarrow{\text{酶Ⅱ}} \text{6-磷酸葡萄糖} + HPr$$

基团转移主要存在于厌氧型和兼性厌氧型细菌中，主要用于糖（葡萄糖、麦芽糖、果糖、甘露醇）、乳酸等的运输，也可用于脂肪酸、核苷、碱基等的运输。

第二节　微生物培养基的制备技术

培养基是指人工配制的，适合微生物生长繁殖或产生代谢产物的营养基质。无论是利用微生物为试材进行科学研究，还是利用微生物生产生物制品，都必须先利用培养基培养出微生物。因而，培养基是利用微生物进行科学研究和发酵生产的基础。培养基的配制应根据不同种类微生物的营养需求加入适当种类和比例的营养物质，调节适宜的理化环境，及时杀灭杂菌，才能满足微生物的正常生长。

一、培养基配制的基本原则

1. 明确用途

配制培养基首先要明确所配制的培养基的用途。是用来培养微生物菌种，还是用于微生物的发酵生产。不同的菌种和不同的发酵生产目的，配制的培养基是不同的，应根据微生物的营养特点及生产目的来确定适宜的培养基。如在实验室中用牛肉膏蛋白胨培养基来培养异养细菌，用高氏Ⅰ号培养基来培养放线菌，用察氏培养基来培养霉菌，用麦芽汁琼脂培养基来培养酵母菌。如在生产上，种子培养基和发酵生产培养基的碳氮比（C/N）是显著不同的。发酵生产培养基因发酵生产产品不同也不同，有些发酵生产需在培养基中加入适当的某些前体物质，才能提高产量，如生产青霉素需加入苯乙酸前体物质，生产维生素 B_{12}需加入钴盐前体物质。

配制培养基时主要是根据菌种营养特点和生产目的来确定营养种类及搭配比例。

营养种类主要考虑碳源、氮源、无机盐和生长因子。如果是自养型的微生物则主要提供无机碳源，如果是异养型微生物，主要提供有机碳源，还要考虑加入一定量的无机矿物元素，有些微生物的培养还需加入一定的生长因子，如乳酸菌培养时，需加入一些氨基酸和维生素才能满足生长。

微生物对营养的需求还需要恰当的比例，其中 C/N 最为重要。不同微生物菌种要求不同的 C/N，即使是同一菌种，不同的生长时期以及不同的生产目的，C/N 也是不一样的。如种子培养基，要求碳源和氮源都丰富，尤其是氮源要适当高些，以利于微生物的生长与繁殖。如果用于获得代谢产物，C/N 要求高些，适当增加碳素含量和降低氮素含量，有利于代谢产物的积累。

2. 适宜的理化条件

除根据培养用途确定营养成分及搭配比例外，微生物生长的理化环境（pH 值、渗透压、氧化还原电位等）也很重要，它们直接影响微生物的生长和正常代谢。

① pH 值：各种微生物都有其生长的适宜 pH 值范围。细菌的最适 pH 值一般在 7.0～8.0，放线菌在 7.5～8.5，酵母菌在 3.8～6.0，霉菌在 4.0～5.8。

由于微生物在生长和代谢过程中，不断地向培养基中分泌酸性或碱性代谢产物，因而，培养基的 pH 值会不断变化，大多微生物会分泌酸性产物，培养基环境的 pH 值会逐渐下降，从而影响微生物的生长繁殖。为了减缓在培养过程中 pH 值的变化，在配制培养基时应考虑培养基成分对自身 pH 值的调节能力，一般加入适量的缓冲物质来调节。常用的缓冲物质有两类。

磷酸盐类：常利用 K_2HPO_4 和 KH_2PO_4 缓冲溶液来稳定 pH 值，其调节 pH 值范围为 6.4～7.2，当两者为等摩尔浓度时，溶液的 pH 值可稳定在 6.8。

碳酸钙：是以备用碱的方式发挥缓冲作用的。碳酸钙在中性条件下的溶解度极低，加入到培养基后，在中性条件下几乎不解离，不会影响培养基 pH 值的变化，当培养基的 pH 值逐渐下降时，碳酸钙就会不断地解离，中和酸度，从而减缓培养基 pH 值的下降速度。

② 渗透压：由于微生物细胞膜是半透性膜，当环境中的渗透压低于细胞质的渗透压时，就会出现细胞的吸水膨胀，轻者影响细胞的正常代谢，重者出现细胞破裂；当环境中的渗透压高于细胞质的渗透压时，就会导致细胞皱缩，出现质壁分离现象，只有等渗条件最适宜微生物的生长。因而，在配制培养基时，配制的营养物质浓度不能过高也不能过低。

③ 氧化还原电位：各种微生物对培养基的氧化还原电位有不同的要求。一般好氧微生物生长的氧化还原电位（Eh）值为＋0.3～＋0.4V，厌氧微生物只能在＋0.1V 以下的低氧化还原电位培养基中生长。好氧微生物在培养时需保证氧的供应，如实验室的液体摇床培养就是为了增加好氧微生物的需要氧。在配制厌氧微生物培养基时，常加入一定量的还原剂（如抗坏血酸、胱氨酸、硫化钠、羟基乙酸钠等）来达到低氧化还原电位条件，也可采用其他除氧方法来达到厌氧条件，如液体深层静置发酵。

3. 降低成本

大规模生产用培养基的选择应遵循经济节约原则，降低成本，提高效益。一般就近选择价格便宜，来源丰富的原料作培养基。

二、培养基的类型

培养基的种类很多，按分类标准不同有多种分类方法。

1. 根据培养基的营养物质来源分类

（1）天然培养基　利用天然有机物（如牛肉膏、蛋白胨、马铃薯、麦芽汁、玉米浆、麸皮等）制成的化学成分还不十分清楚或化学成分不恒定的培养基。如牛肉膏蛋白胨培养基、马铃薯培养基和麦芽汁培养基等。天然培养基的优点是营养丰富、品种多样、配制方便，价格低廉；其缺点是化学成分不稳定。常用于一般实验室菌种的培养，发酵生产的种子培养和发酵产物的生产等。

（2）合成培养基　由化学成分完全已知的化学药品配制而成的培养基。如高氏Ⅰ号培养基和查氏培养基。合成培养基的优点是成分精确、重复性强，但缺点是价格高，微生物生长速度较慢。一般多用于在实验室进行有关微生物营养需求、代谢、分类鉴定、生物量测定、菌种选育及遗传分析等方面的研究工作。

（3）半合成培养基　以天然有机物为主要碳源、氮源和生长因子的培养基中加入一些补充无机盐成分的化学药品，这样的培养基称为半合成培养基。是实验室和生产上使用最多的一类培养基。

2. 根据培养基的物理状态分类

(1) 液体培养基 在配制好的培养基中不加凝固剂，培养基呈液体状态。由于营养物质以溶质状态溶解于培养基中，微生物更能充分接触和利用，因而生长快、积累代谢产物多。在用液体培养基培养微生物时，通常采用振荡或搅拌的方式来增加培养基的通气量，同时使营养物质分布均匀。

液体培养基常用于大规模工业生产以及在实验室进行微生物的基础理论和应用方面的研究。

(2) 固体培养基 在液体培养基中加入一定量凝固剂（如琼脂、明胶和硅胶等），使其凝固呈固体状态的培养基。理想的凝固剂应具备下列条件。

① 不被所培养的微生物分解利用；

② 在微生物生长的温度范围内保持固体状态，在培养嗜热细菌时，由于高温容易引起培养基液化，通常在培养基中适当增加凝固剂；

③ 凝固剂凝固点温度不能太低，否则不利于微生物的生长；

④ 凝固剂对所培养的微生物无毒害作用；

⑤ 凝固剂的特性在灭菌过程中不会被破坏；

⑥ 透明度好，黏着力强；

⑦ 配制方便且价格低廉。琼脂有无营养、无分解、熔点96℃、凝固点40℃的特点，具备理想凝固剂的条件，是实验室最常用的凝固剂，其加入量一般为1.5%～2.0%。

固体培养基常用于纯种分离、菌落特征的观察、菌种保藏、菌落计数及育种等方面。

[案例分析]

实例：2013年6月下旬某天，校内实训室学生配制的葡萄汁固体培养基不凝固，经查pH值约为3。重新配制培养基，调节pH值到6后，制备的培养基就凝固了。

分析：琼脂的凝固特性受pH、凝固点等因素影响，当气温高于40℃，pH值低于4时，琼脂失去凝固性。当天的气温约39℃，葡萄汁培养基的pH值约为3，对培养基的凝固都有一定影响，但影响琼脂凝固性的主要因素是pH值。原因是琼脂由复杂的多聚糖组成，pH值在4以下，水解生成还原糖或低聚糖，使其失去凝固性。

(3) 半固体培养基 在液体培养基中加入少量的琼脂（一般为0.2%～0.7%），培养基呈半固体状态。

半固体培养基常用来观察微生物的运动特征、分类鉴定及噬菌体效价滴定等。

3. 根据培养基的功能分类

(1) 基础培养基 含有一般微生物生长繁殖所需的基本营养物质的培养基。如牛肉膏蛋白胨培养基是培养细菌的基础培养基，马铃薯培养基是培养真菌的基础培养基。

基础培养基通常用来富集和分离某类微生物，基础培养基也可作为一些特殊培养基的基础成分，再根据某种微生物的特殊营养需求，加入所需营养物质。

(2) 鉴别培养基 就是用于鉴别不同类型微生物的培养基。在培养基中加入某种特殊的化学物质，某种微生物在培养基中生长产生的代谢产物与培养基中的特殊化学物质发生特定的化学反应，产生明显的特征性变化，根据这种特征性变化，可将该种微生物与其他微生物区分开来。如用乙酸铅培养基可以鉴定细菌是否产生硫化氢。

鉴别培养基主要用于微生物的快速分类鉴定，以及分离和筛选产生某种代谢产物的微生物菌种。

(3) 加富培养基　也称营养培养基，就是在基础培养基中加入某些特殊营养物质制成的一类营养丰富的培养基。这些特殊营养物质包括血液、血清、酵母浸膏、动植物组织液等。

加富培养基一般用来培养营养要求比较苛刻的异养型微生物，如培养百日咳博德菌需要含有血液的加富培养基。

加富培养基也可以用来富集和分离某种微生物，这是因为加富培养基含有某种微生物所需的特殊营养物质，该种微生物比其他微生物生长速度快，并逐渐富集而占优势，其他微生物被逐步淘汰，从而容易达到分离该种微生物的目的。

(4) 选择培养基　就是用来将某种或某类微生物从混杂的微生物群体中分离出来的培养基。一般是在培养基中加入某些化学品以抑制不需要的微生物生长，对所需微生物的生长没有影响，从而达到将所需要的微生物从混杂的微生物群体中分离出来的目的。如在 SS 培养基中加入胆盐可以抑制其他肠道细菌的生长，从而分离出沙门菌。

鉴别培养基和加富培养基也可作为选择培养基，三者都有分离微生物的作用，但它们三者是有区别的。鉴别培养基中加入的化学物质不是抑菌剂，而是指示剂，根据与代谢产物发生化学反应的特征变化来鉴别和分离微生物；加富培养基中加入的是某类微生物需要的营养物质，促进所需微生物的优势生长，淘汰不需要的微生物，从而达到分离微生物；选择培养基加入的化学物质是抑菌剂或杀菌剂，没有营养作用，抑制不需要的微生物，留下需要的微生物，从而达到分离微生物的目的。

4. 根据培养的微生物种类分类

根据微生物的种类不同可分为：细菌培养基、放线菌培养基、霉菌培养基、酵母菌培养基等。比如实验室常用的培养异养细菌的培养基是牛肉膏蛋白胨培养基，培养放线菌的是高氏Ⅰ号培养基等。

三、培养基的制备

微生物实训用的菌种常常是学生自己培养准备，因而需学会自己配制培养基。培养基的配制技术是微生物实训的一项基本技能。

1. 制备方法

微生物实训室所用培养基的配制主要包括称量、溶解原料、融化琼脂、补足水量、调 pH、分装灭菌、制斜面或平板、检验灭菌效果等工作。

(1) 营养物质的称量与溶解　营养物质一般采用粗天平称取就行了。称量后应按溶解顺序进行溶解。一般情况，先溶解难溶性物质，后溶解易溶解性物质；先溶解大分子物质，后溶解小分子物质。如牛肉膏、蛋白胨等大分子物质需先加热溶解，然后再加入易溶解的 NaCl 等小分子物质。如果是配制固体培养基，再加入琼脂，煮沸融化。最后补足水量。

(2) 调整 pH 值　根据配方要求的 pH 值用 pH 试纸进行调整。需先准备盐酸和氢氧化钠调节液，浓度不能过高或过低，一般为 1mol/L。浓度过高易使培养基局部酸或碱浓度过高，或者调整 pH 过头；浓度过低则需要较多的酸碱调节液，造成培养基中营养物质浓度降低。在进行 pH 值调整时，应先测定需要调整的基质 pH 值，然后根据要求的 pH 值确定是加酸或加碱，比如过酸则加碱，过碱则加酸。

(3) 灭菌　配制好的培养基需采用高压湿热灭菌，保证培养基处于无菌状态，有利于微生物的纯培养。如果培养基中存在热不稳定营养物质，应分批灭菌，或采用超滤除菌技术除菌。冷却后放入培养箱培养，检查灭菌效果。

2. 注意事项

（1）在配制培养基前，应根据所培养的微生物种类选择适宜的培养基配方。并根据配方要求准备好所需要的营养物质材料和器具。

（2）制定实训方案，根据实训需要计算配方的原料用量。力求做到够用、节约原则。

（3）勿用铁锅或铝锅溶解培养基，最好用不锈钢锅。

（4）合理存放。如果培养基未及时使用或未使用完，最好放入普通冰箱内（4℃）保藏，放置时间不宜超过1周，平板不宜超过3天。以免降低营养价值或发生化学变化。

第三节 微生物的控制

在微生物实训、研究和发酵生产中，一定要有无菌意识，做到无菌操作，控制不需要的微生物生长。比如培养基制备后，必须进行灭菌，保证培养基处于无菌状态。任何杀死或抑制微生物的方法都可达到控制微生物生长的目的，常用于控制微生物生长繁殖的方法有物理方法（高温、低温、干燥、辐射、过滤等）和化学方法（消毒剂、防腐剂等）两大类。

一、微生物控制的常用术语

1. 灭菌

杀死物体表面及内部一切微生物的强烈理化措施称为灭菌。灭菌可分为杀菌和溶菌。杀菌是指使菌体失活，但菌体仍存在。溶菌是指菌体死亡后菌体溶解、消失的现象。在微生物实训操作中，一定要有无菌意识，防止不需要的杂菌污染。常常需要灭菌的物品有培养基、实训器具（如培养皿、试管、吸管、接种环等）、接种室（或超净工作台）等。经过灭菌后的物品称为“无菌物品”，使用时须无菌操作。

2. 消毒

杀死物体中所有病原微生物，而对物品本身无害的温和理化措施称为消毒。如人手的酒精消毒、牛乳和果汁的巴氏消毒等。

3. 防腐

抑制微生物生长繁殖，但微生物又未死亡的温和理化措施称为防腐。如低温、干燥、盐渍、糖制、防腐剂等措施用于食品的防腐。

4. 除菌

用物理的手段（如冲洗、过滤、离心、静电吸附等）滤除微生物的措施称为除菌。除菌只是把微生物与物品分开，并未杀死微生物。

5. 化疗

利用对病原菌具有高度毒力，而对机体本身无毒害作用的化学物质，杀死或抑制病原微生物的措施称为化学治疗，简称化疗。如各种抗生素、磺胺类药物是常用的化疗剂。

二、微生物控制的物理方法

控制微生物生长的物理因素可分为三类：弱杀伤类（如干燥、冰冻等）、强杀伤类（高温、紫外线、超声波等）和机械除菌类（过滤、离心、冲洗等）。

1. 高温灭菌

当环境温度高于微生物最高温度界限时，就会引起微生物的死亡。高温的致死作用，主要是引起微生物原生质胶体的变性、蛋白质和酶的损伤、变性，最终导致死亡。各种微生物对高温的抵抗力不同，一般细菌芽孢和真菌的一些孢子和休眠体，比他们的营养细胞的抗热性强得多，如各种芽孢在沸水中数分钟甚至数小时仍能存活，但大部分不生芽孢的细菌、真菌的菌丝体和酵母菌的营养细胞在液体中加热至60℃时经数分钟即死亡。

高温灭菌分为干热灭菌和湿热灭菌。在相同的条件下，湿热灭菌的效果比干热灭菌好。主要原因是：①热蒸汽的穿透能力强（表5-3）；②菌体蛋白含水量高更易凝固变性（表5-4）；③湿热蒸汽有大量潜热存在，当蒸汽在物体表面凝结成水时要放出大量热量，可提高灭菌物体的温度。

表5-3 干热和湿热空气穿透力的比较

加热方式	温度/℃	加热时间/h	透过布的层数及其温度/℃		
			20层	40层	100层
干热	130～140	4	86	72	70以下
湿热	105	4	101	101	101

表5-4 蛋白质含水量与其凝固温度的关系

蛋白质含水量/%	50	25	18	6	0
蛋白质凝固温度/℃	50	74～80	80～90	145	160～170
灭菌时间/min	30	30	30	30	30

（1）干热灭菌

① 灼热灭菌法：此法在火焰上灼烧，灭菌彻底，迅速简便，但使用范围有限。常用于接种环的灭菌，以及污染物品及实验材料等废弃物的处理。

② 干热灭菌法：主要在干燥箱中利用热空气进行灭菌。通常160℃处理1～2h便可达到灭菌的目的。如果被处理物品传热性差、体积较大或堆积过挤时，可适当延长时间。此法只适用于玻璃器皿、金属用具等耐热物品的灭菌。其优点是可保持物品干燥。

（2）湿热灭菌

① 煮沸消毒法：物品在水中煮沸（100℃）15min以上，可杀死细菌的所有营养细胞和部分芽孢。如延长煮沸时间，并在水中加入1%碳酸钠或2%～5%石炭酸，则效果更好。这种方法适用于注射器、解剖用具等的消毒。

② 高压蒸汽灭菌法：是实训室及生产中常用的灭菌方法。由于加压可提高100℃以上的蒸汽，并且热蒸汽穿透力强，可迅速引起蛋白质凝固变性。所以高压蒸汽灭菌在湿热灭菌法中效果最佳，应用较广。它适用于各种耐热物品的灭菌，如一般培养基、生理盐水、各种缓冲液、玻璃器皿、金属用具、工作服等。常采用0.1MPa的蒸汽压，121℃的温度下处理10～30min，即可达到灭菌的目的。对体积大、热传导性差的物品，加热时间可适当延长。

③ 间歇灭菌法：就是用蒸汽反复多次处理的灭菌方法，又称为分段灭菌法。将待灭菌物品于常压下加热至100℃处理15～60min，杀死其中的营养细胞，冷却至一定温度（28～37℃）保温过夜，使其中残存芽孢萌发成营养细胞，第二天再以同样的方式加热处理，反复三次，可杀死所有的芽孢和营养细胞，达到灭菌目的。此法的缺点是灭菌比较费时，一般只用于不耐热的药品、营养物、特殊培养基等的灭菌。在缺乏高压蒸汽灭菌设备时亦可用于一般物品的灭菌。

④ 巴斯德消毒法：由巴斯德发明，故称巴斯德消毒法。就是用较低的温度（如用62～63℃，处理30min；若以71℃则处理15min）处理牛乳、酒类等饮料，以杀死其中的病原菌，如结核杆菌、伤寒杆菌等，但又不损害营养与风味。处理后的物品应迅速冷却至10℃左右即可饮用。这种方法只能杀死大多数腐生菌的营养体而对芽孢无损害。此法是基于结核杆菌的致死温度为62℃，15min处理而规定的。

2. 低温抑菌

低温的作用主要是抑菌，但也可使部分菌体死亡。当环境温度低于微生物生长最低温度时，微生物代谢速率降低，进入休眠状态，但原生质结构通常并不被破坏，不致很快死亡，能在一个较长时间内保存其生命活力，提高温度后，仍可恢复其正常生命活动。低温法常用于食品和菌种的保藏。常有冷藏法和冷冻法。

3. 干燥与渗透压

一切生物的生命活动离不开水，当环境中的水分降低时，就会影响微生物的生长。通过干燥或提高溶液的渗透压可以降低微生物可利用的水分（水分活度 H_w），从而达到抑菌的目的。

（1）干燥　干燥的主要作用是抑菌，但也可引起某些微生物的死亡。主要用于食品的保藏，如稻谷、小麦等农产品，乳粉、饼干等。也常用于菌种的保藏，如休眠的孢子在沙土管中可长期保存。

（2）渗透压　微生物在高渗环境中，细胞中的水分就会外渗而脱水，从而达到抑菌的目的。常用的高渗溶液有盐腌和糖渍，是食品的常用保藏方法。如盐腌咸菜、咸肉或咸鱼、果酱、蜜饯等。又如干燥和渗透压都同时利用的风吹肉等。

4. 辐射

用于辐射杀菌的电磁波主要有紫外线、电离辐射、强可见光等。

（1）紫外线　紫外线不会引起微生物体内的大分子发生电离，是非电离辐射。不同波长的紫外线具有不同程度的杀菌力，一般以 250～280nm 波长的紫外线杀菌力最强。其杀菌机理较复杂，主要是核酸及其碱基对紫外线吸收能力强，吸收峰为 260nm，蛋白质的吸收峰为 280nm，因而，紫外线照射时，会引起细胞核酸 DNA 变化，形成嘧啶二聚体，妨碍蛋白质和酶的合成，导致细胞死亡。另外，紫外线可使空气中分子态氧变成臭氧，臭氧的强氧化作用影响细胞的正常代谢。

紫外线的杀菌效果因菌种及生理状态而异，照射时间、距离和剂量的大小也有影响。干细胞比湿细胞对紫外线辐射抗性强，孢子比营养细胞更具抗性，带色的细胞能更好地抵抗紫外线辐射。紫外线灭活病毒特别有效。紫外线的穿透能力较差，即使一薄层玻璃也会滤掉大部分紫外线，因而，一般用于物体表面或室内空气的灭菌，也有用于饮用水消毒。

适当紫外线照射可引起核酸 DNA 结构变化，因而，常用于微生物的诱变育种。

（2）电离辐射　高能电磁波，如 X 射线、γ 射线、α 射线和 β 射线的波长更短，能量高，照射微生物会引起大分子发生电离，故称为电离辐射。电离辐射的杀菌机理，主要是作用于细胞内大分子，导致染色体畸变。另外，通过射线引起环境中水分子和细胞中水分子在吸收能量后产生自由基，这些游离基团能与细胞中的敏感大分子反应并使之失活。

放射源 Co^{60} 可发射高能量的 γ 射线，γ 射线具有很强的穿透力和杀菌效果，能杀死所有微生物，常用于不能进行高温处理的物品灭菌，如医药品、食品、塑料制品、医疗设备等的灭菌。

（3）强可见光　太阳光具有杀菌作用。太阳光包含可见光、长光波的红外线和短光波的紫外线。微生物直接暴晒在阳光中，由于红外线产生热量，引起水分蒸发而致干燥，间接地影响微生物的生长。短光波的紫外线则具有直接杀菌作用。

5. 过滤除菌

过滤除菌就是利用某种多孔材料将空气或不耐热液体中的微生物滤除的方法。滤菌器有微孔，大于孔径的物体不能通过。常用的滤菌器有滤膜滤器、玻璃滤器、蔡氏滤器等，常用的过滤介质有棉花、活性炭、超细纤维过滤纸、硝酸纤维素等。现多用滤膜除菌，微孔滤膜常用硝酸纤维素选择特定孔径（0.025～25μm）制成，当使用 0.22μm 孔径的滤菌器时，可阻留细菌及其大于细菌的其他微生物，但不能除去病毒。微孔滤膜具有孔径小、滤速快、不易阻塞、可高压灭菌、价格低等优点。

过滤除菌常用于微生物实验室、食品生产、手术室、制药或制表车间，主要用于空气或对热敏感的液体的灭菌，如含有酶或维生素的溶液、血清等，还可用于液体食品（如乳类、啤酒等）生产代替巴氏消毒法。

6. 超声波

超声波是超过人能听到的最高频（20000Hz）的声波，对微生物具有破坏作用。超声波使微生物致死机理：超声波的高频振动与细胞振动不协调而引起细胞周围压力的极大变化，这种压力变化足以使细胞破裂，导致机体死亡。另外，超声波处理产生的热量也会造成机体死亡。超声波常用于破碎细胞获取内含物，但为了避免产生热失活作用，通常采用间断处理和用冰盐溶液降温。

超声波的杀菌效果与频率、处理时间、微生物种类、细胞大小、形状及数量等均有关系。杆菌比球菌、丝状菌比非丝状菌、体积大的菌比体积小的菌更易受超声波破坏，而病毒和噬菌体较难被破坏，细菌芽孢具更强的抗性，大多数情况下不受超声波影响。一般来说，高频率比低频率杀菌效果好。

三、微生物控制的化学方法

用化学药剂来抑制或杀死微生物。根据作用不同可分为 3 类：消毒剂、防腐剂和化学治疗剂。

1. 化学消毒防腐剂

消毒剂是指杀死物体表面、环境中微生物的化学药剂。防腐剂是指抑制微生物生长繁殖的化学药剂，一般用于生物制品的防腐，如食品、药品的防腐，生物标本的防腐等。两者可以互相转化，一般地说，当浓度高时起到杀菌作用，称为杀菌剂，当浓度低时起到抑菌作用，就称为防腐剂。可见，两者没有严格的界限，常称为消毒防腐剂。

（1）氧化剂类　氧化剂作用于菌体蛋白，使蛋白质或酶变性失活。常用的氧化剂有高锰酸钾、过氧化氢、过氧乙酸、次氯酸钙等。

① 高锰酸钾：0.1%高锰酸钾常用于水果、蔬菜、器具的消毒。0.01%～0.02%用于食物或药物中毒时的洗胃。高锰酸钾一般外用，且随配随用。

② 过氧化氢：即双氧水，3%的过氧化氢用于皮肤、伤口的消毒；6%用于器具的浸泡消毒。

③ 过氧乙酸：可杀死各种微生物。常用于各种器具、空气及环境的消毒。如 0.5%的溶液可用于器具消毒，0.5%的溶液喷雾或熏蒸可用于空气消毒。

④ 次氯酸钙：即漂白粉。常用 5%～10%漂白粉用于地面、厕所以及疫病场所等环境消毒。游泳池、浴池用水的消毒按 $10g/m^3$ 加入。

（2）有机化合物类

① 醇类：醇类能使蛋白质变性、损害细胞膜而具杀菌作用。但醇类不能有效杀灭芽孢和病毒等微生物。主要用于皮肤、器具消毒。其杀菌作用是丁醇＞丙醇＞乙醇＞甲醇。常用的是乙醇。乙醇以 70%～75%的浓度杀菌效果最好，高浓度的乙醇会使菌体表面蛋白质脱水凝固，形成一层干燥膜，阻止了乙醇的继续渗透，因而杀菌效果反而变差，无水乙醇几乎没有杀菌作用。向乙醇中加入碘可增强杀菌效果，常用碘酒作为皮肤消毒剂。

② 醛类：常用的是 37%～40%的甲醛溶液，称为福尔马林。甲醛对细菌、芽孢、病毒、真菌都有很强的杀灭作用。常以喷雾法或熏蒸法消毒空气或浸泡物品。熏蒸一般按每立方米 10mL 兑 5g 高锰酸钾用量，密闭熏蒸 12～24h；浸泡物品用 5%～10%，保持 30min。甲醛对人体皮肤、黏膜有刺激性，不宜直接触及，食品生产场所也不宜使用。

③ 酚类：常用酚类是苯酚（石炭酸）和来苏尔（甲酚与肥皂制成的乳状液）。常用 3%～

5%苯酚溶液对房间空气喷雾或对器具浸泡消毒，若加入0.9%食盐可提高杀菌力。来苏尔的杀菌力比苯酚强4倍，常用1%～2%的来苏尔对手消毒，3%用于浸泡器具或空气喷雾消毒。

④ 表面活性剂：具有降低表面张力的物质称为表面活性剂。能改变细胞的透性，使细胞内的物质逸出，因而具有抑菌或杀菌作用。常用的表面活性剂有新洁尔灭、消毒净等，其使用浓度一般为0.05%～0.1%。

（3）重金属类　重金属离子易与蛋白质结合，使其变性或抑制酶的活性。杀菌力较强的有汞、铜、银等重金属及其盐。如二氯化汞（升汞），（1∶500）至（1∶2000）对可杀灭大多数细菌，对动物有剧毒，常用于组织培养的材料消毒和器具消毒。2%汞溴红（红汞）即红药水，常用于皮肤消毒、黏膜及小创伤，不可与碘酒共用。0.1%～1%硝酸银可用于皮肤消毒。硫酸铜对真菌和藻类有强杀伤，与石灰配制的波尔多液可用于防治某些植物病害。

（4）酸碱类　如生石灰是常用的消毒剂，常用于地面和排泄物的消毒。苯甲酸、山梨酸、丙酸广泛用于食品、饮料的防腐保鲜。一般微生物都有适宜的pH值，过酸抑制酶的活性或代谢活动，因而有抑菌作用。

2. 化学治疗剂

化学治疗剂是指具有选择性的杀死、抑制或干扰病原微生物的生长繁殖，用于治疗感染性疾病的化学药物。化学治疗剂必须具有选择性强，不能伤及病原微生物的寄主、易溶于水、能渗透到受感染部位等条件。常用的治疗剂有抗代谢物和抗生素两类。

（1）抗代谢物　抗代谢物是一类人工合成的，与生物的代谢物很相似，竞争特定的酶，阻碍酶的功能，干扰正常代谢的药物。抗代谢物种类较多，如磺胺类、6-巯基嘌呤、5-甲基色氨酸、异烟肼等。用得最多的是磺胺类药物，它能对大多数的G^+细菌和某些G^-细菌引起的传染性疾病有显著的治疗效果。作用机理是它能干扰细菌的叶酸合成，代谢紊乱，从而抑制细菌生长，但并不干扰人和动物的细胞生长。

（2）抗生素　抗生素是微生物产生的一种次级代谢物或其人工衍生物。它们在很低的浓度就能抑制或影响某些生物的生命活动，因而是优良的化学治疗剂。

抗生素的种类很多，不同的微生物对不同的抗生素的敏感性不一样，抗生素都有一定的作用范围，称为抗生素的抗菌谱。通常将对多种微生物有作用的抗生素称为广谱抗生素，如四环素、土霉素对G^+菌和G^-菌都起作用。将对少数几种微生物起作用的抗生素称为狭谱抗生素，如青霉素只对G^+菌有效。

随着抗生素的广泛使用，致病菌的抗药性也随之增强。为了避免细菌出现耐药性，使用抗生素应注意：①首次使用的药物剂量要充足；②避免长期使用单一的抗生素；③不同抗生素混合使用；④改造现有抗生素；⑤筛选新的高效抗生素。

请列举微生物实训室常用到哪些灭菌和消毒方法？

实践技能训练10　培养基的制备与灭菌技术

一、实训目的

1. 掌握实训室用培养基的制备方法。
2. 掌握高压湿热灭菌锅的使用技术。

二、实训材料

1. 药品

牛肉膏、蛋白胨、氯化钠、水、琼脂、氢氧化钠、盐酸。

2. 实训器具

试管、三角瓶、烧杯、量筒、漏斗、高压湿热灭菌锅、粗天平、废报纸、棉线等。

三、实训原理

牛肉膏蛋白胨培养基是一种最常用的细菌培养基，含有一般细菌生长繁殖所需要的营养物质，制作固体培养基时需添加1.5%～2%的琼脂，pH需调节至中性或微碱性。

培养基配制好后，需通过灭菌杀死培养基中的一切微生物，确保培养基处于无菌状态。微生物实训室常用的灭菌方法主要有高压蒸汽灭菌法、干热灭菌法、灼烧法、紫外线灭菌法等。培养基灭菌一般采用高压湿热灭菌法。高压湿热灭菌法就是将待灭菌的物品放入高压湿热灭菌锅内，通过加热，使灭菌锅内的水沸腾而产生蒸汽，排完冷空气后将放气阀关闭，继续加热，随着压力的增加，温度也升高，通过高压高温达到灭菌的目的。一般培养基用0.1MPa、121℃、15～30min就可达到彻底灭菌。

四、实训方法与步骤

1. 液体培养基的制备

(1) 称药品　根据配方用粗天平准确称取各种药品。

(2) 溶解　加入所需水量的2/3左右，加热溶解，完全溶解后，补足水分。

(3) 调节pH值　用1mol/L NaOH，1mol/L HCl和pH试纸调到所需值。

(4) 过滤和分装　根据情况过滤，本实训不需过滤。根据需要装入试管和三角瓶。分装量要适量，三角瓶一般装其容积的1/3～1/2，试管一般为管长的1/5～1/4。

(5) 包扎　塞上棉塞，用废报纸包扎，注明培养基名称、配制时间、组别和姓名。

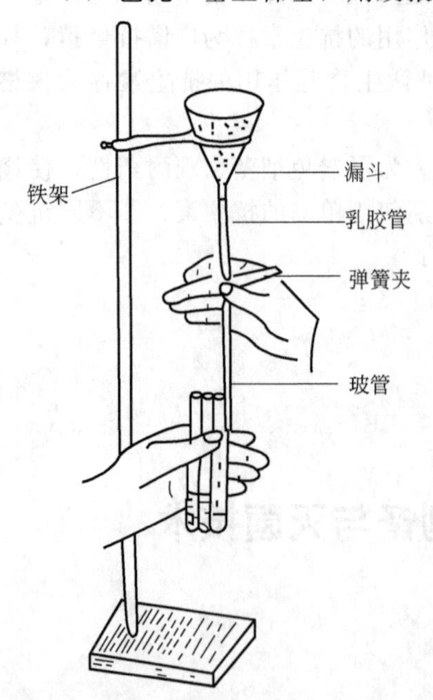

图5-5　培养基漏斗分装装置

(6) 灭菌　将包扎好的培养基放入高压湿热灭菌锅，设置121℃、15～30min进行灭菌。

(7) 检验　灭菌结束后，需压力表指针降到零时，才能打开排气阀或锅盖，以防容器内的培养基剧烈沸腾而冲出玷污棉塞或包扎报纸打湿而受到污染。灭菌后的培养基取出后，冷却至室温后放入培养箱培养24～48h，如无菌苔等污染，则灭菌效果良好。

2. 固体培养基的制备

(1) 配制液体培养基，方法同上。

(2) 加琼脂融化　在电炉或电热锅上加热配制好的液体培养基，沸腾后添加1.5%～2%的琼脂，不断搅拌直至其完全融化，然后补足水分。

(3) 过滤与分装　有些培养基需用四层纱布过滤，此实训不用过滤。根据实训需要用试管或三角瓶盛装培养基。分装要迅速，以免培养基凝固，还应注意勿使培养基沾污瓶口、试管口、棉塞，以免造成污染（图5-5)。

(4) 包扎、灭菌　塞上棉塞，用报纸包扎，注明培养基名称、配制时间、班组、姓名，然后立即放入高压湿热灭菌锅在 121℃、15～30min 进行灭菌。

（5）检验　灭菌结束待压力表指针降到零后，打开锅盖取出培养基，趁热（50℃以上）摆放试管斜面（图 5-6），培养基斜面长度不能超过试管总长的 1/2。培养基在室温冷却凝固后放入培养箱培养 24～48h，如无菌落产生，则灭菌效果良好。

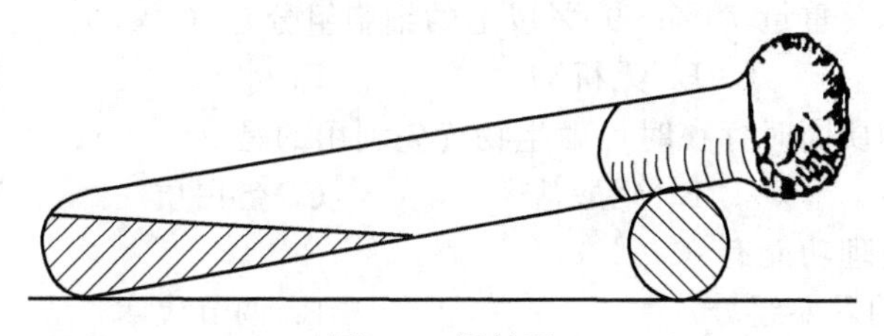

图 5-6　摆斜面

3. 注意事项

① 制定实训方案，根据实训需要计算配方的原料用量。力求达到够用、节约原则。

② 勿用铁锅或铝锅溶解培养基，最好用不锈钢锅。

③ 合理存放。最好放入普通冰箱内，放置时间不宜超过 1 周，平板不宜超过 3 天。以免降低营养价值或发生化学变化。

五、实训内容

1. 每 5 位同学为一小组，每位同学各自准备 1 个 250mL 的三角瓶、4 支 15×150mm 的试管、5 套培养皿（先用报纸包扎好），先备好棉塞。按配制培养基的方法分工合作，共同配制 500mL 固体培养基（注意要按实际用量称取原料，不要浪费药品）。配制好后的培养基每位同学分装 100mL（大概三角瓶 80mL，试管每支约 5mL）。每位同学自己包扎，并注明培养基名称、配制时间、班组、姓名，然后放入灭菌锅内灭菌。

2. 以小组为单位进一步熟练灭菌锅的使用方法，老师随机抽学生示范，包括打开电源、查看水量、设置温度和时间、打开和关闭锅盖。并且老师提问学生回答注意事项。

3. 灭菌结束，待培养基取出后，每位同学趁热自己摆放斜面试管。每位同学在超净工作台无菌操作倒平板（注：9mm 培养皿约倒 15mL）。待培养基凝固后，放入培养箱在 37℃倒置培养。

4. 验收。培养 24～48h 后，老师验收每位同学的实训结果，并打好实训成绩。验收内容：①检查斜面摆放和倒平板的效果；②检查无菌效果。

六、实训报告

1. 详细说明固体培养基的配制方法。

2. 请说明自己的实训结果情况，如有菌落污染，则说明原因。

[目标检测]

一、名词解释

营养物质　营养　碳源　氮源　生长因子　光能自养型微生物　光能异养型　化能自养型　化能异养型　简单扩散　促进扩散　主动运送　基团转移　灭菌　消毒　防腐　除菌　化疗　巴氏消毒法

二、选择题

1. 碳素物质的生理功能有（　　）。

A. 构成细胞物质　　B. 提供能量　　C. A 和 B

2. 当下列碳源物质同时存在时，微生物优先利用的是（　　）。

A. 葡萄糖　　B. 蔗糖　　C. 淀粉　　D. 麦芽糖

3. 占微生物细胞总重量 70%～90% 以上的细胞组分是（　　）。

A. 有机物　　B. 无机物　　C. 水　　D. 矿物质

4. 当下列氮源物质同时存在时，微生物优先利用的是（　　）。

A. 铵盐　　B. 硝酸盐　　C. 蛋白质　　D. 氨基酸

5. 氮源物质的生理功能有（　　）。

A. 微生物细胞的重要组分　　B. 调节代谢

C. 为某些微生物提供能量　　D. A、B、C

6. 下列物质一般不作为生长因子的是（　　）。

A. 葡萄糖　　B. 维生素　　C. 氨基酸　　D. 嘌呤或嘧啶

7. 下列微生物属于光能自养型微生物是（　　）。

A. 硝化细菌　　B. 真菌　　C. 蓝细菌　　D. 红螺菌

8. 下列微生物属于化能自养型微生物的是（　　）。

A. 硝化细菌　　B. 真菌　　C. 蓝细菌　　D. 红螺菌

9. 下列微生物吸收营养物质的方式需要消耗能量的是（　　）。

A. 简单扩散　　B. 促进扩散　　C. 基团转移

10. 下列最适宜细菌生长的 pH 值是（　　）。

A. 5.5　　B. 6.5　　C. 7.5　　D. 8.5

11. 下列培养基用于培养细菌的是（　　）。

A. 牛肉膏蛋白胨琼脂培养基　　B. 高氏Ⅰ号培养基

C. 麦芽汁琼脂培养基　　D. 查氏培养基

12. 下列培养基用于培养霉菌的是（　　）。

A. 牛肉膏蛋白胨琼脂培养基　　B. 高氏Ⅰ号培养基

C. 麦芽汁琼脂培养基　　D. 查氏培养基

13. 下列培养基用于培养酵母菌的是（　　）。

A. 牛肉膏蛋白胨培养基　　B. 高氏Ⅰ号培养基

C. 麦芽汁培养基　　D. 查氏培养基

三、简答题

1. 微生物有哪五类营养物质？
2. 微生物有哪四种营养类型？
3. 培养基有哪些分类方法？
4. 为什么湿热灭菌比干热灭菌所需的温度低、时间短？
5. 为什么高浓度的酒精消毒反而比 75% 的酒精消毒效果差？
6. 简述高压湿热灭菌器的使用要点及注意事项。
7. 简述微生物控制有哪些物理方法和化学方法。

第六章 微生物的生长与培养技术

[学习目标]

1. 知识目标

理解微生物的群体生长规律；熟知影响微生物生长的环境条件；熟知微生物生长量的各种测定技术；熟知微生物的各种分离方法，理解同步培养、分批培养、连续培养、补料分批培养。

2. 技能目标

熟练使用血球计数板进行微生物总菌数的计数；能够计数平板菌落活菌总数；能够进行微生物的无菌操作及分离；能够用分光光度法绘制单细胞微生物的生长曲线。

第一节 微生物的生长

一、微生物生长的概念

在适宜的外界环境条件下，微生物不断吸收利用周围环境中的营养物质，当同化作用大于异化作用时，其原生质总量就增加，表现为细胞重量增加、体积变大，此现象称为生长。当微生物生长到一定阶段，细胞内各种细胞结构及其组分按比例成倍增加，最终导致细胞分裂，细胞数量增加，此现象称为繁殖。

微生物的生长表现为个体生长和群体生长两个层面。个体生长是个体繁殖的基础，而个体繁殖又为新的个体生长创造了条件。微生物没有生长，就难以繁殖，没有繁殖，细胞也不可能无休止地生长。并且，个体生长与个体繁殖总是交替相伴进行，没有明显的界限。因此，生长与繁殖是一对矛盾的统一体。个体生长和个体繁殖的结果导致群体体积、重量以及数量的增加，称为群体生长。即整个生长繁殖过程表现为：

个体生长→个体繁殖→群体生长

群体生长＝个体生长＋个体繁殖。

在微生物的应用与研究中，只有群体生长才有实际意义，因此，在研究微生物的生长时，主要研究微生物的群体生长规律。它对指导微生物的发酵生产以及对致病菌和霉腐微生物的防治具有重要意义。

二、微生物的群体生长规律

微生物的群体生长规律因其种类不同而异，一般表现为单细胞微生物与多细胞微生物之间有较大差别。单细胞微生物的细菌、酵母菌在液体培养基中，可以均匀分布，每个细胞接触的环境条件相同，都有充分的营养物质，所以每个细胞都能迅速地生长繁殖。多细胞微生物的霉菌，菌体呈丝状，在液体培养基中的生长繁殖情况与单细胞微生物就有很大差别，但如果采用摇床培养，菌丝处于分散的状态，则霉菌的生长繁殖情况与单细胞微生物就比较接近。

微生物的生长繁殖速度非常快，例如，细菌在适宜的条件下，20～30min 就可以分裂一次，如果不断地迅速分裂，短时间内就可达到惊人的数目，但实际上是不可能的。在液体培养条件保持稳定的情况下，定时取样测定培养液中微生物菌体数目，发现在培养的开始阶段，菌体数目并不增加，一定时间后，菌体数目就快速增加，然后菌体数目增长速度保持稳定，最后，细胞衰亡速度大于细胞增长速度，细胞数目逐渐减少。如果以培养时间为横坐标，以菌体增长数目的对数值为纵坐标，可得到一条定量描述液体培养基中微生物生长规律的实验曲线，该曲线称为微生物的群体生长曲线（图 6-1）。该生长曲线代表了微生物从生长开始到衰老死亡的一般规律。

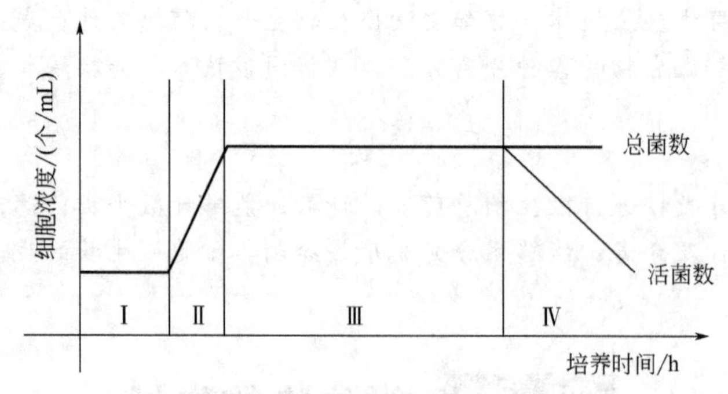

图 6-1 细菌的典型生长曲线

Ⅰ—延滞期；Ⅱ—对数期；Ⅲ—稳定期；Ⅳ—衰亡期

[课堂互动]

为什么研究微生物的群体生长规律时，一般采用液体培养的细菌或酵母菌？

1. 延滞期

又称为迟缓期、适应期或调整期。是指把少量微生物菌种接入到新培养液刚开始的一段细胞数目不增加的时期，甚至细胞数目还可能减少。此期出现的原因可能是菌体为了适应新的环境而重新调节代谢所致。延滞期的特点有以下四点。

① 菌体体积增大，胞内贮藏物质逐渐消耗，DNA 与 RNA 含量增多，为细胞分裂作准备。

② 合成代谢旺盛，核糖体、酶类的合成加快，易产生诱导酶。

③ 细胞数目未增加，生长速率常数为零。

④ 对不良环境（如温度、pH 值、NaCl 溶液浓度等）敏感。

在微生物发酵工业中，如果有较长的延迟期，则会导致发酵设备的利用率降低、耗能增加、生产成本升高，经济效益下降。因此，在发酵工业中应采取措施缩短延滞期，以提高经济效益。常用缩短延滞期的措施主要有以下四点。

① 取对数期的健壮菌种为种子菌。因对数期的菌体生长代谢旺盛，繁殖力强，抗不良环境和噬菌体的能力强。

② 适当增加接种量。接种量增大，延滞期缩短。根据生产的具体情况确定接种量，一般采用3%～8%的接种量，最高不超过10%。

③ 采用营养丰富的种子培养基。种子培养基中加入生产培养基的某些营养成分，使种子培养基尽量接近发酵培养基，因微生物在营养丰富的天然培养基中生长快得多。

④ 培养的环境条件应尽量与种子菌的生长条件保持一致。

2. 对数期

又称为指数期或对数生长期，即细胞增长以指数式进行的快速生长繁殖期。在生长曲线中，紧接着延滞期后的一段时期就是对数期。此期的菌体生长速率很快，酶系活跃，代谢旺盛，菌体数目以几何级数增加。群体的形态与生理特征最一致，抗不良环境的能力最强。因此，在微生物发酵生产中，常用对数期的菌体作种子，它可以缩短延迟期，从而缩短发酵周期，提高劳动生产率与经济效益。

在对数期中，繁殖代数（n）、生长速率常数（R）和代时（G）三个参数最重要。

生长速率常数：微生物单位时间分裂的代数。$R=n/(t_2-t_1)$，式中，n 为繁殖代数，t_2-t_1 为微生物分裂所用时间。R 值越大，繁殖越快。

代时：细胞繁殖一代所需要的时间，又称为世代时间。当微生物处于对数生长期时，即为细胞分裂一次所需要的平均时间。也等于群体中的个体数或其生物量增加一倍所需的平均时间。$G=1/R$。

影响微生物对数期世代时间的因素很多，主要的有以下三点。

① 菌种。不同微生物菌种代时差别较大，即使是同一菌种，由于培养基成分和物理条件（如培养温度、pH 值和营养物质的性质）不同，其对数期的代时也不同。在一定条件下，各种菌的代时是相对稳定的。

② 营养成分。同种菌，培养基营养丰富，其代时就短，反之则长。

③ 培养温度。任何菌种都有生长的最适温度，在最适温度范围内，代时就短，反之则长。

3. 稳定期

又称最高生长期或恒定期，对数期后的一段时期。此期的特点是新繁殖的细胞数与衰亡的细胞数几乎相等，即正生长与负生长达到动态平衡。微生物生长繁殖过程中，菌体数目不可能一直以几何级数增加，当微生物菌体生长繁殖到一定阶段，对数生长就会受到制约而进入稳定期。制约对数生长的主要因素有以下三点。

① 培养基中必要营养成分的耗尽或其浓度不能维持指数生长的需要而成为生长限制因子。

② 有害代谢产物（如酸、醇、过氧化氢或毒素等）的大量积累，抑制了微生物的生长。

③ 环境条件（如 pH 值、氧化还原电位等）的改变，越来越不适宜微生物的生长。

处于稳定期的细胞，其体内开始积累贮藏物质，并逐渐趋向高峰。某些产抗生素的微生物，在稳定期后期时开始形成抗生素。大多数芽孢细菌也在此阶段形成芽孢。稳定期时活菌数达到最高水平。因而，稳定期是收获代谢产物和生产菌体的最佳时期。生产上常常通过补料，调节温度和 pH 等措施来延长稳定期，以积累更多的代谢产物。

4. 衰亡期

达到稳定期的微生物群体，由于生长环境的持续恶化和营养物质的短缺，微生物的死亡率逐渐增加，以致死亡菌数逐渐超过新生菌数，群体中活菌数急剧下降，出现负生长，此期称为衰亡期。在衰亡期的菌体细胞形状和大小出现异常，呈多形态，或畸形；有的细胞内多液泡，革兰染色为阳性的变成阴性；有的微生物因蛋白水解酶活力的增强发生自溶；有的微生物在此期大量产生抗生素等次级代谢产物；芽孢释放往往也发生在这一时期。

产生衰亡期的原因主要是外界环境对继续生长的微生物越来越不利，从而引起微生物细胞内的分解代谢大大超过合成代谢，导致菌体死亡。

微生物的生长曲线反映一种微生物在一定的生活环境中（如试管、摇瓶、发酵罐）生长繁殖和死亡的规律。它既可作为营养物和环境因素对生长繁殖影响的理论研究指标，也可作为调控微生物生长代谢的依据，以指导微生物生产实践。

通过对微生物生长曲线的分析，可得到以下五点结论。

① 微生物在对数生长期生长速率最快。

② 营养物的消耗，代谢产物的积累，以及因此引起的培养条件的变化，是限制培养液中微生物继续快速增殖的主要原因。

③ 用生活力旺盛的对数生长期细胞接种，可以缩短延迟期，加速进入对数生长期。

④ 补充营养物，调节因生长而改变了的环境 pH、氧化还原电位，排除培养环境中的有害代谢产物，可延长对数生长期，提高培养液菌体浓度与有用代谢产物的产量。

⑤ 对数生长期以菌体生长为主，稳定生长期以代谢产物合成与积累为主。根据发酵目的的不同，确定在微生物发酵的不同时期进行收获。

微生物生长曲线可以用于指导微生物发酵工程中的工艺条件优化以获得最大的经济效益。

三、影响微生物生长的环境条件

影响微生物生长的外界因素很多，如营养物质和理化因素，有些在前面已作讲解，这时只介绍温度、pH 值和氧气。

1. 温度

不同的微生物有不同的三基点，即最低生长温度、最适生长温度和最高生长温度。最低生长温度：是指微生物能进行生长繁殖的最低温度界限。处于这种温度条件下的微生物生长速率很低，如果低于此温度则生长可完全停止。最适生长温度：是指使微生物最大速率生长繁殖的温度。微生物的最适生长温度不一定是代谢活动的最佳温度。最高生长温度：是指微生物生长繁殖的最高温度界限。在此温度下，微生物细胞易于衰老和死亡。

根据最适生长温度的不同，可把微生物分为三类：嗜冷微生物、嗜温微生物和嗜热微生物（表 6-1）。

表 6-1 微生物的生长温度类型

微生物类型		生长温度范围/℃			分布区域
		最低	最适	最高	
嗜冷微生物	专性嗜冷型	−20	5～15	15～20	海洋深处、南北极
	兼性嗜冷型	−5～0	10～20	25～30	海洋、冷泉、冷藏食品
嗜温微生物	室温型	10～20	20～35	40～45	腐生环境
	体温型	10～20	35～40	40～45	寄生环境
嗜热微生物	嗜热菌	25～45	50～60	70～95	温泉、堆肥、土壤表层

微生物在适应温度范围内，随温度逐渐提高，代谢活动加强，生长、增殖加快；超过最适温度后，生长速率逐渐降低，生长周期也延长。

在适应温度界限以外，过高和过低的温度对微生物的影响不同。高于最高温度界限时，引起微生物原生质胶体的变性、蛋白质和酶的损伤、变性，失去生活机能的协调、停止生长或出现异常形态，最终导致死亡。因此，高温对微生物具有致死作用。各种微生物对高温的抵抗力不同，同一种微生物又因发育形态和群体数量、环境条件不同而有不同的抗热性。细菌芽孢和真菌的一些孢子和休眠体，比他们的营养细胞的抗热性强得多。大部分不生芽孢的细菌、真菌的菌丝体和酵母菌的营养细胞在液体中加热至60℃时经数分钟即死亡。但是各种芽孢细菌的芽孢在沸水中数分钟甚至数小时仍能存活。

2. pH 值

微生物的生命活动受环境酸碱度的影响较大。每种微生物都有最适宜的 pH 值范围。大多数细菌、藻类和原生动物的最适 pH 值为 6.5～7.5。放线菌的最适 pH 值为 7.5～8.0。酵母菌和霉菌的最适 pH 值为 5～6。有些细菌可在很强的酸性或碱性环境中生活，例如有些硝化细菌能在 pH 值为 11.0 的环境中生活，氧化硫硫杆菌能在 pH 值为 1.0～2.0 的环境中生活。

pH 值影响微生物生长有下列三点原因。

① pH 值影响酶的活性，甚至导致酶的失活，从而影响微生物的各种代谢。

② pH 值影响培养基中有机化合物的离子化，从而间接地影响微生物生长。酸性物质在酸性环境下不解离，而呈非离子化状态。非离子化状态的物质比离子化状态的物质更易渗入到细胞。碱性环境下的情况正好相反，在碱性 pH 值下，大量离子化的有机化合物不易进入细胞。当这些物质过多或过少地进入细胞，都会对生长产生不良影响。

③ pH 值还影响营养物质的溶解度。pH 值低时，CO_2 的溶解度降低，Mg^{2+}、Ca^{2+}、Mo^{2+} 等溶解度增加，当达到一定的浓度后，对微生物产生毒害；当 pH 值高时，Fe^{2+}、Ca^{2+}、Mg^{2+} 及 Mn^{2+} 等离子以碳酸盐、磷酸盐或氢氧化物形式存在，溶解度降低，对微生物生长不利。

微生物在营养基质中生长，由于代谢作用会引起 pH 值的变化。例如乳酸细菌分解葡萄糖产生乳酸，因而增加了基质中的氢离子浓度，pH 值降低。尿素细菌水解尿素产生氨，pH 值升高。为了维持微生物生长过程中 pH 值的稳定，在配制培养基时，不仅要调节培养基的 pH 值，还要加入一定的缓冲溶液，以适合微生物生长的需要。

某些微生物在不同 pH 值的培养液中培养，可以启动不同的代谢途径、积累不同的代谢产物。例如酿酒酵母生长的环境 pH 值为 4.5～5.0 时，只进行乙醇发酵，不产生甘油和醋酸。当 pH 值高于 8.0 时，发酵产物除乙醇外，还有甘油和醋酸。因此，在发酵过程中，根据不同的目的，采用改变其环境 pH 值的方法，以提高目的产物的生产效率。

某些微生物生长繁殖的最适 pH 值与最适代谢 pH 值不一致。例如丙酮丁醇梭菌，生长繁殖的最适 pH 值是 5.5～7.0，而大量合成丙酮丁醇的最适 pH 值却为 4.3～5.3。

还可利用微生物对 pH 值的要求不同，促进有益微生物的生长或控制杂菌污染。如食品的保藏。

3. 氧气

不同种类微生物对氧的要求不同，可根据微生物对氧的不同要求，把微生物分成如下几种类型。

(1) 专性好氧菌　这类微生物具有完整的呼吸链，以分子氧作为最终电子受体，只能在较高浓度分子氧的条件下才能生长，大多数细菌、放线菌和真菌都是专性好氧菌。

(2) 兼性厌氧菌　也称兼性好氧菌。这类微生物的适应范围广，在有氧或无氧的环境中均能生长。一般以有氧生长为主，有氧时靠呼吸产能，无氧时通过发酵或无氧呼吸产能。如大肠杆菌、产气肠杆菌、地衣芽孢杆菌、酿酒酵母等。

(3) 微好氧菌　这类微生物只在非常低的氧分压，即 0.01～0.03Pa 下才能生长（正常大气的氧分压为 0.2Pa）。它们通过呼吸链，以氧为最终电子受体产能。如发酵单胞菌属、弯曲菌属、氢单胞菌属、霍乱弧菌等。

(4) 耐氧菌　它们的生长不需要氧，分子氧的存在对它们无用，但也无害，故称为耐氧性厌氧菌。氧对其无用的原因是它们不具有呼吸链，只通过发酵经底物水平磷酸化获得能量。一般的乳酸菌大多是耐氧菌，如乳酸乳杆菌、乳链球菌、肠膜明串珠菌和粪肠球菌等。

(5) 厌氧菌　分子氧对这类微生物有毒，氧可抑制生长甚至导致死亡。因此，它们只能在无氧或氧化还原电位很低的环境中生长。常见的厌氧菌有梭菌属、双歧杆菌属、拟杆菌属等。

氧气对厌氧性微生物产生毒害作用的机理主要是厌氧微生物在有氧条件下生长时，会产生有害的超氧基化合物和过氧化氢等代谢产物，这些有毒代谢产物在胞内积累而导致机体死亡。而好氧微生物与兼性厌氧微生物细胞内存在着超氧化物歧化酶和过氧化氢酶，它们可催化超氧基化合物与 H_2O_2 反应生成无毒的化合物，因而不会引起机体中毒死亡。

不同的微生物对生长环境的氧化还原电位（用 Eh 值表示）有不同的要求。一般来说，好氧性微生物在 Eh 值＋0.1V 以上均可生长，以＋0.3～＋0.4V 时为宜。－0.1V 以下适宜厌氧性微生物生长。

环境的氧化还原电位受氧分压和氧化还原物质影响很大。可通过控制氧浓度和氧化还原物质来改变环境的 Eh 值，从而满足微生物生长的需要。表现为通氧和加入氧化剂可提高环境中的 Eh 值，隔绝氧和加入还原剂可降低环境中的 Eh 值。例如平板培养厌氧微生物时，可通过隔绝氧气和在培养基中加入强还原性物质（如半胱氨酸、硫代乙醇等）来降低 Eh 值满足厌氧性微生物的正常生长，甚至在环境中有氧时，加入强还原性物质也能满足厌氧微生物的生长需求。

环境中的氧化还原电位会随着微生物的生长与代谢而发生变化。在微生物的培养过程中，由于消耗氧气并积累一些还原物质，环境中的 Eh 值会逐渐降低。因此在培养好氧微生物时，要不断通氧并搅拌，满足微生物生长需要。

四、微生物生长量的测定技术

在微生物研究及发酵生产中，往往需要测定微生物的生长量。微生物的生长量常用细胞数目和质量或体积两方面指标来反映。常用的方法主要有血球计数板总菌数计数法、菌落活菌计数法、质量法、分光光度法和生理指标法等。

1. 计数板总菌数计数法

取定量稀释的单细胞菌悬液放置在血球计数板（适用于细胞个体形态较大的单细胞微生物，如酵母菌等）或细菌计数板（适用于细胞个体形态较小的细菌）的计数室内，在显微镜下直接观察计数，然后换算出供测样品的细胞数。由于观察到的细胞不能区分死菌和活菌，因而测定的是总菌数量。

2. 菌落活菌计数法

就是取一定量（1mL 以内）的适度稀释的样品，采用混合平板接种，然后放入培养箱，在最适条件培养长出菌落，以菌落数推算样品的活菌总数。由于只有活菌才能长出菌落，因而此法测定的是活菌数量。此法要求平板生长的菌落均匀单一，不能过密连接一片，否则就不能推算活菌数，因而样品稀释到适宜浓度非常重要。

[课堂互动]

为什么菌落计数法能大体推算菌液活菌总数？

3. 质量法

质量法就是根据微生物生长后细胞原生质增加的原理，直接称取质量的方法。包括湿重法和干重法，适用于菌体浓度较高的样品。

湿重法就是将菌悬液通过离心或过滤，把菌体分离出来，经洗涤后收集菌体，直接称量得到湿重。干重法就是将收集的湿菌体在105℃的条件下烘干（或红外线烘干、低温真空干燥）至恒重，然后称取菌体的质量。由于不同的微生物含水量不同，因此湿重不能客观地反映菌体的真实数目，而干重除去了水分的影响，因而干重相比湿重准确。

4. 分光光度法

就是利用分光光度计快速测定菌悬液样品中总细胞数的一种方法。其原理是在一定波长范围内，菌悬液的细胞浓度与吸光度成正比。首先用分光光度计对一系列已知菌数的菌悬液在一定波长下（一般为450～650nm）测定吸光度（A），然后以吸光度为纵坐标，以每毫升菌悬液细胞数为横坐标制作标准曲线，最后测定待测菌悬液的吸光度，对照标准曲线求出菌液浓度。

此法快速、简便，常用于微生物生长速率的测定或生长曲线的制作。适合于培养液颜色浅，没有混杂其他物质的样品，如培养液的颜色较深则会影响测量结果。

5. 生理指标法

微生物在生长繁殖过程中，会伴随着一系列生理指标的变化，可以通过特定的仪器来测定这些生理指标（如耗氧量、酶活性、含氮量、酸碱度、产热量等），然后根据生理指标与微生物细胞数目或质量之间的换算关系，估算出样品中的微生物生长量。此法是一种间接的测定方法。

例如，根据不同种类微生物蛋白质含量比较稳定的原理，采用先测定菌体的含氮量，然后就可以估算出菌体的质量。换算公式如下：

$$细胞总质量=(含氮量\times 6.25)/蛋白质的质量分数$$

上式中的6.25为蛋白质的转换系数。不同种类微生物的蛋白质质量分数不同，如细菌的蛋白质质量分数一般取65%。

实践技能训练11　血细胞计数板计数

一、实训目的

1. 熟悉血细胞计数板的构造，明确其计数法的原理。
2. 掌握显微镜下直接计数的方法。

二、实训材料

1. 材料

酿酒酵母菌斜面菌种或培养液。

2. 器具

显微镜、血球计数板、盖玻片、吸水纸、计数器、刻度吸管、滴管、擦镜纸等。

三、实训原理

将一定稀释度的少量待测样品的菌悬液置于血细胞计数板上，在显微镜下直接计数的一种简便、快速的方法，称为显微镜直接计数法。此法适用于各种含单细胞菌体的纯培养悬浮液，如有杂菌或杂质，常不易分辨。菌体较大的酵母菌或霉菌孢子可采用血球计数板，计数细菌常用较薄、可以用油镜观察的细菌计数板，两者只是厚薄之别。

血细胞计数板是一块特制的厚型载玻片，载玻片上有 4 条槽将其分成 3 个平台，中间的平台较宽，其中间又被一短槽分隔成两段，每段上面各有一个方格网。中间平台比两边平台低，当盖上盖玻片后，形成一个高度为 0.1mm 的空隙。血细胞计数板的构造如图 6-2 所示。

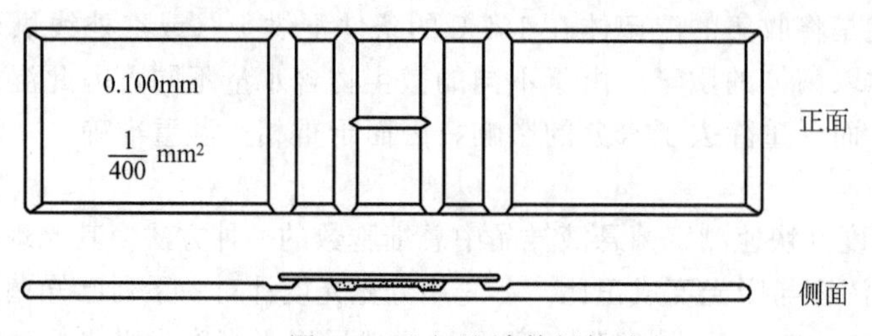

图 6-2 血细胞计数板构造

每个方格网共 9 个大方格，中间的大方格是计数室，计数室的刻度有两种：一种是计数室被双线分为 16 个中方格，而每个中方格又分为 25 个小方格（25mm×16mm）；另一种是计数室被双线分 25 个中方格，每个中方格又被单线分成 16 个小方格（16mm×25mm）。不管计数室是哪种构造，它们都是由 400 个小方格组成，每个小方格的体积是相同的，使用哪种构造的计数都一样。计数室边长为 1mm，面积为 $1mm^2$，每个小方格的面积为 $1/400mm^2$。盖上盖玻片后，计数室的高度为 0.1mm，其体积为 $0.1mm^3$，每个小方格的体积为 $1/4000mm^3$。放大后的方格网计数室如图 6-3 所示。

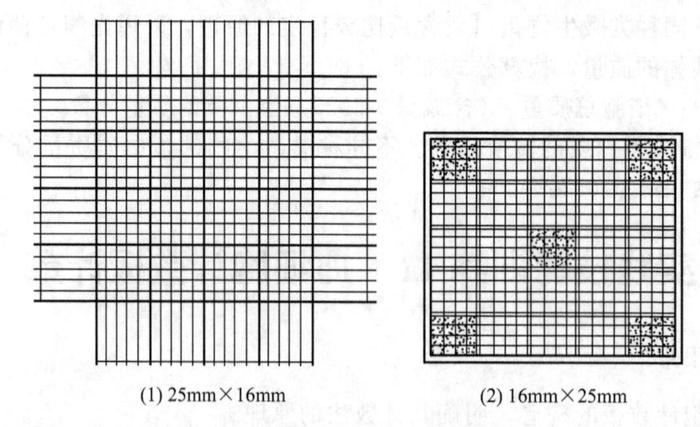

(1) 25mm×16mm (2) 16mm×25mm

图 6-3 放大后的方格网计数室

计数室注满菌液后，一般用五点取样法取 5 个中方格或 4 个中方格进行镜下计数，求出每中方格的平均含菌数，依据公式就可计算出每毫升（$1000mm^3$）被测样品的含菌量。

四、实训方法与步骤

（1）菌悬液的制备 待测菌液浓度要适宜，一般以每个小格中含有 4～6 个细胞为宜。如果菌液过浓，则以 10 倍梯度用无菌生理盐水稀释，稀释方法同稀释平板分离法。

（2）镜检计数板　取一块洁净的血细胞计数板，在方格网上盖一块盖玻片，在低倍镜下找到计数板，亮度不要太强。

（3）制片　用滴管吸取摇匀的菌悬液滴于盖玻片的边缘，让菌液渗入计数室，注意不要产生气泡。让计数板在载物台上静止5min，使细胞全部沉降到计数板的表面。

（4）计数　先在低倍镜下找到计数室，再换高倍镜进行计数。计数室的盖玻片为悬空状态，容易被物镜压破，使用时要小心调焦。计数时以中方格为单位进行，若计数室是由16个中方格组成的计数室（25×16），一般按对角线方位，数左上、左下、右上、右下的4个中方格的菌数。如果是由25个中方格组成的计数室（16×25），除了计数上述4个中方格外，还需数中央1个中方格的菌数。如果菌体位于中方格的双线上，一般只计数此方格的上线和右线上的细胞（或者只计数下线和左线上的细胞），以减少误差。若酵母芽体约达到母细胞大小的一半时，可作为两个菌体计算。每个样品重复计数2～3次（每次数值不应相差过大，否则应重新操作），取平均数计算结果。按公式计算出每mL样品的含菌量。

① 16×25血细胞计数板的计算公式：

$$\text{酵母菌细胞数(个/mL)}=\frac{\text{5个中格内酵母菌细胞总数}}{5}\times 25\times 10^4\times \text{稀释倍数}$$

② 25×16血细胞计数板的计算公式：

$$\text{酵母菌细胞数(个/mL)}=\frac{\text{4个中格内酵母菌细胞总数}}{4}\times 16\times 10^4\times \text{稀释倍数}$$

（5）清洗计数板　用完的计数板用酒精浸泡后再用水龙头上的水柱冲洗干净，切勿用硬物洗刷或抹擦，以免损坏网格刻度。洗净后自行晾干或用吹风机吹干，镜检没有污物或残留菌体后，将其放入盒内保存。

五、实训内容

1. 数细胞个数

每位同学取一块血细胞计数板，在低倍显微镜下观察其构造。然后在方格网上盖一块盖玻片，用吸管吸取少许摇匀的菌悬液（已制备），从计数板中间平台两侧的沟槽内沿盖玻片的下边缘注入，让菌悬液充满计数室。在低倍镜下找到清晰的细胞，然后数5个中方格的细胞数，重复2～3次。

2. 计算

按上式公式计算菌液浓度。

六、实训报告

1. 详细说明实训方法与步骤。
2. 将实训结果填入实训表中。

实训结果记录表

计数次数	各中方格菌数					5个中方格总菌数	稀释倍数	菌数/(个/mL)	两室平均数
	1	2	3	4	5				
第一室									
第二室									

3. 思考题：试分析血细胞计数板计数法的误差来源，如何尽量减少误差，力求准确？

实践技能训练 12　平板菌落计数

一、实训目的

1. 熟悉平板菌落计数的基本原理和方法。
2. 熟练掌握稀释操作技术和倒平板技术。

二、实训材料

1. 菌种

大肠杆菌悬液。

2. 培养基

牛肉膏蛋白胨琼脂培养基。

3. 实训器具

培养皿、吸管、盛 9mL 无菌水试管、试管架、三角瓶、灭菌锅、粗天平、电热锅、烧杯等。

三、实训原理

平板菌落计数法就是将待测的微生物样品按比例进行一系列的稀释，然后吸取一定量的不同浓度的稀释菌液于无菌培养皿中，再及时倒入熔化并冷却至 45℃左右的培养基，立即轻轻摇匀，让其静置凝固。平板凝固后，倒置于适宜温度的培养箱中进行培养，待长出单菌落后进行菌落（菌落形成单位 cfu）计算。如果一个单菌落是由一个细胞发育而成，经过统计计算，就可预知原始菌液中所含活的细胞数目。此法的优点是能测出样品中的活菌总数，主要用于生物制品（如活菌制剂）检验，以及食品、水、饮料等含菌指数或污染程度检测。但缺点是工作量大，且易受到主客观因素的影响。

四、实训方法与步骤

（1）材料准备　包括培养基、培养皿、装 9mL 生理盐水的试管、吸管等灭菌后备用。灭菌后的培养基保温于 50℃的恒温水浴锅中，也可灭菌后直接放在灭菌锅中，需要时取出。

（2）编号　取无菌培养皿 9 套，分别用记号笔标明 10^{-4}、10^{-5}、10^{-6} 各 3 套。另取 6 支装有 9mL 的无菌水的试管，依次标明 10^{-1}、10^{-2}、10^{-3}、10^{-4}、10^{-5}、10^{-6}，排列于试管架上。

（3）稀释　用 1mL 无菌吸管精确吸取 1mL 大肠杆菌悬液放入 10^{-1} 的试管中，注意吸管尖端不要碰到液面。振摇 10^{-1} 试管，使菌液充分混匀，此即为 10 倍稀释。另取一支 1mL 无菌吸管插入 10^{-1} 试管中来回吸吹 3 次，目的是将菌液充分混匀，然后吸取 1mL 菌液放入 10^{-2} 试管中，充分混匀，此即为 100 倍稀释。其余重复以上操作。整个过程如图 6-4 所示。每一支吸管只接触一个稀释度的菌悬液，否则结果误差较大。

（4）取样　用 3 支 1mL 无菌吸管分别吸取 10^{-4}、10^{-5}、10^{-6} 的稀释菌悬液各 1mL，对号放入编好号的无菌培养皿中，每个培养皿放 0.2mL，不要每次只取 0.2mL 放入平皿，否则易造成较大的误差。

（5）倒平板　将熔化后冷却至 45℃左右的牛肉膏蛋白胨培养基倒入盛有菌液的培养皿中约 15mL，置水平面上转动平皿，使培养基与菌液混合均匀。菌液加入平皿后，应尽快倒

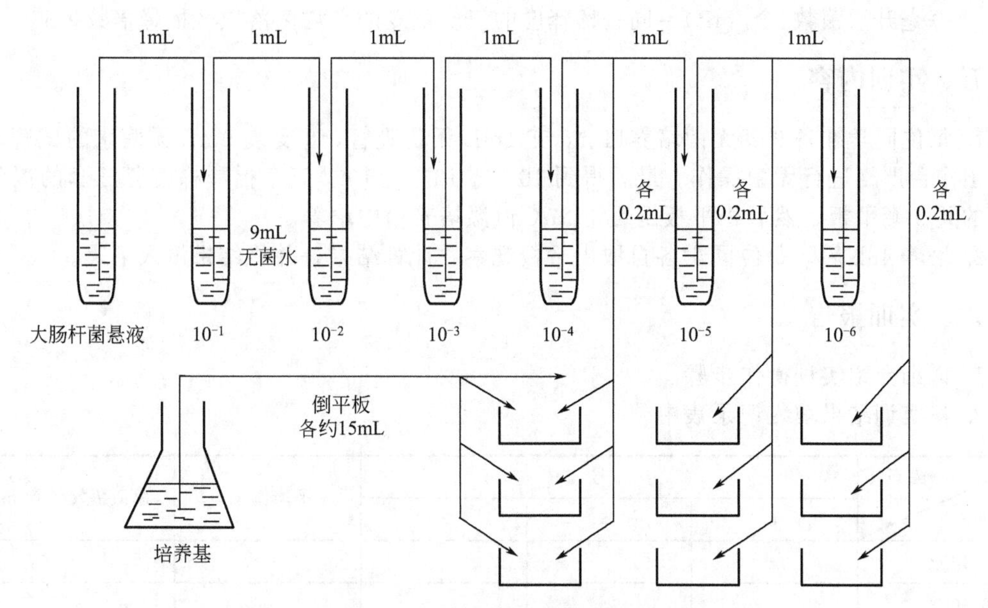

图 6-4 平板菌落计数操作步骤

平板，否则细菌不易分散，造成菌落连在一起，影响计数。

倒平板的方法：右手持盛培养基的试管或三角瓶置火焰旁，用左手将试管塞或瓶塞轻轻拔出，管口或瓶口始终保持对着火焰，然后用右手手掌边缘或小指与无名指夹住管塞或瓶塞，也可将管塞或瓶塞夹于左手。(注：也可先左手持三角瓶置火焰旁边，用右手手掌边缘拔下棉塞，然后将三角瓶转移到右手，瓶口始终对着火焰)，如果试管或三角瓶内的培养基一次性用完，管塞或瓶塞则不必夹在手中。左手拿培养皿并将皿盖在火焰附近打开一个缝隙，迅速倒入培养基约 15mL，加盖后轻轻摇动培养皿，使培养基均匀分布，平置于桌面上，凝固后即成平板。也可将平皿放在火焰附近的桌面上，用左手的拇指和食指打开培养皿，注入培养基，摇匀后制成平板。如图 6-5 所示。

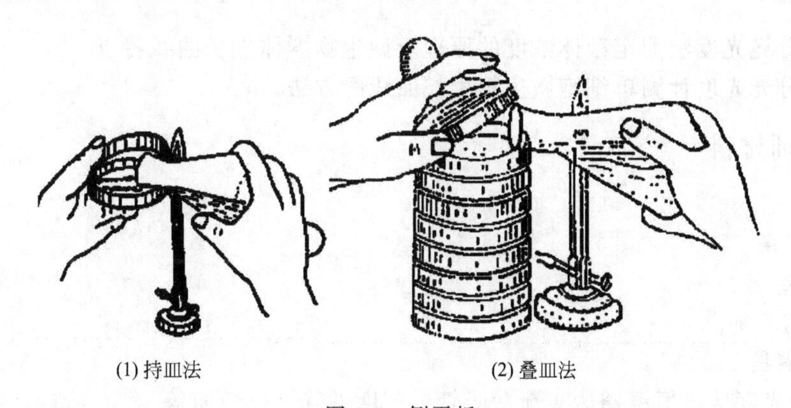

图 6-5 倒平板

(6) 培养 待培养基凝固后，将平板倒置于 37℃培养箱中培养 24～48h。

(7) 计数 长出菌落后，取出平板，在皿底上划分若干区域，用计数器进行计数。同一稀释度的三个平板的菌落数不应相差太大，否则试验结果不精确。平板菌落计数的稀释度最重要，一般以培养出的菌落数在 50 个左右的稀释度最好，否则需要适当增加或减少稀释度加以调整。计数结果按下列公式计算同一稀释度的菌落平均数。然后将数据填入下列表中。

每毫升活菌数(个/mL)＝同一稀释度的三次重复的平均菌落数×稀释倍数×5

五、实训内容

1. 每位同学准备9套无菌培养皿、6支1mL无菌吸管，6支装9mL无菌水的试管，在超净工作台严格进行无菌操作。最后得到10^{-4}、10^{-5}、10^{-6}三个稀释梯度各三套的混匀法接种的共9套平板。然后将平板倒置于37℃恒温培养箱中培养。

2. 培养48h后，每位同学各自取出平板观察并计算结果，并将结果填入下表。

六、实训报告

1. 详细介绍实训操作步骤。
2. 将实训结果填入记录表中。

菌落数 / 稀释度	编号			平均值/个	总活菌数/(个/mL)
	1	2	3		
10^{-4}					
10^{-5}					
10^{-6}					

3. 思考题

(1) 为什么熔化后的培养基需要冷却至45℃左右才能倒平板？怎样感之温度？

(2) 同一种菌液同时用血球计数板和平板菌落计数所得结果是否一样？为什么？

(3) 要使平板菌落计数法准确，需要掌握哪些关键技术？

实践技能训练13　比浊法测定啤酒酵母的生长曲线

一、实训目的

1. 熟悉分光光度法测定菌体浓度的原理及微生物群体生长曲线特点。
2. 掌握分光光度计测单细胞微生物生长曲线的方法。

二、实训材料

1. 菌种

啤酒酵母菌。

2. 培养基

麦芽汁培养基。

3. 实训器具

721分光光度计、恒温摇床、无菌吸管、刻度试管、三角瓶等。

三、实训原理

将少量菌种接种到一定体积的适合的新鲜培养基中，在适宜的条件下进行培养，定时测定培养液中的菌量，以菌体浓度的对数为纵坐标，生长时间为横坐标，绘制的曲线称为生长曲线。它反映了单细胞微生物在一定环境条件下于液体培养时所表现出的群体生长规律。依据其生长速率的不同，一般可把生长曲线分为延滞期、对数期、稳定期和衰亡期四个时期，生长曲线对科研、发酵生产都具有重要的指导意义。因而通过本实训，学会测定微生物的生长曲线是非常必要的。

测量微生物的数量有很多方法，本实训采用分光光度法。由于菌体悬液的浓度与吸光度成正比，因而可用分光光度计测定菌悬液的吸光度来推知菌液的浓度。将测定的吸光度为纵坐标，培养时间为横坐标，即可绘制出生长曲线。此法的优点是快捷、简便。

四、实训方法与步骤

（1）器具、培养基准备　将各种材料灭菌备用。

（2）编号　取盛有 50mL 无菌麦芽汁的 250mL 三角瓶 11 个，分别编号 0、1.5h、3h、4h、6h、8h、10h、12h、14h、16h、20h。

（3）接种培养　用 2mL 无菌吸管分别准确吸取 2mL 菌液加入已编号的 11 个三角瓶中，于 28℃下振摇培养。然后分别按对应时间将三角瓶取出，立即放入冰箱中贮存，待培养结束时一同测定吸光度（A）值。

（4）生长量测定　将未接种的麦芽汁培养基作为空白对照，选用 550nm 波长，分别对不同培养时间的菌液从 0h 起依次进行测定。对浓度大的菌液可作适当稀释，使其吸光度值在一定范围，经稀释后的吸光度值要乘以稀释倍数，才是培养液的实际 A 值。

五、实训内容

1. 每 4 位同学一组进行本实训，协作配合，完成无菌材料的准备、接种、培养和测定。
2. 将测定结果填入下表，并绘制生长曲线。每位同学完成一份实训报告。

六、实训报告

1. 详细介绍实训原理和操作过程。
2. 将实训结果填入实训记录表，并以表格中的时间为横坐标，吸光度为纵坐标，绘制啤酒酵母的生长曲线。

时间/h	0	1.5	3	4	6	8	10	12	14	16	20
吸光度 A											

3. 如果用平板菌落计数法制作生长曲线，你认为会有什么不同，两者各有何优缺点？

第二节　微生物的纯培养技术

微生物在自然界中不仅分布广种类多，而且多是混杂地生活在一起。要想研究或利用某一微生物，必须把混杂的微生物类群分离开来。在实验室条件下，由一个细胞或一种细胞群繁殖得到的后代称为微生物的纯培养。

纯培养技术包括两个基本步骤：①从自然环境中分离培养对象：②在以培养对象为唯一生物种类的隔离环境中培养、增殖，获得这一生物种类的细胞群体。针对不同微生物的特点，有许多分离方法。应用最广的是平板法分离纯培养。

一、微生物纯培养的分离方法

1. 平板接种分离法

（1）平板划线分离法　用接种环挑取少量的待分离样品，在无菌平板上进行平行划线或连续划线，划线时随着接种环在培养基上的移动，环上的菌体逐渐减少，到划线后期微生物就被分散，经保温培养后，就可形成单菌落。单菌落可能是一个细胞繁殖形成的，我们反复挑取单菌落进行培养，就可能得到只含一种微生物的纯培养。

（2）稀释平板分离法　就是将样品用无菌水反复稀释，直到能在平板培养基上形成单个菌落，然后挑取单个菌落进行培养以获取纯培养的方法。根据稀释液与平板的处理方法不同，又可分为稀释涂布分离法和稀释混合平板分离法。

① 稀释涂布分离法：先将已灭菌的培养基趁热无菌条件下倒平板，待平板冷却凝固后，采用无菌吸管吸取经反复稀释（10^{-1}、10^{-2}、10^{-3}、10^{-4}…）的样品液 0.2mL 放入平板中，用无菌涂布棒在培养基表面轻轻涂布均匀，倒置培养获取单个菌落，然后再挑取单个菌落重复以上操作或划线分离培养，即可获得纯培养。

② 稀释混合平板分离法：先将待分离的样品用无菌水作一系列的稀释（10^{-1}、10^{-2}、10^{-3}、10^{-4}…），分别用无菌吸管移取 1mL 稀释液注入无菌培养皿中，然后将已熔化并冷却至 45℃左右的琼脂培养基倒入培养皿中，摇动培养皿使稀释液与培养基充分混合，待培养基凝固后保温培养，以获取单个菌落，然后挑取单个菌落重复以上操作或划线分离培养，即可获得纯培养。

2. 选择培养分离法

不同的微生物生长繁殖需要不同的营养物质和环境条件。利用此特性选择只适合某种微生物生长的培养基和环境条件，不适合其他微生物生长，从而使所需微生物富集或分离的方法。例如从土壤中分离微生物时，用牛肉膏蛋白胨培养基可以分离出细菌，用高氏Ⅰ号培养基可以分离出放线菌。在分离霉菌时可在培养基中加入链霉菌以抑制细菌生长。

3. 二元培养法

二元培养是纯培养的一种特殊形式。就是利用寄生微生物的专一性将寄生微生物和寄主微生物培养在一起，同时排除其他杂菌，从而得到纯培养物。例如噬菌体只能在特定的寄主微生物体内繁殖。首先在平板培养基中繁殖寄主微生物的纯培养（称为细菌坪），再将含噬菌体的稀释液接种在细菌坪上，经过培养，在细菌坪上出现许多单个的噬菌斑，然后挑取单个的噬菌斑反复培养，就得到纯的二元培养体，即只有一种寄主细菌和一种噬菌体的“纯培养”。

4. 单细胞挑取法

单细胞挑取法就是从待分离的材料中挑取一个细胞来培养，从而获得纯培养。具体操作方法是将显微镜挑取器装置在显微镜上，把一滴待分离的菌悬液置于载玻片上，在显微镜下用安装在显微镜挑取器上的极细毛细吸管对准某一个单独的细胞挑取，再接种到培养基上培养即得到纯培养。此法对操作技术要求较高，多用于高度专业化的科学研究中。

二、微生物接种技术

微生物接种技术是微生物实训常用的基本技能，就是将一个纯种微生物移接到另一个已灭过菌的新鲜培养基中的技术。在接种过程中，必须严格无菌操作，防止纯种微生物被杂菌污染。根据培养的目的不同，有多种接种方法，且采用的接种工具也不相同。

1. 斜面接种

斜面接种就是用灭菌接种环从已生长好的菌种斜面挑取少量菌种移接到另一新鲜斜面培养基上的一种接种方法。常用于菌种的常规保藏、菌种活化以及菌种的一级扩大培养。

2. 液体接种

液体接种就是用灭菌接种环或无菌吸管将菌苔或菌悬液移接到液体培养基中的一种接种

方法。主要用于观察微生物的液体生长特性、生化反应特性以及发酵生产菌种的扩大培养等。

3. 穿刺接种

穿刺接种就是用灭菌接种针从菌种斜面上挑取少量菌种垂直插入到固体或半固体的深层培养基中的接种方法。常用于细菌运动特性观察和菌种的保藏。它只适用于细菌和酵母菌的接种培养。

4. 平板接种

平板接种就是在平板培养基上点接、划线或涂布接种方法。它是实训室最常用的接种方法，与微生物的平板分离法相同。

三、微生物的培养

给予微生物丰富的营养物质，辅以适宜的环境条件，控制杂菌污染，微生物就能快速生长繁殖，就能培养出实训室或生产上所需要的菌种。根据分类标准、用途及控制措施等的不同，可有多种培养方法。

1. 实训室微生物的培养

(1) 好氧固体培养法　固体培养是实训室最常见的培养方法。就是先准备已灭菌的试管斜面或培养皿琼脂平板等固体培养基，然后将微生物菌种接种在固体培养基表面，放入恒温培养箱在适宜的温度下培养，微生物因获得充足的氧气和适宜的温度而生长。

(2) 好氧液体培养法　液体培养就是将微生物菌种接种到液体培养基中进行培养。实训室进行好氧液体培养，根据培养容器的不同，主要有试管液体培养、三角瓶（巴氏瓶）培养和卡氏罐（小型发酵罐）培养等方法。

① 试管液体培养：根据装液量确定试管大小，此法通气效果较差，适合培养兼性厌氧菌（如培养好氧菌，可用摇床培养）。常用于微生物的各种生理生化试验，以及酵母菌的实验室扩大培养。

② 三角瓶液体培养：有两种情况，一种是浅层液体培养，就是在三角瓶中加入较少培养基，接种后置于恒温培养箱培养，适合于兼性厌氧菌的培养；另一种是摇瓶培养，就是将装入少量培养液（装液量一般为三角瓶容积的10%左右）的三角瓶接种后，置于摇床培养。适用于好氧菌的培养。三角瓶液体培养在实训室广泛用于微生物的生化试验、菌种的筛选和发酵生产的菌种培养等。

③ 卡氏罐培养：一般体积为30L，是实训室较大体积的液体培养。就是将三角瓶培养的菌种，接种到卡氏罐已灭菌的培养液中进行纯种扩大培养。其优点是培养液杀菌可使用杀菌锅，也可使用燃气炉或电热炉代替，菌种用无菌空气压入种子罐，适于通氧和手工清洗。常用于酒母或酵母菌的实验室阶段扩大培养。另外，实验室也常用一些小型发酵罐，体积一般为几升到几十升，一般都由计算机控制，其结构与生产用的大型发酵罐接近，它是实验室模拟生产实践的重要试验工具。

(3) 厌氧培养法　主要针对厌氧微生物的培养。无论是固体培养还是液体培养，都应加入适量的还原剂（如巯基乙酸、半胱氨酸、维生素C等），降低氧化还原电势。培养时采用一些隔氧措施，如液体深层培养或同时在液面上封一层石蜡油，厌氧培养箱培养等。

2. 生产用菌种的扩大培养

在发酵生产中，需要的菌种量很大，根据目的、控制措施不同有多种培养方法。

(1) 同步培养　在微生物群体中，每个个体不可能处于相同的生长阶段，因而此时的微生物群体的均匀性较差，不宜作为发酵生产用种子。另一方面，处于同步生长的群体，有利于间接研究单个细胞的相应变化规律。因而，微生物群体的同步生长是非常必要的。

通过机械方法和调控培养条件使某一群体中的所有微生物个体细胞尽可能处于同一生长和分裂周期中。这种使群体细胞中各个个体处于分裂步调一致的生长状态的培养方法叫同步培养。这种生长状态称为同步生长。同步培养的方法很多，可概括为两大类。

① 机械筛选法：该方法是依据处于同一生长阶段的细胞的体积与质量的同一性原理设计的。主要方法有过滤、密度梯度离心或膜洗脱等生物技术，其中以膜洗脱法较为有效和常用。用此类方法收集初始同步生长的细胞，然后经过同步培养，就可获得同步细胞。

② 诱导法：主要是用理化条件（药物、营养物、温度、光照等）人为诱导控制微生物群体细胞处于某同一生长发育阶段，以获得同步生长细胞。控制温度：采用最适生长温度与不适生长温度交替处理，以达到淘汰衰老细胞，获得初始同步细胞，再经同步培养，获得同步细胞。控制培养基营养成分：采用营养不足培养基与营养丰富培养基交替培养，也可淘汰衰老细胞得到初始同步细胞，特别是营养缺陷型细胞先采用营养不良的培养基处理一段时间，再转到营养丰富的培养基培养，就易获得同步生长细胞。如大肠杆菌胸腺嘧啶缺陷型菌株在缺少胸腺嘧啶的培养基中，DNA 合成停止，30min 后加入胸腺嘧啶，DNA 合成立即恢复，40min 后几乎所有细胞都同步进行分裂。药物处理：如在培养基中加入氯霉素等抑制剂处理一段时间，可以抑制细菌蛋白质合成，然后再转到完全培养基，就可获得同步生长细胞。

但应注意，同步生长只是相对意义上的同步，并且维持的时间有限，一旦解除人为控制生长条件，同步生长群体很快趋于非同步生长状态。不同的微生物种类维持同步生长的世代数有差异，一般经 2～3 代即丧失生长的同步性。

（2）分批培养　在一个相对独立密闭的系统中，一次性投入培养基对微生物进行接种培养的方式称为分批培养。由于培养系统的相对密闭性，故又称为密闭培养。采用分批培养，由于是一次性投料，中途不再补料，随着培养时间的延长，营养物质逐渐消耗，有害代谢产物不断积累，菌体的对数生长时间持续较短，并很快进入稳定期和衰亡期。因而在发酵菌种的培养过程中需逐级扩大培养才能完成所需要的菌种量。如啤酒酵母的实验室阶段的扩大培养过程是：斜面试管培养→试管液体培养→三角瓶培养→卡氏罐培养。为了减少每一轮次菌种培养过程中的延滞期时间，提高菌种质量，缩短整个培养周期，应在每一轮次培养到对数生长期的中后期时，及时终止培养，并将此轮的醪液作为下一轮次的种子接种。如此反复操作，就会达到发酵所需的接种量。分批培养是最传统的微生物培养方法，由于它的相对简单与操作方便，在微生物学研究与发酵工业生产实践中仍被广泛采用。

（3）连续培养　连续培养是指在整个培养过程中不断补充营养液，同时排放培养成熟的培养物，微生物始终以恒定的生长速率生长的培养方法。由于是开放培养系统，不断补充营养液，因此连续培养也称开放培养和补料培养。连续培养的显著优点是它可以根据研究者的目的，在一定程度上，人为控制典型生长曲线中的某个时期，使之缩短或延长时间，使某个时期的细胞加速或降低代谢速率，从而大大提高培养过程的人为可控性和效率。

连续培养有两种类型，即恒浊培养和恒化培养。

恒浊培养是以培养器中微生物细胞的密度为监控对象，用光电控制系统来控制流入培养器的新鲜培养液的流速，同时使培养器中的培养液也以恒定的流速流出，从而使培养器中的微生物在保持细胞密度基本恒定的条件下进行培养的一种连续培养方式。用于恒浊培养的培养装置称为恒浊器。用恒浊法连续培养微生物，可控制微生物在最高生长速率与最高细胞密度的水平上生长繁殖，达到高效率培养的目的。

恒化法是通过控制培养基中营养物，主要是控制生长限制因子的浓度，来调控微生物生长繁殖与代谢速率的连续培养方式。用于恒化培养的装置称为恒化器。恒化连续培养往往控制微生物在低于最高生长速率的条件下生长繁殖。恒化连续培养在研究微生物利用某种底物进行代谢的规律方面被广泛采用。因此，它是微生物营养、生长、繁殖、代谢和基因表达与调控等基础与应用基础研究的重要技术手段。

[案例分析]

实例：恒浊器和恒化器都是控制连续培养微生物的装置，其工作原理不同。

分析：恒浊器是利用光电控制系统来监控培养器内微生物细胞的密度，从而达到控制培养液流速。当培养基的流速低于微生物生长速率时，菌体密度增大，这时通过光电控制系统的调节，可促使培养基流入的速度提高，反之亦然。恒浊培养始终保持微生物处于最高的菌体密度和最大生长速率状态，因此，在生产上，为了获得大量菌体，可使用恒浊器的连续培养。恒化器是通过控制培养液的流入速度保持不变，使得微生物始终处在低于其最高生长速率的条件下进行生长繁殖，随着培养时间的增长，菌体密度会增大，限制性营养物质的浓度会减少，最终会使微生物的生长速率与新鲜培养基的流入速率达成平衡。因此，恒化培养常用于微生物利用某种底物进行代谢的规律研究。

(4) 补料分批培养　补料分批培养又称为半连续培养。就是在微生物的培养过程中，处于半开放培养系统，分阶段补料的培养方法。其培养过程优于分批培养，表现在其培养液浓度比分批培养的培养液浓度低，克服高浓度的危害，如减轻对碳源利用的阻遏作用，增加供氧量，避免大量有害代谢产物的积累对菌体培养的影响等。另外，也能显著提高培养效率。半连续培养与连续培养相比，其无菌条件没有连续培养要求严格。

补料分批培养分两个阶段进行：第一阶段采用连续培养，将放出的培养液作为第二阶段的菌种；第二阶段采用分批培养完成整个培养过程。具体方法很多，可根据实际情况而定，如先在培养罐中将菌种培养到对数生长期，然后分割 2/3 的菌液作为下一轮分批培养的菌种，剩下的 1/3 菌液又补加入 2/3 营养液继续培养。如此反复分割主培养液，就可扩大菌种的培养。又如在第一阶段准备多个培养罐，连续流加营养液，放出的培养菌液分别加入第二阶段的各培养罐，直到培养结束。

实践技能训练 14　微生物的分离纯化

一、实训目的

1. 掌握微生物分离纯化的原理。
2. 掌握常用的微生物分离纯化的方法。
3. 掌握无菌操作方法，增强无菌操作意识。

二、实训材料

1. 材料

菜园土、无菌水。

2. 培养基

牛肉膏蛋白胨琼脂培养基。

3. 实训器具

无菌吸管、三角瓶、试管、接种环、灭菌锅、超净工作台、粗天平、电炉。

三、实训原理

在自然界中，不同种类的微生物绝大多数都是混杂生活在一起。为了获得某一种微生物，就必须从混杂的微生物群体中分离它，以得到只含有这一种微生物的纯培养，这种获得纯培养的方法称为微生物的分离与纯化。

为了获得某种微生物的纯培养，一般是根据该微生物对营养、酸碱度、氧等条件要求不同，而供给它适宜的培养条件，或加入某种抑制剂造成只利于此菌生长而不利于其他菌生长的环境，从而淘汰其他一些不需要的微生物。再用稀释涂布平板法或稀释混合平板法或平板划线分离法等分离、纯化该微生物，直至得到纯菌株。

土壤是我们开发利用微生物资源的重要基地，可以从其中分离、纯化到许多有用的菌株。本实训主要用牛肉膏蛋白胨培养基来分离细菌。

四、实训方法和步骤

1. 稀释涂布平板法

（1）制备土壤稀释液　称取土样 10g，放入盛 90mL 无菌水并带有玻璃珠的三角瓶中，振摇约 20min，使土样与水充分混合，将细胞分散，制得 10^{-1}的土壤悬液。用一支 1mL 无菌吸管从中吸取 1mL 土壤悬液注入盛有 9mL 无菌水的试管中，吹吸三次，使充分混匀。然后再用一支 1mL 无菌吸管从此试管中吸取 1mL 注入另一盛有 9mL 无菌水的试管中，以此类推制成 10^{-1}、10^{-2}、10^{-3}、10^{-4}、10^{-5}、10^{-6}各种稀释度的土壤溶液（如图 6-6 所示）。

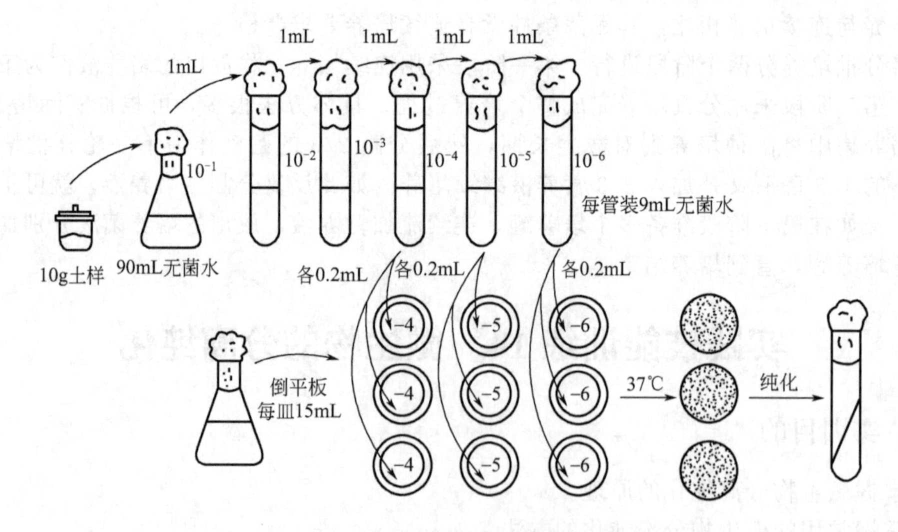

图 6-6　从土壤分离微生物操作过程

（2）倒平板　将牛肉膏蛋白胨培养基熔化后，趁热倒平板，共倒 9 套。

（3）涂布　平板凝固后在平板底面分别用记号笔写上 10^{-4}、10^{-5}和 10^{-6}三种稀释度编号各 3 套，然后用三支 1mL 无菌吸管分别由 10^{-4}、10^{-5}和 10^{-6}三管土壤稀释液中各吸取 1mL 对号放入 0.2mL 已写好稀释度的平板中，用无菌玻璃涂棒在培养基表面轻轻地涂布均匀（图 6-7）。

（4）培养　将平板倒置于 37℃恒温箱中培养，直到长出菌落为止。

（5）纯化　将培养后长出的单个菌落挑取接种到牛肉膏蛋白胨琼脂培养基的斜面上，置于37℃恒温箱中培养，待菌苔长出后，检查菌苔是否单纯，也可用显微镜涂片染色检查是否是单一的微生物，若有其他杂菌，应进一步进行分离、纯化，直到获得纯培养。

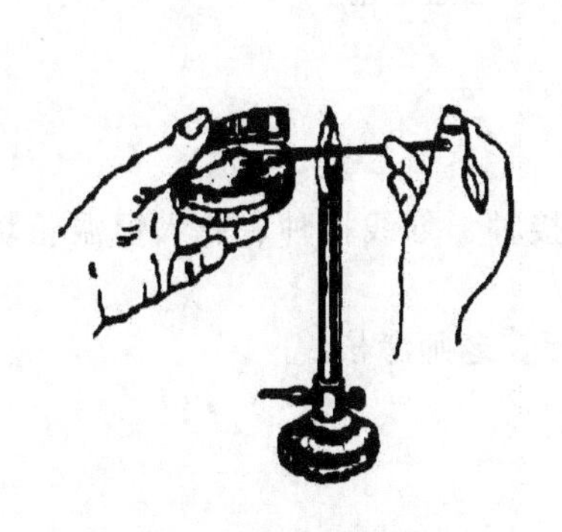

图 6-7　平板涂布操作

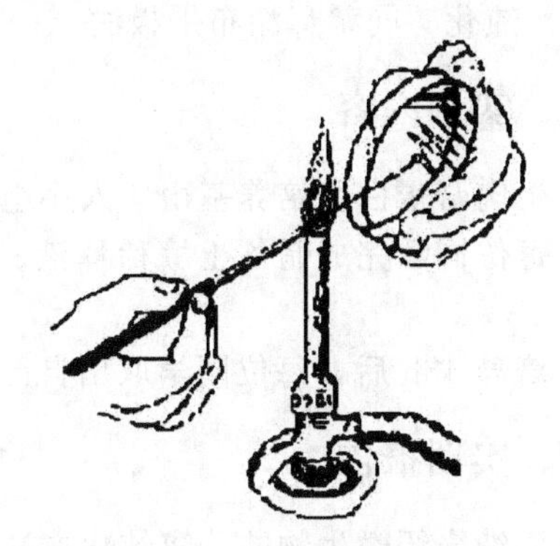

图 6-8　平板划线操作

2. 稀释混合平板法

此法与稀释涂布平板法基本相同，所不同的是先分别吸取0.2mL 10^{-4}、10^{-5}、10^{-6}稀释度的土壤悬液对号放入培养皿，然后再倒入熔化后冷却到45℃左右的培养基，边倒入边摇匀，使样品中的微生物与培养基混合均匀，待冷凝成平板后，倒置于37℃恒温箱中培养，然后再挑取单个菌落，直至获得纯培养。

注意：土壤悬液加入培养皿后，应尽快倒平板，否则细菌不易分散，造成菌落连在一起，影响分离效果。

3. 平板划线分离法

（1）倒平板　按稀释涂布平板法倒平板，共倒6套（a、b两种方法各3套），并用记号笔作标记。

（2）划线　在近火焰处，左手拿皿底，右手拿接种环，挑取上述10^{-1}的土壤悬液一环在平板上划线（如图6-8所示）。划线的方法很多，但无论哪种方法划线，其最终目的是在平板上形成单个菌落。常用的划线方法有下列两种（如图6-9所示）。

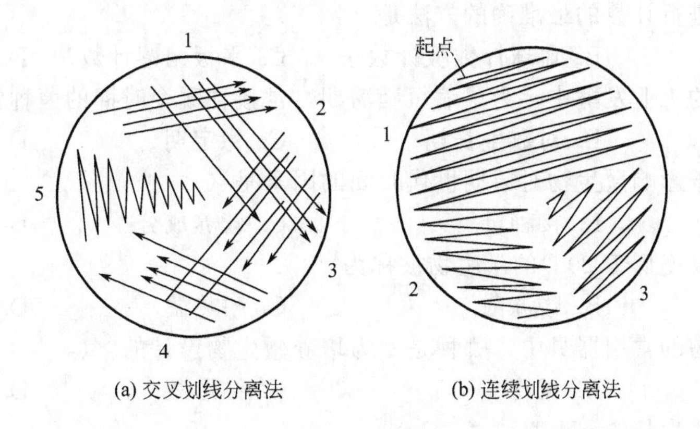

(a) 交叉划线分离法　　(b) 连续划线分离法

图 6-9　划线分离方法

① 用接种环以无菌操作挑取土壤悬液一环，先在平板培养基的一边作第一次平行划线3～4条，再转动培养皿约70°角，并将接种环上剩余物烧掉，待冷却后通过第一次划线部分作第二次平行划线，再用同法通过第二次平行划线部分作第三次平行划线和通过第三次平行

划线部分作第四次平行划线。划线完毕后，盖上皿盖，倒置于恒温箱培养。

② 将挑取有样品的接种环在平板培养基上作连续划线。划线完毕后，盖上皿盖，倒置恒温箱培养。

(3) 纯化　同稀释涂布平板法，一直到分离的微生物纯化为止。

五、实训内容

1. 牛肉膏蛋白胨培养基由 4 人小组统一制备。

2. 每位同学完成制备土壤稀释液、倒平板、涂布接种、划线接种、放入恒温箱培养等工作。

3. 培养 48h 后，每位同学取出自己经过培养的平板，老师考核。

六、实训报告

1. 详细介绍微生物的分离纯化方法。

2. 将平板培养结果绘图表示。

3. 如果平板菌落分布不理想，没有得到单个菌落，请说明原因。

[目标检测]

一、解释名词

生长　繁殖　生长速率常数　代时　延滞期　对数生长期　稳定期的　衰亡期　纯培养　生长曲线　分批培养　连续培养　同步培养

二、选择题

1. 某细菌 2h 繁殖了 5 代，该细菌的代时是（　）。

A. 15min　B. 24min　C. 30min　D. 45min

2. 如果将处于对数期的细菌移至相同组分的新鲜培养基中，则该细菌将处于哪个生长期？（　）

A. 死亡期　B. 稳定期　C. 延迟期　D. 对数期

3. 对活细胞进行计数的最准确的方法是（　　）。

A. 比浊法　B. 血球计数板计数法　C. 平板菌落计数法　D. 干重法

4. 在微生物的工业发酵中，为了缩短延滞期，常接种哪个时期的菌种？（　　）

A. 延滞期　B. 对数生长期　C. 稳定期　D. 衰亡期

5. 下列不属于影响微生物对数期世代时间的因素是（　　）。

A. 菌种　B. 接种量　C. 营养成分　D. 培养温度

6. 最适生长温度低于 20℃ 的微生物被称为（　　）。

A. 嗜冷菌　B. 嗜温菌　C. 嗜热菌　D. 耐热菌

7. 培养微生物的常用器具中，哪种是专为培养微生物设计的？（　　）

A. 培养皿　B. 试管　C. 锥形瓶　D. 烧杯

8. 放线菌最适生长的 pH 值是（　　）。

A. 5～6　B. 7～7.2　C. 7.5～8　D. 4～5

9. 酵母菌属于（　　）。

A. 专性好氧菌　B. 兼性厌氧菌　C. 耐氧菌　D. 厌氧菌

10. 血球计数板计数需待测菌液浓度适宜，一般以每个小格多少适宜？（　　）

A. 4～6　　B. 8～10　　C. 12～15　　D. 16～20

三、简答题

1. 单细胞生物生长曲线有哪四个时期，各期有何特点？对生产有何指导意义？
2. 简述影响微生物生长的环境条件。
3. 微生物生长量的测定方法有哪些？
4. 微生物纯培养的分离方法有哪些？
5. 控制微生物同步生长的措施有哪些？
6. 简述分批培养、连续培养、补料分批培养的具体培养方法。

第七章 微生物代谢及应用

[学习目标]

1. 知识目标

理解微生物的产能代谢；理解微生物的代谢调节机制；了解微生物的发酵生产过程及控制，了解生化特征在微生物鉴定上的应用。

2. 技能目标

能够进行甲基红试验、乙酰甲基甲醇试验、吲哚产生试验等几种生化反应试验；能够用糖发酵试验区分大肠杆菌和普通变形杆菌。

第一节 微生物代谢的基本知识

微生物与其他生物体一样具有生命的基本特征——新陈代谢，它贯穿于整个生命活动的始终。新陈代谢与微生物种类有关，不同的微生物种类其代谢反应过程有所不同，其发酵产品也不同。因而了解微生物的代谢机理，应用微生物的代谢发酵生产各种发酵产品具有重要意义。

一、基本概念

1. 新陈代谢

新陈代谢就是微生物从外界环境吸收营养物质，然后经过一系列生化反应，转变成能量和构成细胞的物质，并将不需要的产物排泄，这一系列的过程称为新陈代谢。新陈代谢的过程包括营养物质的吸收、中间代谢以及代谢产物的排泄等阶段。本章主要讲微生物的代谢。

2. 代谢

代谢就是在活细胞内发生的各种化学反应的总称。代谢分为物质代谢和能量代谢。物质代谢包括分解代谢和合成代谢；能量代谢包括产能代谢和耗能代谢。

3. 分解代谢

分解代谢是指细胞将复杂的大分子物质降解成简单的小分子物质，并释放能量的过程，也叫异化作用。

4. 合成代谢

合成代谢是指细胞消耗能量将小分子物质合成为大分子物质的过程，也叫同化作用。

合成代谢所利用的小分子物质来源于分解代谢过程中产生的中间产物或环境中的小分子营养物质。合成代谢伴随着耗能代谢，分解代谢伴随着产能代谢，因而，物质代谢和能量代谢是相辅相成的统一整体，保证了生命的存在与发展（图 7-1)。

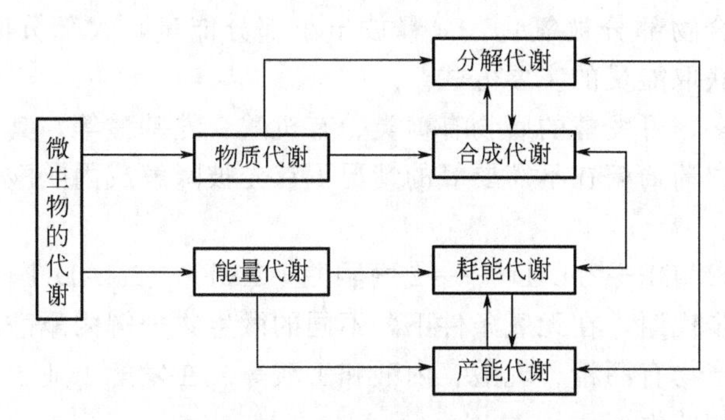

图 7-1 微生物的代谢关系

根据微生物代谢过程中产生的代谢产物在微生物体内的作用不同，可将代谢分成初级代谢和次级代谢两种类型。初级代谢是指能使营养物质转换成细胞结构物质、维持微生物正常生命活动的生理活性物质或能量的代谢。初级代谢的产物称为初级代谢产物。次级代谢是指某些微生物进行的非细胞结构物质和维持其正常生命活动的非必须物质的代谢。次级代谢的产物称为次级代谢产物，如抗生素、毒素、色素等。

微生物的代谢是在微生物体内一系列酶的作用下进行的，凡是影响酶的催化活性的因素也影响微生物代谢。

二、微生物的产能代谢

生物体进行生命活动（如合成代谢、运动和运输等）必需能量物质——化学能。微生物通过分解代谢产生化学能，光合微生物还可通过光能转换成化学能。分解代谢实质上是物质在生物体内经过一系列连续的氧化还原反应，又称为生物氧化。生物氧化释放的能量有三种形式：一是被微生物直接利用；二是合成高能化合物（如 ATP)，以便逐步被生物体利用；三是以热能的形式释放到环境中。不同类型微生物进行生物氧化所利用的物质是不同的，异养微生物利用有机物，自养微生物则利用无机物。

微生物的产能方式有发酵、呼吸、无机物氧化和光能转换，它们的共同点都是在酶的作用下发生氧化还原反应，不同点是电子受体和氧化基质不同。

（一）微生物细胞能量的释放——生物氧化

1. 有机物的生物氧化

有机物的分解代谢过程一般可分为三个阶段：第一阶段是将蛋白质、多糖及脂类等大分子营养物质降解成氨基酸、单糖及脂肪酸等小分子物质；第二阶段是将第一阶段产物进一步降解成更为简单的乙酰辅酶 A、丙酮酸以及能进入三羧酸循环的某些中间产物，在这个阶段会产生一些 ATP、NADH 及 $FADH_2$；第三阶段是通过三羧酸循环将第二阶段产物完全降解生成 CO_2，并产生 ATP、NADH 及 $FADH_2$。第二阶段和第三阶段产生的 ATP、NADH 及 $FADH_2$ 通过电子传递链被氧化，可产生大量的 ATP。

根据氧化还原过程中的最终电子受体不同，可将异养微生物的生物氧化分为发酵作用和呼吸作用两种类型，而呼吸作用又可分为有氧呼吸和无氧呼吸两种方式。

（1）发酵作用　在无氧条件下，微生物细胞将有机物氧化释放的电子直接传给底物本身未完全分解的某种中间产物，同时释放能量并产生各种不同的代谢产物，这种生物氧化过程称为发酵，又称为分子内厌氧呼吸。发酵作用只发生在一个有机物分子内部，有机物的氧化与有机物的还原偶联在一起，电子供体和电子受体都是有机物分子，不需要外界提供电子受体。发酵只是有机化合物部分被氧化，只释放出小部分能量，大部分能量仍储存在有机物中，它是厌氧微生物获取能量的主要方式。

发酵的种类有很多，可发酵的底物有糖类、有机酸、氨基酸等，其中以微生物发酵葡萄糖最为重要。生物体内葡萄糖在不需要氧的情况下首先被降解成丙酮酸，这个过程称为糖酵解（EMP 途径）。

$$葡萄糖+2Pi+2ADP+2NAD^+ \longrightarrow 2丙酮酸+2ATP+2NADH+2H^+ +2H_2O$$

丙酮酸可被进一步代谢，在无氧条件下，不同的微生物分解丙酮酸后会产生不同的代谢产物。最常见的代谢产物有酒精、乳酸、丙酸和丁酸等。在发酵工业中，常利用微生物的发酵特性进行各种代谢物的生产。

① 酵母菌的乙醇发酵：除酵母菌外，根霉、曲霉和某些细菌也能进行乙醇发酵。

酵母菌将葡萄糖降解为两分子丙酮酸，然后丙酮酸在脱羧酶作用下生成乙醛，乙醛在脱氢酶作用下作为受氢体使 NAD^+ 再生，发酵终产物为乙醇，称为酵母Ⅰ型发酵。其反应过程如下：

$$C_6H_{12}O_6+2NAD+2Pi+2ADP \longrightarrow 2CH_3COCOOH+2NADH_2+2ATP$$

$$CH_3COCOOH \longrightarrow CH_3CHO+CO_2$$

$$CH_3CHO+NADH_2 \longrightarrow CH_3CH_2OH+NAD$$

从上式可以看出，1mol 葡萄糖生成 2mol 乙醇，理论转化率为：2×46/180＝51.1%。

［案例分析］

实例：某酒厂以玉米为原料每天生产 56%质量分数的白酒 30t，已知玉米的糖类物质（以淀粉计）质量分数为 73%，淀粉转化为葡萄糖的转化率为 111%，葡萄糖转化为乙醇的转化率为 51.1%，确定玉米原料的日投料量。

分析：每天需生产纯乙醇数量＝30×0.56＝16.8（t）

每天需要淀粉数量＝16.8÷0.511÷1.11＝29.6（t）

每天需要玉米的数量＝29.6÷0.73＝40.5（t）

在实际生产中，约有 5%的原料用于合成酵母细胞或副产物，因而实际投料量约为 42.6t。

酵母菌发酵除产生乙醇外，在特定条件下可发酵生成甘油等其他产物。

当环境中存在亚硫酸氢钠时，乙醛就先与亚硫酸氢钠反应生成难溶的磺化羟基乙醛，由于没有乙醛作为受氢体，因而不能生成乙醇。这时磷酸二羟丙酮代替乙醛作为受氢体，生成两分子 α-磷酸甘油，α-磷酸甘油进一步水解脱磷酸生成甘油，即酵母菌的甘油发酵，又称为酵母Ⅱ型发酵。

当环境为弱碱性条件（pH 值为 7.6）时，乙醛因得不到足够的氢而积累，两个乙醛分子间会发生歧化反应，一分子乙醛被还原成乙醇，另一分子乙醛被氧化为乙酸，受氢体则由磷酸二羟丙酮担任，发酵终产物为甘油、乙醇和乙酸，称为酵母Ⅲ型发酵。这种发酵方式不能产生能量，只能在非生长的情况下进行。

② 乳酸菌的乳酸发酵：根据产物的不同，乳酸发酵有三种类型，同型乳酸发酵、异型乳酸发酵和双歧发酵。

同型乳酸发酵是葡萄糖经 EMP 途径降解为丙酮酸，丙酮酸在乳酸脱氢酶的作用下被 NADH 还原为乳酸。由于终产物只有乳酸一种，故称为同型乳酸发酵。

异型乳酸发酵是葡萄糖经 PK 途径分解，发酵终产物除乳酸以外还有一部分乙醇。

双歧发酵是双叉乳酸杆菌等发酵葡萄糖，终产物为乳酸和乙酸。

(2) 呼吸作用　微生物在降解底物的过程中，将释放出的电子交给 $NAD(P)^+$ 和 FAD 等电子载体，再经电子传递系统传给外源电子受体，从而生成水或其他还原型产物并释放出能量的过程，称为呼吸作用。

呼吸作用与发酵作用的根本区别在于电子载体不是将电子直接传递给底物降解的中间产物，而是交给电子传递系统，逐步释放出能量后再交给最终电子受体。

① 好氧呼吸：微生物在有氧条件下氧化有机底物时，以分子态氧作为最终电子受体的生物氧化过程称为好氧呼吸。异养微生物在有氧条件下，葡萄糖经糖酵解生成的丙酮酸直接进入三羧酸循环（TCA 循环），被彻底氧化生成二氧化碳和水，同时释放大量能量。其反应式如下：

$$C_6H_{12}O+6O_2+38ADP+38Pi \longrightarrow 6CO_2+6H_2O+38ATP$$

② 厌氧呼吸：微生物在无氧条件下氧化有机底物时，以无机氧化物作为最终电子受体的生物氧化过程称为厌氧呼吸，又称为分子外厌氧呼吸。氢受体主要有 NO_3^-、NO_2^-、SO_4^{2-}、SO_3^{2-}、CO_2 等无机氧化物。厌氧呼吸的最终产物也是水和二氧化碳，但还生成部分还原的无机物，一部分能量转移给它们，因而生成的能量低于有氧呼吸。

进行厌氧呼吸的微生物主要是厌氧菌和兼性厌氧菌，如反硝化细菌、硫酸盐细菌和甲烷细菌等，它们的活动可造成反硝化作用、脱硫作用和甲烷发酵作用。反硝化细菌以 NO_3^- 为电子受体进行厌氧呼吸，将 NO_3^- 逐渐还原成 N_2 或 NH_3；硫酸盐细菌以 SO_4^{2-} 为受氢体，还原生成 H_2S；甲烷细菌以 CO_2 为电子受体，还原生成甲烷。

[课堂互动]

1. 发酵作用与厌氧呼吸的主要不同点？
2. 好氧呼吸与厌氧呼吸的主要不同点？

2. 无机物的生物氧化

有些微生物（如硝化细菌、硫化细菌、铁细菌、氢细菌等）可以利用无机物的生物氧化来获得能量，这类细菌称为化能自养微生物。例如硝化细菌可利用 NH_3 或 NO^{2-} 作为能源物质，氨先由亚硝化细菌氧化为亚硝酸，亚硝酸再由硝化细菌氧化为硝酸；硫杆菌可以利用硫化氢、元素硫、硫代硫酸盐等还原态硫作为能源物质，H_2S 首先被氧化成元素硫，然后元素硫经过硫氧化酶和细胞色素系统氧化成亚硫酸盐，亚硫酸盐再氧化成 SO_4^{2-}。

（二）能量的转换——磷酸化作用

利用生物氧化过程中释放的能量合成 ATP 的反应，称为氧化磷酸化。利用光能合成 ATP 的反应，称为光合磷酸化。在生物氧化过程中，微生物通过底物水平磷酸化和电子传递磷酸化将某种物质氧化而释放的能量储存于 ATP 等高能分子中，对光合微生物而言，则可通过光合磷酸化将光能转变为化学能储存于 ATP 中。

1. 底物水平磷酸化

物质在生物氧化过程中，常生成一些含有高能键的化合物，而这些化合物可直接偶联 ATP 或 GTP 的合成，这种产生 ATP 等高能分子的方式称为底物水平磷酸化。底物水平磷酸化既存在于发酵过程中，也存在于呼吸作用过程中。例如，在 EMP 途径中，1,3-二磷酸甘油酸转变为 3-磷酸甘油酸的过程中偶联着一分子 ATP 的形成；在三羧酸循环过程中，琥珀酰辅酶 A 转变为琥珀酸时偶联着一分子 GTP 的形成。催化底物水平磷酸化的酶存在于细胞质中。这种类型的磷酸化可写成如下通式：

$$X-P+ADP \longrightarrow X+ATP$$

2. 电子传递磷酸化

物质在生物氧化过程中形成的 $NADH_2$ 和 $FADH_2$ 可通过位于线粒体内膜和细胞质膜上的电子传递系统将电子传递给氧或其他氧化型物质，在这个过程中偶联着 ATP 的合成，这种产生 ATP 的方式称为电子传递磷酸化。一分子 $NADH_2$ 和 $FADH_2$ 可分别产生 3 个和 2 个 ATP。

3. 光合磷酸化

光合磷酸化就是以光合色素为媒介，将光能转变为化学能的过程。进行光合作用的生物体除了绿色植物外，还包括藻类、蓝细菌和光合细菌（如紫色细菌、绿色细菌）等微生物。它们利用光能维持生命，同时也为其他生物（如动物和异养微生物）提供了赖以生存的有机物。

（1）光合色素　光合色素是光合生物所特有的色素，在光能转化为化学能的过程中起着重要作用。光合色素由主要色素和辅助色素组成，主要色素是叶绿素或细菌叶绿素，辅助色素是类胡萝卜素和藻胆素。光合色素存在于一定的细胞器或细胞结构中。细菌叶绿素和叶绿素化学结构相似，两者的区别在于侧链基团的不同，从而导致光吸收特性的差异。所有光合生物都有类胡萝卜素。类胡萝卜素不直接参加光合反应，它的主要作用一是高效率地把吸收的光能传给细菌叶绿素（或叶绿素）；二是保护光合机构不受光氧化损伤。

（2）光合磷酸化　根据电子传递方式的不同，可把光合磷酸化作用分为环式光合磷酸化和非环式光合磷酸化。

① 环式光合磷酸化：在厌氧光合细菌（主要包括紫色硫细菌、绿色硫细菌、紫色非硫细菌和绿色非硫细菌）中，细菌叶绿素吸收光量子被激活释放出高能电子而带正电荷，所释放的高能电子顺序通过铁氧还蛋白、辅酶 Q、细胞色素 b 和细胞色素 c，然后再返回到带正电荷的细菌叶绿素分子。在辅酶 Q 将电子传递给细胞色素 c 的过程中，造成了质子的跨膜移动，偶联着 ATP 的合成。这个电子传递链是一个闭合的回路，故称环式光合磷酸化。

环式光合磷酸化在厌氧条件下进行，只能利用还原态的 H_2S、H_2 或简单有机物为供氢体，不能利用 H_2O 作供氢体，产物只有 ATP，不产生分子氧，属非放氧性的光合作用。

② 非环式光合磷酸化：蓝细菌、藻类以及各种高等植物与光合细菌不同，它们可以裂解水，生成 ATP 和 NADPH，放出分子态氧，电子传递途径是非循环式的，属放氧性的光合作用。

三、微生物代谢的调节

微生物细胞不断地从外界环境中吸收营养物质，然后进行一系列的合成代谢和分解代谢，以满足生长和繁殖的需要，这些代谢都是在酶的催化下进行的，如果生物体缺少某种酶或其活性受到抑制，则会影响代谢的正常进行，造成生物体发生相应危害或死亡。另外，在正常情况下，微生物总能经济地利用有限的养料和能量进行需要的代谢反应，绝不会出现不需要的代谢反应而浪费营养物质，这是由于微生物自身有严格而又灵活的代谢调节系统，它主要是通过控制酶的催化作用来实现的，从而保证微生物在复杂的环境下生存和发展。

（一）酶的基本知识

1. 酶的概念

酶是一种由活细胞产生的具有生物催化功能的生物大分子。除少数具有催化能力的RNA酶和抗体酶外，其他都是蛋白质酶。它们大都存在于细胞体内，少数分泌到体外。

2. 酶的催化特点

（1）高效性　酶的催化活性比化学催化剂的催化活性要高出很多，一般高10^7～10^{13}倍。例如过氧化氢（H_2O_2）在铁离子或过氧化氢酶的催化作用下均能发生分解反应生成水和氧，在一定条件下，1mol铁离子可催化10^{-5}mol过氧化氢分解，相同条件下，1mol过氧化氢酶则可催化10^5mol过氧化氢分解，过氧化氢酶的催化效率是铁离子的10^{10}倍。

（2）专一性　酶的专一性是指在一定条件下，一种酶只能催化一种或一类结构相似的底物进行某种类型反应的特性。酶的专一性主要表现有以下三种情况。

① 绝对专一性：很多酶只能催化一种底物进行一种快速反应，或对结构类似物的催化速率则很慢。如脲酶只能催化尿素反应。

② 相对专一性：有些酶能催化一类底物起反应，特异性较低。如蔗糖酶既能催化水解蔗糖，也能催化水解棉子糖，它们具有相同的化学键。

③ 立体异构专一性：有些酶只能催化底物的立体异构体之一起反应，也属于绝对专一性的一种情况。如乳酸脱氢酶只催化L(＋)-乳酸脱氢，不能催化D(－)-乳酸脱氢。

（3）反应条件温和　酶的催化反应一般都可在常温、常压、近乎中性的pH条件下进行，而一般非酶催化剂的催化作用则大多需要在高温、高压和极端的pH条件下才能进行。如用酸水解淀粉生产葡萄糖，需要0.25～0.3MPa、140～150℃和耐酸设备；而用酶水解淀粉，在65℃下，用一般设备即可。

（4）酶的活性受调节控制　酶的活性受调节控制，其调控方式很多，主要包括酶浓度调节、共价修饰调节、激素调节、抑制剂调节、反馈调节以及金属离子和其他小分子化合物调节等。人们可以通过改变酶浓度或添加抑制剂等方法来控制和调节酶反应进行。

3. 酶的分类

（1）按酶的组成成分分类　可分为三类。

① 单体酶：仅有一个活性部位的多肽键构成的酶，其相对分子质量在13000～35000。这类酶很少，且都是水解酶，如胰蛋白酶等。

② 寡聚酶：这类酶由若干相同或不同的亚基组成，这些单个亚基没有活性，必须相互结合后才有活性，其相对分子质量在35000至几百万，如3-磷酸甘油醛脱氢酶等。

③ 多酶复合体：由多种酶彼此嵌合形成复合体，这类酶有利于一系列反应进行，其相对分子质量很高，一般在几百万以上。

（2）按酶的结构分类　分为简单蛋白酶和结合蛋白酶。

① 简单蛋白酶：其活性仅决定于本身蛋白质结构，如脲酶、蛋白酶、淀粉酶、脂肪酶等。

② 结合蛋白酶：需与非蛋白组分结合后才表现出酶的活性，称为全酶。其结构可表示为：全酶＝酶蛋白＋辅助因子。酶反应的专一性由蛋白酶本身决定。辅助因子本身没有催化能力，其作用是在酶促反应中传递电子、原子或某些基团，维持酶的活性和完成酶的催化过

程。辅助因子可以是金属离子（如铁、铜、锌、镁、钙、钾、钠等），也可以是有机化合物。辅助因子因与蛋白酶结合的程度分为辅酶和辅基，前者为松弛结合，可透析除去，如 NAD^+、$NADP^+$ 等；后者为紧密结合，如 FAD 等。

（3）按酶的催化反应性质分类　可分为氧化还原酶、转移酶、水解酶、裂合酶、异构酶、连接酶或合成酶 6 类。

（二）微生物代谢的调节

微生物代谢调节是指对微生物自身各种代谢反应方向的控制和代谢反应速度的调节。代谢反应方向的控制是指控制代谢的反应途径，即控制代谢产生何种产物；代谢反应速度的调节是控制代谢反应的快慢，即控制代谢产生多少产物。代谢反应方向的控制必须在代谢反应速度的调节基础上进行，因而，微生物的代谢调节更强调代谢速度的调节。

代谢调节主要有两种类型：一类是针对已存在的酶分子进行酶活性的调节；另一类是针对不存在但需要的酶分子进行酶合成的调节。细胞中事先存在的酶称为组成酶（结构酶），组成酶是在相应基因控制下合成，不依赖底物或底物类似物而存在，如分解葡萄糖的 EMP 途径中的有关酶类。细胞中事先不存在，需要在外来底物或底物类似物诱导下合成的酶称为诱导酶，大多数分解代谢酶类是诱导酶。

1. 酶的活性调节

酶活性的调节是指对一定数量的酶，通过对其分子构象或结构的改变来激活或抑制酶的活性，从而调节其催化的生物化学反应速率。底物的性质与浓度、环境因子（温度、pH 值、金属离子等），以及酶的存在等因素都可能调节酶的活性（包括激活和抑制两个方面内容）。酶活性的激活主要指在代谢途径中前面的中间代谢产物或前体对后面代谢的酶的促进作用。例如，粪肠球菌的乳酸脱氢酶活性可被 1,6-二磷酸果糖促进；在青霉素生产中加入苯乙酸前体物质可提高青霉素的产量。酶活性的抑制主要指在代谢途径中代谢产物没被后面的反应用去，产物积累产生对前面反应的酶的活性的抑制作用，即产物积累的反馈抑制。酶活性的调节方式主要是反馈抑制。在生产上，常常通过解除反馈抑制获得更多的代谢产物。反馈抑制主要有以下几种类型。

（1）同工酶　同工酶是指能催化同一化学反应，但其酶蛋白的分子结构不同的一组酶。表现为：在有分支途径的代谢中，第一个酶有几种结构不同的一组同工酶，而每一种末端产物只能抑制一种同工酶，当所有的末端产物都过量时，才能完全阻止反应的进行（图 7-2）。

（2）协同反馈抑制　在分支代谢途径中，几种末端产物同时都过量，才对途径中的第一个酶具有抑制作用。若几个末端产物单独过量则对途径中的第一个酶无抑制作用（图 7-3）。

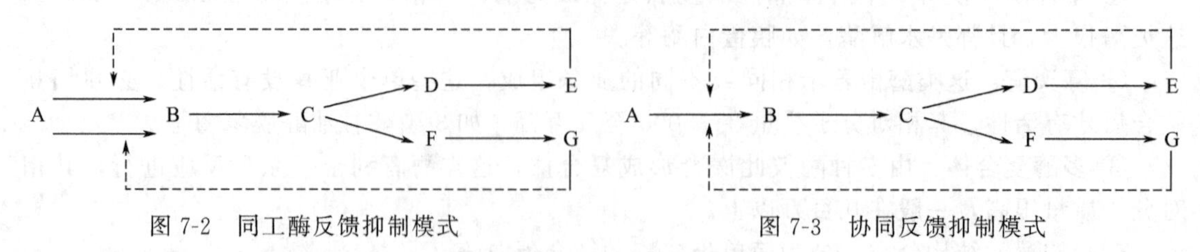

图 7-2　同工酶反馈抑制模式　　　图 7-3　协同反馈抑制模式

（3）累积反馈抑制　在分支代谢途径中，任何一种末端产物过量时都能对共同途径中的第一个酶起抑制作用，而且各种末端产物的抑制作用各不相同，且互不干扰，当各种末端产物都同时过量时，它们的抑制作用是累加的（图 7-4）。比如末端产物 E 单独过量时，抑制 AB 酶活性的 20%，末端产物 G 单独过量时抑制 AB 酶活性的 50%，当 E、G 同时过量时，其抑制活性累加为：$20\%+(1-20\%)\times 50\%=60\%$。

(4) 顺序反馈抑制　在分支代谢途径中，两个末端产物不能直接抑制代谢途径中的第一个酶，而是分别抑制分支点后的反应步骤，造成分支点上的中间产物的积累，中间产物积累后再反馈抑制第一个酶的活性。当 E 积累则停止 C→D 的反应，更多的 C 去合成 G，当 G 又过量时，又抑制了 C→F 的反应，C 就积累起来了，C 又反馈抑制了 A→B 的反应，使整个代谢停止（图 7-5）。

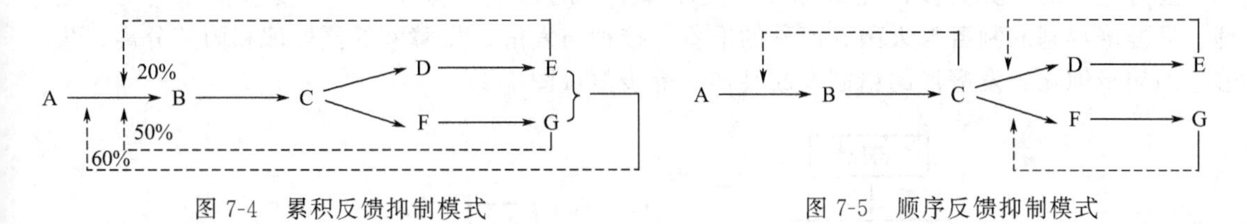

图 7-4　累积反馈抑制模式　　　图 7-5　顺序反馈抑制模式

2. 酶的合成调节

酶的合成调节是指在微生物的代谢过程中，酶并不事先存在，而是根据代谢的需要而进行的酶合成的诱导或阻遏的调节方式，即调节酶的合成量。因某些物质的诱导而产生的酶称为诱导酶。诱导酶大多数是分解代谢酶。酶的诱导作用表示酶合成的启动，酶的阻遏作用表示酶合成的关闭。

(1) 酶合成的诱导　诱导酶合成的物质称为诱导物，它常是酶的底物和底物类似物，但也有分解产物诱导酶的合成，如色氨酸的分解产物犬尿氨酸也会诱导色氨酸降解酶的合成。

酶合成的诱导有协同诱导和顺序诱导两种。诱导物可同时或几乎同时诱导几种酶的合成称为协同诱导，如乳糖诱导大肠杆菌同时合成 β-半乳糖苷透性酶、β-半乳糖苷酶和半乳糖苷转乙酰酶等与分解乳糖有关的酶。协同诱导可使细胞迅速分解底物。顺序诱导是先后诱导合成分解底物的酶。如在色氨酸降解成为儿茶酚的途径中，犬尿氨酸先协同诱导出色氨酸加氧酶、甲酰胺酸酶和犬尿氨酸酶，将色氨酸分解成邻氨基苯甲酸，邻氨基苯甲酸再诱导出邻氨基苯甲酸双氧酶，催化邻氨基苯甲酸生成儿茶酚。顺序诱导对底物的转化速度较慢。

(2) 酶合成的阻遏　酶合成的阻遏主要有终产物的阻遏和分解代谢产物的阻遏两种。

① 终产物的阻遏：由于终产物的过量积累而导致生物合成途径中酶合成的阻遏称为终产物阻遏。它常常发生在氨基酸、嘌呤和嘧啶等重要物质的生物合成中，当微生物细胞中的氨基酸、嘌呤和嘧啶过量时，与这些物质合成有关的许多酶就停止合成。

② 分解代谢产物的阻遏：在环境中同时存在两种或两种以上的可分解利用的底物时，微生物总是先利用其中的一种底物，而不利用另外的底物，这是因为先利用的底物产生的分解代谢产物阻遏了其他底物有关酶的合成的结果。最常见的是葡萄糖效应，比如在环境中同时存在葡萄糖和淀粉时，则 α-淀粉酶的合成受到阻遏，原因是葡萄糖是微生物可直接利用的碳源，而淀粉不能被直接利用，因而，微生物总是先利用葡萄糖，致使 α-淀粉酶的合成受到葡萄糖分解代谢产物的阻遏。又如葡萄糖和乳糖同时存在，微生物首先利用葡萄糖，其分解代谢产物就会阻遏乳糖有关酶的合成。

酶合成调节机制可用操纵子学说来解释。目前研究最清楚的是乳糖操纵子和色氨酸操纵子。

微生物的代谢调节对微生物而言是有利的，它是微生物长期进化的结果。它能节约利用有效的养料和能源，保证微生物在恶劣的环境中生存。对发酵生产而言则是不利的，为了得到更多的发酵产物，我们要利用其代谢调节机理，利用或解除反馈抑制和反馈阻遏，达到我们的生产目的。

第二节 微生物的发酵生产

一、发酵生产的一般过程

发酵生产的种类繁多，性质各异，但发酵生产的过程大体相同，主要包括原料的预处理、发酵培养基的制备与灭菌、菌种的准备、接种与发酵、发酵液的预处理和固液分离、发酵液的初步纯化、发酵液的精制及成品加工等步骤（图 7-6）。

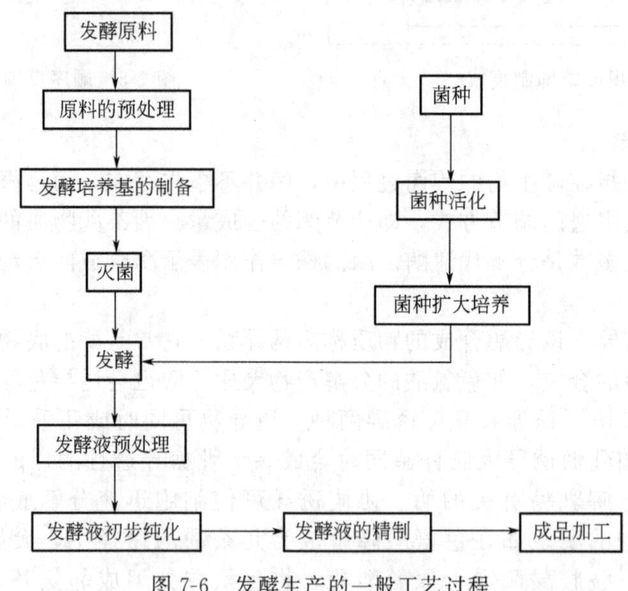

图 7-6 发酵生产的一般工艺过程

二、发酵及产品的类型

1. 发酵类型

（1）好氧发酵与厌氧发酵　根据微生物的呼吸类型，可把发酵分为好氧发酵和厌氧发酵。在好氧发酵过程中，需要不断地供给氧，才能保证发酵的正常进行。如实验室的摇瓶培养，大型发酵罐的搅拌等。厌氧发酵常在密闭、深层静止或无空气供应系统的发酵罐进行，以满足厌氧微生物的需要。

（2）固体发酵与液体发酵　根据发酵培养基的物理状态，可将发酵分为固体发酵和液体发酵。固体发酵是传统的发酵方法，历史悠久，现代工业应用较少，常见的有酒曲、豆酱、豆腐乳、酱油、醋等的发酵生产。液体发酵是现代工业常用的发酵方法，如啤酒、酒精、乳酸、抗生素、氨基酸等的发酵生产，其优点有发酵速度快、发酵周期短、原料利用率高、适合于大规模机械化生产等。

（3）分批发酵与连续发酵　根据发酵有无间歇分为分批发酵与连续发酵。分批发酵是向发酵罐中一次性投入培养料，发酵完毕后一次性地放出发酵液的发酵方法。连续发酵是在发酵过程中一边补入新鲜料液，一边以相近的流速放料，维持发酵液原来的体积的发酵方法。其优点是简化了菌种的扩大培养及发酵罐的多次灭菌、清洗、出料等工序，缩短了发酵周期，设备利用率高，产品质量稳定，便于自动控制等，缺点是菌种易退化或被杂菌污染，培养基的利用率一般低于分批发酵。此法常用于酒精、乳酸等大规模的机械化发酵生产。

2. 发酵产品类型

(1) 根据发酵产品的利用年代分类 可分为传统产品、近代产品和现代产品。

① 传统产品：利用历史悠久，如酒、醋、酱油、豆腐乳等发酵产品。

② 近代产品：随着近代微生物学的发展而开发的产品，如抗生素、氨基酸、有机酸等发酵产品。

③ 现代产品：随着现代生物技术的应用而开发的产品，如胰岛素、干扰素等基因工程为代表的发酵产品。

(2) 根据利用产品的类别不同分类 可分为菌体、代谢物和酶。

① 菌体产品：通过发酵获得大量微生物菌体。如食用菌、食用螺旋藻、酸乳，农用的生物杀虫剂苏云金杆菌，根瘤菌肥，医用的菌苗、疫苗等都是以菌体为利用的发酵产品。

② 代谢物产品：以代谢产物为利用的发酵产品，是利用最多的一类。如酒类、醋、酱油等调味品、抗生素、氨基酸、维生素等。

③ 酶产品：各种酶制剂，由工业生产的酶制剂有50余种，主要应用于食品、皮革、造纸、医药等行业，如酒曲、消食片等。

三、发酵过程控制

微生物代谢是一个复杂的过程，当环境条件发生改变时，代谢途径就发生改变，代谢终产物也就不同。因而在发酵生产中要进行过程控制。发酵过程的控制主要有三个方面的内容，即发酵原料的控制、发酵菌种的控制和发酵条件的控制。

1. 发酵原料的控制

发酵原料是微生物进行发酵作用的物质基础，不同的发酵原料会产生不同的发酵产物。例如，在酿造酱油的生产中，生产原料选择质量分数70%的蛋白质原料（豆粕）和30%的淀粉质原料（麸皮），蛋白质是主要的诱导物，因而，制得的成曲中含有大量的蛋白酶，为蛋白质的水解形成酱油鲜味（氨基酸等）打下良好的基础。又如在白酒生产中，生产原料以淀粉质原料（小麦、玉米等）为主，所制得的成曲含有大量的淀粉酶，通过固态发酵就会产生大量的乙醇。如果在白酒制曲过程中，选择以蛋白质原料为主要生产原料，则制成的白酒曲就会变成酱油曲，白酒发酵就会变成酱油发酵。可见发酵原料的控制是发酵控制的源头，只有做好发酵控制的第一步，才能为今后的发酵过程控制奠定坚实的基础。

2. 发酵菌种的控制

发酵菌种是微生物发酵的主体，不同的微生物，其生物学特性（如生长速度、世代时间、抗杂菌能力、代谢特性及变异特性等）不同，因而其发酵速度、发酵程度以及代谢途径也不相同，所以选择适宜的发酵菌种是发酵控制的核心。例如在酒精发酵生产中，酒精酵母的酒精耐受性高低直接影响酒精产量，选择酒精耐受力高的酒精酵母会提高酒精产量，比如选择酒精耐受力为体积分数15%的酒精酵母与选择体积分数8%的酒精酵母相比，其发酵酒精产量将高出近2倍。又比如在酒精生产中，误将面包酵母当作酒精酵母投入到发酵罐中，虽然发酵底物相同，但只生成少量的酒精。另外，发酵菌种的代数也很重要，一般情况，代数高的菌种衰老快，变异性强，很难完成正常的发酵作用，在发酵生产中宜选择代数低的强壮菌种。可见选择适宜的发酵菌种是非常重要的。

3. 发酵条件的控制

各类微生物对发酵条件的要求不同，同一微生物在不同生长阶段的要求也不一样，并且在发酵过程中，由于营养物质的消耗和代谢产物的积累，都会使各种条件发生变化，因而应经常检查，随时调整。

（1）温度 随着温度的升高，菌体生长和代谢加快，发酵反应的速率加快。当超过最适温度范围后，随着温度的升高，酶很快失活，菌体衰老，产量降低。温度也影响微生物的合成途径。例如金色链霉菌在30℃以下时合成金霉素的能力较强，当温度超过35℃时，则只合成四环素而不合成金霉素。另外，微生物生长的最适温度和代谢产物形成的最适温度常不相同，如灰色链霉菌的最适生长温度是37℃，但产生抗生素的最适温度是28℃，因而在发酵过程中应采取分阶段控制。

（2）pH值 不同菌种在生长阶段和产物合成阶段的最适pH值往往不同，不同的pH值也会使同一菌种积累不同的代谢产物。如黑曲霉在pH值为2.0～3.0的环境中发酵蔗糖，产物以柠檬酸为主，只产生极少量的草酸，当pH值接近中性时，则大量产生草酸，而柠檬酸的产量很低。又如酵母菌在适宜pH值时，进行乙醇发酵，不产生甘油和乙酸，当环境pH值大于7.6时，发酵产物除乙醇外，还有甘油和乙酸。因而应根据目的，对pH值采取相应的控制。

另外，在发酵过程中，随着菌体对营养物质的利用和代谢产物的积累，发酵液的pH值也会发生相应的变化。因而应采取相应的措施维持发酵液pH值的相对稳定，常采用在发酵液中添加维持pH值的缓冲物质，或通过补加氨水、尿素、碳酸铵或碳酸钙来调控pH值。

（3）溶解氧 对于好氧发酵，需要大量的溶解氧，但氧很难溶于水，因而，应向发酵液中不断补充大量氧，并且要不断地进行搅拌，以提高氧在发酵液中的溶解度。对于厌氧发酵，不需供应氧气。例如，酒精酵母发酵，如不控制厌氧条件，而是大量通风供氧，酵母菌代谢就会走有氧降解途径，大量的葡萄糖就会被彻底地氧化为二氧化碳和水，只能收获大量的酵母菌体，而不能收获乙醇；如果酒精厌氧发酵后期大量通风供氧，那么已发酵产生的乙醇将会被氧化为乙酸。可见，相同的发酵底物，相同的发酵菌种，不同的溶解氧，不同的代谢方向，会产生不同的代谢产物。

第三节 生化特征在菌种鉴定上的应用

自然界中微生物种类繁多，生化代谢也有多种类型，因而可用微生物的生理生化反应特征作为细菌鉴定和分类的依据。

一、生理生化反应特征指标

1. 利用物质的能力

不同的微生物在生长繁殖过程中对营养物质的利用能力是有差别的，包括对各种碳源利用的能力（能否以CO_2为唯一碳源、各种糖类的利用情况等），对各种氮源的利用能力（能否固氮、硝酸盐和铵盐的利用情况等），对能源的要求（利用光能还是化学能、氧化无机物还是氧化有机物等），对生长因子的要求（是否需要生长因子，需要什么生长因子等）。

2. 代谢产物的特殊性

不同的微生物在不同的环境条件下，其代谢途径不同，代谢终产物是有差别的。如是否产生H_2S、CO_2、有机酸、醇、吲哚，能否还原硝酸盐，能否使牛乳凝固、胨化等。利用代谢产物的特征来鉴别微生物的方法非常多，目前在实训室实训主要应用这种方法。

3. 与环境条件的关系

不同的微生物在生长代谢过程中的要求是不相同的。测出适合某种微生物生长和代谢的温度范围，以及它的最适生长温度、最低生长温度和最高生长温度。测出适合某种微生物生长和代谢的最适 pH 值范围。掌握某种微生物对氧气的关系，看它是好氧、微量好氧、兼性好氧、耐氧还是专性厌氧。

二、实训室常见生理生化实验

1. 大分子物质的水解试验

通过大分子物质的水解试验，可以说明不同微生物有着不同的酶系统。

微生物对大分子物质的淀粉、蛋白质和脂肪不能直接利用，必须靠细菌产生的胞外酶将大分子物质分解才能被微生物吸收利用。胞外酶主要为水解酶，可以将大的物质裂解为较小的化合物，然后才能被运输到细胞内。如淀粉酶水解淀粉为小分子的糊精、双糖和单糖；脂肪酶水解脂肪为甘油和脂肪酸；蛋白酶水解蛋白质为氨基酸等。

我们可以通过观察细菌菌落周围的物质颜色变化来证实大分子物质被酶降解。

淀粉遇碘液会产生蓝色，不产生蓝色的区域则说明淀粉已被水解，表明细菌产生有淀粉酶；脂肪水解后产生脂肪酸可使培养基的 pH 值降低，会使加入培养基的中性红指示剂由淡红色变为深红色，说明胞外存在脂肪酶；明胶蛋白质在 25℃以下为凝胶状态，25℃以上为液化状态，当在 25℃以下或者 4℃时仍能保持液化状态，说明明胶已被水解，胞外存在明胶酶。

石蕊牛乳培养基由脱脂牛乳和石蕊组成，呈浑浊的蓝色，当培养基变成透明，说明蛋白质酪素被水解成氨基酸和肽；当培养基变成粉红色，说明乳糖发酵产酸，使石蕊在酸性条件下变为粉红色；当培养基变为紫色，说明氨基酸的分解引起碱性反应，使石蕊变为紫色。此外，某些细菌还能还原石蕊，使试管底部变为白色。

尿素是由大多数哺乳动物消化蛋白质后被分泌在尿中的废物。尿素酶能分解尿素释放出氨。虽然许多微生物都可以产生尿素酶，但它们利用尿素的速度比变形杆菌属的细菌要慢得多，因此尿素酶试验能快速区分这个属的成员。尿素琼脂含有蛋白胨、葡萄糖、尿素和酚红。酚红在 pH 值为 6.8 时为黄色，pH 值为 8.4 时为粉红色。在培养过程中，当培养基变为粉红色，说明存在尿素酶，使尿素被分解产生氨，培养基的 pH 值就升高。

2. 糖发酵试验

糖发酵试验常用于肠道细菌的鉴定。绝大多数细菌都能利用糖类作为碳源和能源，但是它们在分解糖类物质的能力上有很大的差异。大肠杆菌能分解乳糖和葡萄糖产酸并产气；伤寒杆菌分解葡萄糖产酸不产气，不能分解乳糖；普通变形杆菌分解葡萄糖产酸产气，不能分解乳糖。

3. IMViC 与硫化氢试验

IMViC 是吲哚试验（indol test）、甲基红试验（methyl red test，即 MR 试验）、伏-普试验（Voges-Prokauer test，即 VP 试验）和柠檬酸盐试验（citrate test）四个试验的缩写，i 是在英文中为了发音方便而加上的。IMViC 与硫化氢试验主要用来快速鉴别大肠杆菌和产气肠杆菌，多用于水的细菌学检查。虽然大肠杆菌并非致病菌，但在饮用水中超过一定数量，则表示受粪便污染。产气肠杆菌也广泛存在于自然界中，因此检查水时要将两者分开。

大肠杆菌、伤寒杆菌、普通变形杆菌、产气肠杆菌可以用革兰染色显微区分吗？

实践技能训练 15 糖发酵试验

一、实训目的

1. 了解糖发酵的原理和在肠道细菌鉴定中的重要作用。
2. 掌握通过糖发酵鉴别不同微生物的方法。

二、实训材料

1. 菌种

大肠杆菌、普通变形杆菌斜面各一支。

2. 培养基

葡萄糖发酵培养基试管和乳糖发酵培养基试管各 3 支（内装有倒置的德汉氏小管）。

3. 实训器具

试管架、接种环，试管、德汉氏小管、灭菌锅、培养箱等。

三、实训原理

绝大多数细菌都能利用糖类作为碳源和能源，但它们在分解糖类物质的能力上有很大差异。有些细菌能分解某种糖产生有机酸（如乳酸，乙酸，丙酸等）和气体（如氢气，甲烷，二氧化碳等），有些细菌只产酸不产气。发酵培养基含有蛋白胨、指示剂（溴甲酚紫）、倒置的德汉氏小管和不同的糖类。当发酵产酸时，溴甲酚紫指示剂可由紫色（pH 值 6.8）变为黄色（pH 值 5.2），气体的产生可由倒置的德汉氏小管中有无气泡来证明（图 7-7）。

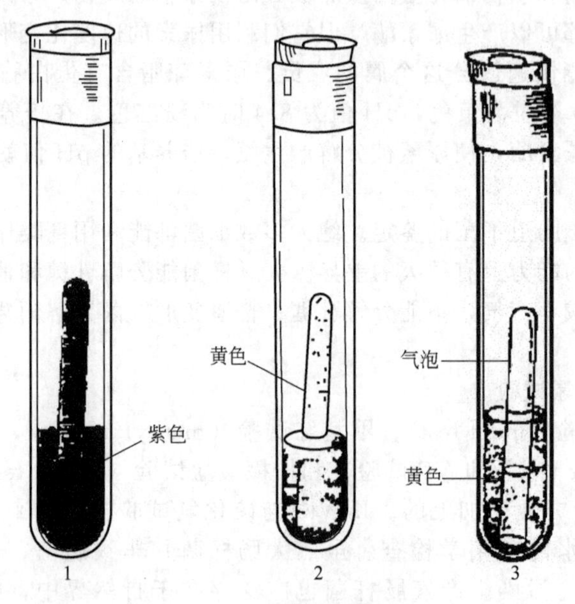

图 7-7 糖发酵试验

1—培养前的情况；2—培养后产酸不产气；3—培养后产酸产气

四、实训方法与步骤

(1) 用记号笔在各试管外壁上分别标明发酵培养基名称和所接种的细菌菌名。

(2) 取葡萄糖发酵培养基试管3支，分别接入大肠杆菌，普通变形杆菌，第三支不接种，作为对照。另取乳糖发酵培养基试管3支，同样分别接入大肠杆菌，普通变形杆菌，第三支不接种，作为对照。接种后，轻缓摇动试管，使其均匀，防止倒置的小管进入气泡。

(3) 将接种后和作为对照的6支试管置于37℃恒温箱培养24～48h。

(4) 观察各试管颜色变化和德汉氏小管中有无气泡产生。

五、实训内容

1. 菌种已准备，培养基由4人小组统一配制。

2. 每位同学准备6支试管，作标记，分别各装3支葡萄糖发酵培养基和乳糖发酵培养基，放入倒置的德汉氏小管，灭菌，接种，培养24～48h。然后观察颜色变化和气泡有无。

六、实训报告

1. 将实训过程详细写入实训报告。

2. 把观察到的结果填入下表。用“+”、“-”表示。“+”表示产酸产气，“-”表示不产酸不产气。

糖类发酵	大肠杆菌	普通变形杆菌	对照
葡萄糖发酵			
乳糖发酵			

3. 假如某种微生物可以有氧代谢葡萄糖，发酵试验应该出现什么结果？

实践技能训练16 IMViC与硫化氢试验

一、实训目的

了解IMViC与硫化氢反应的原理及其在肠道细菌鉴定中的意义和方法。

二、实训材料

1. 菌种

大肠杆菌、产气肠杆菌。

2. 培养基

蛋白胨水培养基、葡萄糖蛋白胨水培养基、柠檬酸盐斜面培养基、醋酸铅培养基。

在配制柠檬酸盐斜面培养基时，其pH值不要偏高，以浅绿色为宜。吲哚试验中用的蛋白胨水培养基，宜选用色氨酸含量高的蛋白胨，如用胰蛋白酶水解酪素得到的蛋白胨中色氨酸含量较高。

3. 溶液或试剂

甲基红指示剂、40%KOH、5% α-萘酚乙醚、吲哚试剂等。

三、实训原理

吲哚试验用来检测吲哚的产生。有些细菌能产生色氨酸酶，分解蛋白胨中的色氨酸产生吲哚和丙酮酸。吲哚本身没有颜色，但吲哚与对二甲基氨基苯甲醛结合，就形成红色的玫瑰吲哚。大肠杆菌吲哚反应为阳性，产气肠杆菌为阴性。

甲基红试验是用来检测由葡萄糖产生的有机酸，如甲酸、乙酸、乳酸等。当细菌代谢糖产酸时，培养基就会变酸，使加入培养基的甲基红指示剂由橘黄色（pH 值为 6.3）变为红色（pH 值为 4.2），即甲基红反应。大肠杆菌和产气肠杆菌在培养的早期均产生有机酸，但大肠杆菌在培养后期仍能维持酸性 pH 值 4，而产气肠杆菌则转化有机酸为乙醇，丙酮酸等非酸性末端产物，使 pH 值大约升至 6。因此大肠杆菌为阳性反应，产气肠杆菌为阴性反应。

伏-普试验是用来测定某些细菌利用葡萄糖产生非酸性或中性末端产物（如丙酮酸）的能力。丙酮酸进行缩合，脱羧生成乙酰甲基甲醇，此化合物在碱性条件下能被空气中的氧气氧化成二乙酰。二乙酰与蛋白胨中精氨酸的胍基作用，生成红色化合物，即伏-普反应为阳性。有时为了使反应更为明显，可加入少量含胍基的化合物，如肌酸等。

柠檬酸盐试验是用来检测柠檬酸盐是否被利用。产气肠杆菌能够利用柠檬酸钠作为碳源，大肠杆菌不能利用柠檬酸盐。柠檬酸盐是一种弱酸强碱盐，在有水存在的情况下发生水解反应，形成柠檬酸和强碱，细菌不断利用柠檬酸后，碱的浓度不断上升，使培养基的 pH 值升高，当加入 1%溴麝香草酚蓝指示剂时，培养基就会由绿色变为深蓝色。溴麝香草酚蓝的指示范围为：pH＜6.0 时呈黄色，pH 在 6.0～7.0 时为绿色，pH＞7.6 时呈蓝色。

硫化氢试验是检测硫化氢的产生。有些细菌能分解含硫的有机物（如胱氨酸、半胱氨酸、甲硫氨酸等）产生硫化氢，硫化氢遇上培养基中的铅盐或铁盐等，就形成黑色的硫化铅或硫化铁沉淀物。大肠杆菌为阴性反应，产气肠杆菌为阳性反应。

四、实训方法与步骤

1. 接种与培养

① 用接种针将大肠杆菌、产气肠杆菌分别穿刺接入 2 支醋酸铅培养基中（硫化氢试验），置于 37℃恒温箱中培养 48h。

② 将上述两种菌分别接种到 2 支蛋白胨水培养基（吲哚试验）、2 支葡萄糖蛋白胨水培养基（甲基红试验和伏-普试验）和 2 支柠檬酸盐斜面培养基中，置 37℃温箱培养 48h。

2. 结果观察

① 硫化氢试验：培养 48h 后观察黑色硫化铅的产生。

② 吲哚试验：培养 48h 后的蛋白胨水培养基内加 3～4 滴乙醚，摇动数次，静置 1～3min，待乙醚上升后，沿试管壁徐徐加入 2 滴吲哚试剂，在乙醚和培养物之间产生红色环状物为阳性反应。

③ 甲基红试验：培养 48h 后，将 1 支葡萄糖蛋白胨水培养物内加入甲基红试剂 2 滴，培养基变为红色者为阳性，变黄色者为阴性。注意：甲基红试剂不要加得太多，以免出现假阳性反应。

④ 伏-普试验：培养 48h 后，将另 1 支葡萄糖蛋白胨水培养物内加入 5～10 滴 40% KOH，然后加入等量的 5% α-萘酚溶液，用力振荡，再放入 37℃温箱中保温 15～30min，以加快反应速度。若培养物呈红色者，为伏-普阳性反应。

⑤ 柠檬酸盐试验：培养 48h 后观察柠檬酸盐叙面培养基上有无细菌生长和是否变色，蓝色为阳性，绿色为阴性。

五、实训内容

1. 分 4 个小组，每个小组配制一种培养基和试剂，供全班实训所用。

2. 每位同学准备 15 支试管，作标记（其中每种试验 2 支接种，1 支对照），然后装入相应培养基，灭菌、接种、培养、观察结果。

六、实训报告

1. 详细说明实训原理和操作方法

2. 把实训结果填入下表。用“＋”、“－”表示。“＋”表示阳性反应，“－”表示阴性反应。

实训结果记录表

菌名	IMViC 试验				硫化氢试验
	吲哚试验	甲基红试验	伏-普试验	柠檬酸盐试验	
大肠杆菌					
产气肠杆菌					
对照					

3. 思考题

（1）为什么在吲哚试验中用吲哚的存在作为色氨酸酶活性的指示剂，而不是用丙酮酸？

（2）为什么大肠杆菌是甲基红反应阳性，而产气肠杆菌为阴性？这个试验与伏-普试验最初底物与最终产物有何异同处？

（3）在硫化氢试验中，乙酸铅有何作用？可用哪种化合物代替乙酸铅？

[目标检测]

一、解释名词

新陈代谢　代谢　合成代谢　分解代谢　生物氧化　发酵作用　呼吸作用　氧化磷酸化　光合磷酸化　酶　同工酶

二、选择题

1. 生物体进行生命活动所需要的能量形式是（　　）。

A. 光能　　B. 化学能　　C. 热能

2. 化能异养微生物的主要产能方式是（　　）。

A. 发酵　　B. 呼吸　　C. 无机物氧化　　D. 光能转换

3. 能进行乙醇发酵的微生物很多，但生产上应用最多的是（　　）。

A. 细菌　　B. 放线菌　　C. 酵母菌　　D. 霉菌

4. 酶主要是由（　　）组成的生物大分子。

A. 糖类　　B. 脂类　　C. 蛋白质　　D. DNA

5. 下列不属于酶的催化特性的是（　　）。

A. 高效性　　B. 专一性　　C. 反应条件温和　　D. 酶活性不易受调控

6. 下列关于发酵作用的描述正确的是（　　）。

A. 电子供体和电子受体都是无机物分子

B. 电子供体和电子受体都是有机物分子

C. 电子供体是无机物分子，电子受体是有机物分子

D. 电子供体是有机物分子，电子受体是无机物分子

7. 下列关于厌氧呼吸描述正确的是（　　）。

A. 电子供体和电子受体都是无机物分子

B. 电子供体和电子受体都是有机物分子
C. 电子供体是无机物分子，电子受体是有机物分子
D. 电子供体是有机物分子，电子受体是无机物分子
8. 下列关于酶描述不正确的是（　　）。
A. 酶都是蛋白质组成的大分子　　B. 酶活性的调节包括酶的激活和抑制
C. 酶活性的抑制主要是反馈抑制　　D. 酶的合成调节包括酶合成的诱导和阻遏
9. 能够分解乳糖和葡萄糖产酸产气的微生物是（　　）。
A. 大肠杆菌　　B. 普通变形杆菌　　C. 伤寒杆菌
10. 用来鉴别大肠杆菌和产气肠杆菌的实验是（　　）。
A. 革兰染色的显微鉴定　　B. 糖发酵试验
C. IMViC 及硫化氢试验
11. 青霉素的发酵生产中一般加入（　　）前体物质可增加产量。
A. 乙醇　　B. 乙酸　　C. 苯乙酸　　D. 苯丙氨酸

三、问答题

1. 发酵作用、有氧呼吸和无氧呼吸有哪些主要不同点？
2. 酶有哪些催化特点？
3. 由于环境条件的不同，酵母菌的乙醇发酵有哪几种代谢结果？
4. 微生物代谢调节有哪两种类型？反馈抑制主要有哪几种类型？
5. 发酵过程应注意哪些控制？
6. 微生物实验室常见的生理生化实验有哪些？

第八章 微生物的遗传育种和菌种保藏技术

[学习目标]

1. 知识标准

理解微生物的遗传与变异基础知识，熟知微生物菌种选育的常用方法；熟知微生物菌种的衰退与复壮知识；理解微生物菌种的保藏原理。

2. 技能标准

能够进行微生物菌种的常用保藏。

微生物与其他生物一样具有遗传性和变异性。遗传性是指生物的亲代传递给其子代一套遗传信息的特性。生物体所携带的全部基因的总和称为遗传型或基因型。具有一定遗传型的个体，在特定的外界环境中，通过生长和发育所表现出的种种形态和生理特征的总和，称为表型。相同遗传型的生物，在不同的外界条件下，会呈现不同的表型，称为饰变。饰变不是真正的变异，因其遗传物质结构并未发生变化。只有遗传物质结构上发生的变化，才称为变异。在群体中，自然发生变异的概率极低，但一旦发生变异后，却是稳定的和可遗传的。

第一节 微生物的遗传物质

一、微生物遗传的物质基础

遗传信息必须由某些物质作为携带和传递的载体，即遗传的物质基础。通过三个经典实验（肺炎双球菌的转化实验、噬菌体的感染实验及病毒的拆开和重建实验）证实核酸是遗传的物质基础，核酸分为脱氧核糖核酸（DNA）和核糖核酸（RNA）两种，DNA是一切生物的遗传物质，RNA是某些病毒的遗传物质。它们都是由核苷酸聚合而成的大分子化合物，核苷酸由碱基、戊糖和磷酸3部分组成。

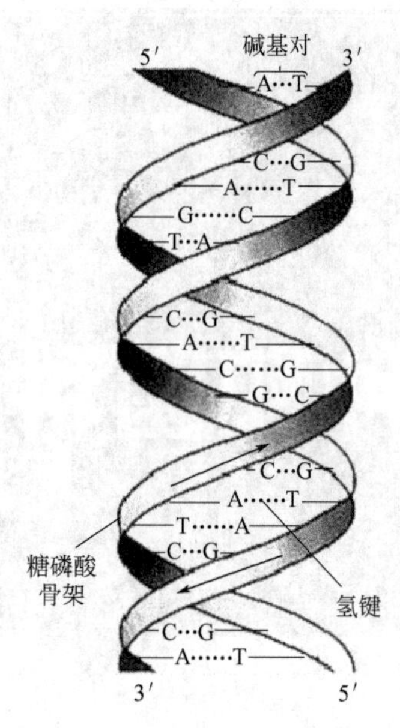

图 8-1 DNA 分子的双螺旋结构模型

1. DNA 的分子结构

组成 DNA 分子的戊糖是脱氧核糖，碱基是腺嘌呤（A）、鸟嘌呤（G）、胞嘧啶（C）和胸腺嘧啶（T）四种。各种微生物都遵循 A=T、G=C 的碱基配对原则。

沃森（Watson）和克里克（Crick）于 1953 年提出 DNA 的双螺旋结构模型（如图 8-1），认为 DNA 分子由两条多核苷酸链构成。其特点有：①DNA 两条单链的相对位置上的碱基有严格的配对关系，一条单链上嘌呤的相对位置上必定是嘧啶，一条单链上嘧啶的相对位置上必定是嘌呤，且碱基配对原则是 A 必定与 T 配对，G 必定与 C 配对；②DNA 链上的碱基对排列数量没有一定规律，从而决定了 DNA 结构的变化是无穷无尽的，因而具有高度的多样性。

一个 DNA 分子携带有许多遗传信息，我们可以根据功能把一个 DNA 分子分成若干片断，每一片断对应一种功能，这样的片断称为基因。因此，基因就是具有某一特定功能的 DNA 分子片断。由于各种微生物所含的 DNA 分子大小不同、碱基对数量不同，因而所含基因的数量也有很大的差异。

2. RNA 分子结构

某些动植物病毒和微生物噬菌体是以 RNA 为遗传物质的，如动物骨髓灰质炎病毒为单链 RNA。RNA 的基本结构与 DNA 相似，但组成 RNA 的戊糖是核糖核酸，碱基为 A、C、G、U，含有尿嘧啶（U），没有胸腺嘧啶（T），RNA 由单链构成，较 DNA 短。

3. 微生物中遗传物质的存在形式

遗传物质主要存在于细胞核的染色体上，也可以以质粒等形式存在于细胞核外。

（1）染色体　染色体是所有生物（真核微生物和原核微生物）遗传物质 DNA 的主要存在形式。不同生物的 DNA 分子量、碱基对数、长度等都不相同，总趋势是越是低等的生物，其 DNA 分子量、碱基对数和长度越小，相反则越大。真核微生物和原核微生物的染色体有着明显的区别：①真核生物的遗传物质是 DNA，原核生物的遗传物质是 DNA 或 RNA；②真核生物的染色体由 DNA 及蛋白质（组蛋白）构成，原核生物的染色体只是单纯的 DNA 或 RNA；③真核生物的染色体不止一个，呈线形，而原核微生物的染色体往往只有一个，呈环形；④真核生物的多条染色体形成核仁并为核膜所包被，膜上有孔，而原核微生物的染色体外无膜包围。

（2）细胞器中的 DNA　细胞器中的 DNA 是真核微生物中除染色体外遗传物质存在的另一种重要形式。真核微生物的细胞器（如叶绿体、线粒体等）都有自己的独立于染色体的 DNA，它们携带有编码相应酶的基因，如线粒体 DNA 携带有编码呼吸酶的基因，叶绿体 DNA 携带有编码光合作用酶系的基因。细胞器中的 DNA 常呈环状，数量只占染色体 DNA 的 1%以下。细胞器的 DNA 一旦消失以后，后代细胞中不再出现。

（3）质粒　质粒是微生物染色体外或附加于染色体的携带有某种特异性遗传信息的 DNA 分子片段。目前仅在原核微生物和真核微生物的酵母菌中发现。

微生物质粒 DNA 的分子量明显小于宿主细胞染色体 DNA 的分子量，质粒所携带的遗传信息量也较少，并且不是细胞生死存亡所必需。质粒的特性主要有：①可转移性，某些质粒可以通过细胞间的接合作用从供体细胞向受体细胞转移；②可整合性，在某种特定条件下，质粒 DNA 可以整合到宿主细胞染色体上，并可以重新脱离；③可重组性，不同来源的质粒之间，质粒与宿主细胞染色体之间的基因可以发生重组，形成新的重组质粒，从而使宿主细胞具有新的表现性状；④可消除性，采用加热等因素处理，质粒可以被消除，质粒也可以自行消失。

常见质粒有：①抗药性质粒（R 质粒、R 因子）。携带有分解某种抗生素或药物酶系的基因的质粒，赋予宿主细胞耐或抗或分解或失活某种抗生素或药物的性能。②抗生素产生质粒。携带有合成某种抗生素的酶系基因的质粒，赋予宿主细胞合成某种抗生素的性能。③大肠杆菌素质粒（Col 质粒、Col 因子）携带有产生大肠杆菌素酶系基因的质粒，赋予大肠杆菌产生大肠杆菌素的能力。④性质粒（如 F 质粒、F 因子）。它是 *E. coli* 等细菌中决定性别的质粒。

二、细胞中 DNA 的复制

亲代的表型性状要在子代中得以完全表现，必须将亲代的遗传信息既能完整地传递给子代，又能保留在亲代中。现已清楚生物用半保留复制的方式进行复制，即 DNA 的每一次复制所形成的两个分子中，每个分子都保留它的亲代的 DNA 分子的一个单链。即每一个新复制的 DNA 双链中，其中一条链来自于亲代 DNA，另一条链为与亲代 DNA 链相互补的新链，如图 8-2。

亲代分子复制时，DNA 分子首先从一端或某处的氢键断裂而使双键松开，然后再以每一条 DNA 单链为模板，沿着 5′→3′方向，通过碱基配对各自合成完全与之互补的一条新链，最后新合成的链和原来的一条模板链形成新的双螺旋 DNA 分子。

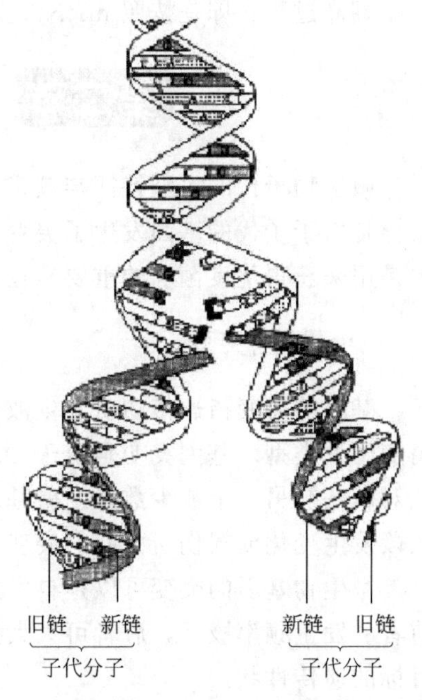

图 8-2 DNA 分子半保留复制

三、RNA 与遗传表达

1. RNA 的功能

RNA 是 DNA 携带的遗传信息表达为生物遗传表型特性的主要中间环节。

根据 RNA 在生物性状遗传表达过程中的功能，可分为核糖体 RNA（rRNA）、信使 RNA（mRNA）和转移 RNA（tRNA）3 种。

(1) rRNA rRNA 是组成核糖体的主要成分，可占细胞总 RNA 总量的 80%以上或核糖体的 65%左右。核糖体是细胞合成蛋白质的场所。

(2) mRNA mRNA 的碱基是 A、U、C、G，其功能是将 DNA 上遗传信息携带到合成蛋白质的场所核糖体上，即其链上碱基的排列顺序决定了其所携带的遗传信息。mRNA 链上每 3 个核苷酸组成一个三联体密码子，编码一种氨基酸。所有编码构成蛋白质的 20 种氨基酸的全部密码子称为遗传密码。按 4^3 排列组合全套遗传密码，可有 64 个密码子，因此，20 个氨基酸中除少数氨基酸如色氨酸、甲硫氨酸外，一个氨基酸可有多个密码子，如丝氨酸可有 UCV、UCA、UCC 和 UCG 4 个密码子编码。64 个密码子中有 3 个密码子（UAA、UGA 和 UAG）是终止密码子，作为终止合成的信号。

mRNA 在原核微生物细胞中的寿命仅几分钟，但在真核生物细胞中可有几小时乃至几天。

(3) tRNA　tRNA 在蛋白质合成过程中起将氨基酸运输转移到核糖体上的作用。

2. 遗传信息的转录与翻译

F. Crick 于 1958 年首次提出了 DNA→RNA→蛋白质（或多肽链）的这一遗传信息单向传递的中心法则。在这个中心法则中，从 DNA 基因到蛋白质有两个过程，前一过程从 DNA→RNA，称为转录，后一过程从 RNA→蛋白质，称为翻译。

转录过程：转录是将 DNA 链携带的遗传信息（基因）按碱基配对原则转录于 mRNA 上，形成一条或多条 mRNA 链，使 mRNA 链上携带有 DNA 链携带的遗传基因信息。转录产生的 RNA 分子经特定的核酸酶加工成为结构复杂的 rRNA 和 tRNA 分子。

翻译过程：即是按照 mRNA 上的遗传密码将氨基酸合成多肽链、蛋白质的过程。

第二节　微生物变异和育种技术

微生物子代的表型特征与其亲代的表型特征发生较大的差异，称为微生物的变异。这种差异是由于子代的基因发生了突变和重组等所引起的。它们推动了生物进化的遗传多样性，也是用来获得优良菌株的重要途径。

一、基因突变

基因的突变指遗传物质发生数量或结构变化的现象，包括基因突变（点突变）和染色体畸变两种类型。基因突变是由于 DNA（或 RNA 病毒和噬菌体的 RNA）链上的一对或少数几对碱基被另一个或少数几个碱基对取代发生改变的突变类型。染色体畸变则是 DNA 链上大段发生变化或损伤所引起的突变类型。

微生物基因的突变可以是自发发生（自发突变）和人工创造环境促使发生（诱发突变），前者的发生频率极低，后者可大大提高突变发生的频率，可定向筛选加速获得具有符合研究目标的遗传性状。

凡能提高突变率的任何理化因子都称为诱变剂。诱变剂包括化学因子（如亚硝酸、羟胺和烷化剂）、物理因子（如紫外线、X 射线，以及热处理）和生物因子（如其他微生物的 DNA 片段、转座子）等。

1. 突变类型

根据由突变导致的表型改变，突变型可分为以下几种类型。

(1) 形态突变型　指细胞形态发生变化或引起菌落形态改变的那些突变型。如细菌鞭毛、芽孢或荚膜的有无，菌落的大小，外形的光滑（S 型）、粗糙（R 型）和颜色等的变异；放线菌或真菌产孢子的多少、外形或颜色的变异等。

(2) 生化突变型　指一类代谢途径发生变异而导致生化功能的改变或丧失，但没有明显的形态变化的突变型。

① 营养缺陷型：是一类重要的生化突变型。由基因突变而引起代谢过程中某种酶的合成能力丧失，而必须在原有培养基中添加相应的营养成分才能正常生长的突变型。营养缺陷型在科研和生产实践中有着重要的应用。

[知识链接]

代谢的人工控制在于打破微生物的代谢控制体系，使代谢朝着人们所希望的方向进行，积累大量的人们所需要的微生物代谢产物。人工控制代谢的手段有改变微生物遗传特性、控制发酵条件和改变细胞膜通透性三种方法。营养缺陷型菌种就是人为改变微生物的代谢方向朝着人们所需要的方向进行，因而在工业发酵中有广泛的应用。例如选育谷氨酸发酵的营养缺陷型菌株，就在于阻断 α-酮戊二酸到琥珀酰 CoA 和乙醛酸两条代谢途径，微生物只能沿着谷氨酸代谢方向合成，另外，改变细胞膜的通透性，谷氨酸不断排到细胞外，就不会造成谷氨酸在细胞内过多产生反馈抑制，谷氨酸就会大量生成。

② 抗性突变型 是一类能抵抗有害理化因素的突变型。根据其抵抗的对象可分抗药性、抗紫外线或抗噬菌体等突变类型。它们十分常见且极易分离，一般只需在含抑制生长浓度的某药物、相应的物理因素或在相应噬菌体平板上涂上大量敏感细胞群体，经一定时间培养后即可获得。

③ 抗原突变型 指细胞成分尤其是细胞表面成分（细胞壁、荚膜、鞭毛）的细微变异而引起抗原性变化的突变型。

(3) 致死突变型 由于突变造成个体死亡的突变型叫致死突变型。由于突变造成个体生活力下降但不致死亡的突变型称为半致死突变型。

(4) 条件致死突变型 在某一条件下具有致死效应而在另一条件下没有致死效应的突变型。温度敏感突变型是最典型的条件致死突变型。如某些大肠杆菌菌株可生长在 37℃下，但不能在 42℃生长；T4 噬菌体的几个突变株在 25℃下有感染力，而在 37℃下则失去感染力等。

突变类型之间没有严格的区分界限。如营养缺陷型也可以认为是一种条件致死突变型，因为在没有补充给它们所需要物质的培养基上不能生长。所有的突变型可以认为是生化突变型，因为任何突变，不论是影响形态或者是致死，都必然有它们的生化基础。

2. 基因突变的特点

(1) 不对应性 即突变性状与引起突变的原因间无直接对应关系。

(2) 自发性 可以在没有人为诱变因素下自发发生。

(3) 稀有性 自发突变的频率是较低和稳定的，一般在 10^{-10}～10^{-6}之间。

(4) 独立性 突变的发生对于细胞或基因而言是随机的。

(5) 诱变性 通过诱变剂的作用，可提高自发突变的频率，一般可提高 10～10^{5}倍。

(6) 稳定性 突变所产生的新性状具有稳定性而且可以遗传的。

(7) 可逆性 由野生型基因变为突变型基因的过程称为正向突变，相反的过程则称为回复突变。实验证明，任何性状既有正向突变，也可发生回复突变。回复突变率同样是很低的。

3. 基因突变的机制

(1) 碱基置换 DNA 双链中的某一碱基对转变成另一碱基对的现象称为基因置换。置换可分为两类：一类叫转换，即 DNA 链中的一个嘌呤被另一个嘌呤或是一个嘧啶被另一个嘧啶所置换；另一类叫颠换，即一个嘌呤被一个嘧啶或是一个嘧啶被一个嘌呤所置换。

(2) 移码突变 是指 DNA 分子中的一个或少数几个碱基对（核苷酸）的增加或缺失，从而使该部位后面的全部遗传密码发生转录和转译错误的一类突变（图 8-3）。

①正常 DNA 链上的三联密码子；②第三个密码子中增添一个碱基后的三联密码子；

③在第二个密码子上缺失一个碱基A后引起的变化；④增添一个碱基和缺失一个碱基后，其后的密码子又恢复正常；⑤增添三个碱基后，只引起一段密码子不正常；⑥如缺失三个碱基，也只引起一段密码子不正常。

（3）染色体畸变　指大段DNA分子的损伤所引起的突变。如X射线的辐射和烷化剂、亚硝酸等，可引起DNA的大损伤，主要包括染色体结构上的缺失、重复、插入、易位、倒位以及染色体数目的变化。

二、基因重组

凡把两个不同性状个体内的遗传基因转移在一起重新组合，形成新的遗传个体方式，称为基因重组。

基因重组可分为自然发生和人为操作两类。在原核微生物中，自然发生的基因重组方式主要有接合、转导、转化和原生质融合等方式。在真核微生物中有有性杂交、准性杂交、酵母菌2mm质粒转移等。

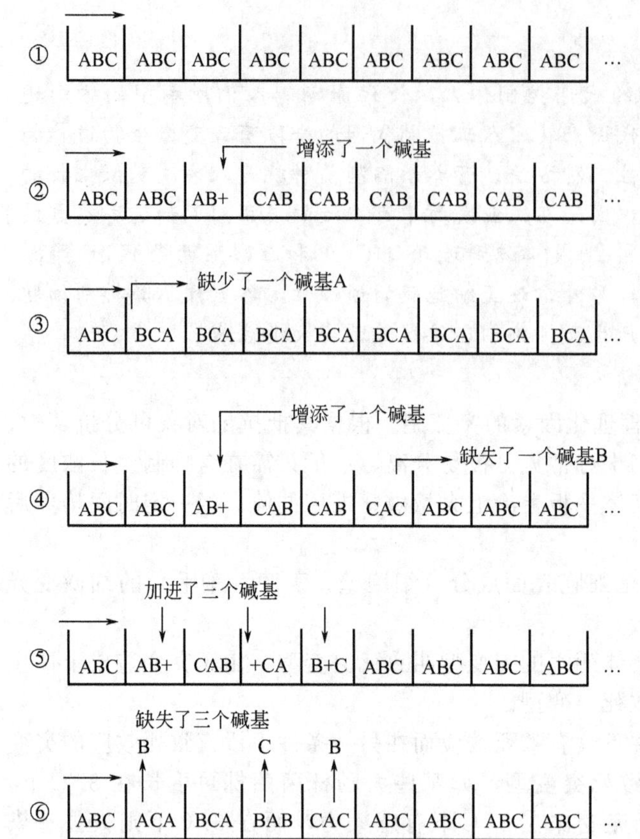

图8-3　移码突变类型

1. 原核微生物的基因重组

（1）接合　通过性菌毛的作用，将遗传物质由供体菌转移到受体菌内，这种转移方式称为接合（图8-4）。在细菌中，接合现象研究得最清楚的是大肠杆菌。

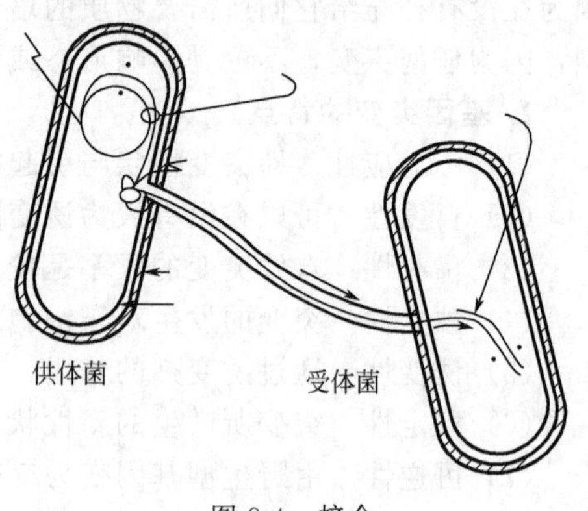

图8-4　接合

（2）转导　以温和噬菌体为媒介，携带供体菌的遗传物质转移到受体菌内，从而使后者获得前者部分遗传性状的现象，称为转导。

（3）转化　受体菌直接摄取供体菌裸露的DNA片断，整合到自己的基因组中，从而获得了供体菌部分遗传性状的现象，称为转化。转化后的受体菌，称为转化子。

[课堂互动]

请比较接合、转导和转化的异同点。

（4）溶源性转变　噬菌体DNA与细菌染色体整合，使细菌的DNA结构发生改变而导致遗传性的变异，这种转移方式称为溶源性转变或噬菌体转变。

两个菌种和菌株间能否发生转化，与它们的亲缘关系有密切联系。但即使在转化率极高的那些种中，其不同菌株间也不一定都可发生转化。受体菌最易接受外源DNA片断并进行转化的生理状态，称为感受态。感受态的出现受该菌的遗传性、菌龄、生理状态和培养条件等的影响。肺炎双球菌的感受态在对数期后期出现，而芽孢杆菌则出现在对数期末及稳定期。感受态可以诱导产生，常用的诱导方法是把营养丰富的细菌转移到营养贫乏的培养液中。在肺炎双球菌和枯草杆菌中都发现感受态的出现伴随着细胞表面新的蛋白质成分的出现，这种蛋白质被称为感受态因子，把感受态因子加到不处在感受态的同种细菌培养物中，可以使细菌转变成感受态。

(5) 原生质体融合　将两个遗传性状不同的细胞脱去细胞壁后，使两原生质体融合在一起，形成具有新的遗传性状的重组细胞。

2. 真核微生物的基因重组

(1) 有性杂交　杂交是在细胞水平上发生的一种遗传重组方式。有性杂交，一般指性细胞间的结合和随之发生的染色体重组，并产生新遗传型后代的一种育种技术。凡能发生有性孢子的酵母菌或霉菌，都可应用有性杂交方法进行育种。

(2) 丝状真菌的准性生殖　准性生殖是一种类似于有性生殖，但比有性生殖更为原始的一种生殖方式，它可使同种生物两个不同菌株的体细胞发生融合，且不经过减数分裂的方式而导致低频率基因重组并产生重组子。准性生殖常见于某些丝状真菌，尤其是半知菌中。

(3) 酵母菌染色体外的DNA

① 2mm质粒：酵母菌细胞内有一种约为2mm长的DNA片段，称为2mm质粒。它为闭合环状DNA分子，仅携带有与复制和重组有关的4个蛋白质基因而不携带有编码其他表型性状的基因，即为隐性基因。2mm质粒是酵母菌中进行分子克隆和基因工程的重要载体。

② 线粒体DNA：酵母菌所含的线粒体DNA携带有可以编码细胞色素b、细胞色素c氧化酶、ATP酶和一种核糖体tRNA等的基因。

三、微生物的菌种选育

优良的菌种是微生物工业发酵的基础，因而培育优良菌种是一项重要的工作。

1. 从自然界中筛选工业菌种

微生物广泛分布在自然界中，因而在特定环境下筛选微生物，可以得到我们所需要的优良菌种。自然界中工业菌种分离筛选的主要步骤是：采样、增殖培养、分离培养和筛选。如果产物与食品制造有关，还需对菌种进行毒性鉴定。

2. 自发突变育种

(1) 从生产中选育　在日常大生产过程中，微生物也会以一定频率发生自发突变。富于实际经验和善于细致观察的人们就可以及时抓住这类良机来选育优良生产菌种。例如，从污染噬菌体的发酵液中可能分离到抗噬菌体的再生菌。如在酒精工业中，曾有过一株分生孢子为白色的糖化酶“上酒白种”，就是在原有孢子为黑色的宇佐美曲霉3758自发突变后，及时从生产过程中挑选出来的。

(2) 定向培育优良菌种　定向培育一般是指用某一特定环境长期处理某一微生物培养物，同时不断对它们进行移种传代，以达到积累和选择合适的自发突变体的一种古老育种方法。由于自发突变的频率较低，变异程度较轻微，所以培育新种的过程一般十分缓慢。

3. 诱变育种

诱变育种就是利用物理和化学诱变剂处理均匀分散的微生物细胞群，大幅度提高突变频率，然后采用简便、快速和高效的筛选方法，从中挑选少数符合育种目的的突变株。诱变育种除能提高产量外，还可达到改进产品质量、扩大品种和简化生产工艺等目的，是目前最广泛使用的育种手段。以高产为目标的诱导育种大致路线如下。

如以营养缺陷型为诱变筛选目标，则一般包括诱变、淘汰野生型、检出和鉴定营养缺陷型等四个环节。

4. 基因工程技术用于菌种改良

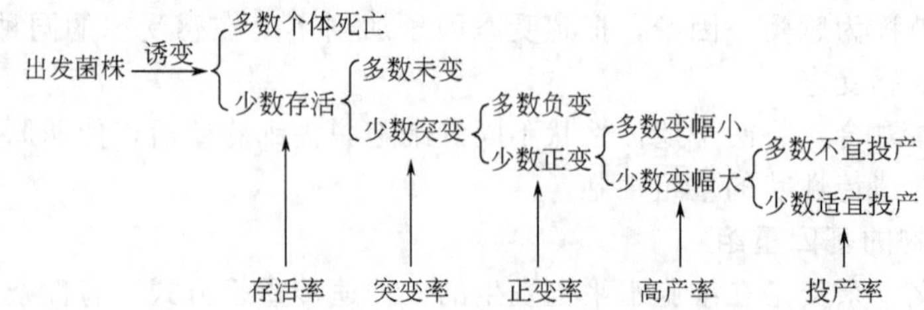

自进入 20 世纪 70 年代后，由于分子生物学、分子遗传学和核酸化学等基础理论的发展，产生了一种新的育种技术——基因工程，基因工程又称为遗传工程或现代生物技术，是指人们利用分子生物学的理论和技术，自觉设计、操纵、改造和重建细胞的基因组，从而使生物体的遗传性状发生定向变异，以最大限度地满足人类活动的需要，这是一种自觉的、可人为操纵的体外 DNA 重组技术，是一种可达到超远缘杂交的育种技术。

基因工程的基本操作步骤，主要包括目的基因的取得、载体系统的选择、目的基因与载体重组体的构建、重组载体导入受体细胞、工程菌或工程细胞株的表达、检测以及实验室和一系列生产性试验等。

第三节 菌种的衰退与复壮

选育一株优良的菌株是一项艰苦的工作，而菌株的优良性状的遗传稳定性是相对的。在经过一段时间后，菌种的优良性状就会衰退，菌种的衰退是一种普遍的、绝对的现象，因而应掌握菌种衰退的规律，采取必要的措施，尽量减少菌种的衰退或使已衰退的菌种得以复壮。

一、菌种的衰退

1. 菌种衰退的现象

菌种衰退是指菌种经过长期人工培养或保藏，由于自发突变的作用而引起某些优良特性变弱或消失的现象。菌种衰退的具体表现有以下几个方面。

(1) 菌落和细胞形态改变　每一种微生物在一定的培养条件下都有一定的形态特征，如果典型的形态特征逐渐减少，就表现为衰退。例如，细黄链霉菌“5406”的菌落由原来的凸形变成了扇形或帽形；孢子丝由原来的螺旋形变成了波曲形或直形，孢子由椭圆形变成圆柱形等。

(2) 生长速度缓慢，产孢子越来越少　例如，“5406”在平板上的菌苔变薄且生长缓慢，不再产生典型而丰富的橘红色分生孢子层，有时只长些浅黄绿色的基内菌丝。

(3) 代谢产物生产能力下降　例如，黑曲霉糖化力、放线菌抗生素发酵单位的下降以及各种发酵代谢产物量的减少等。

(4) 致病菌对宿主侵染能力下降　例如，白僵菌对宿主致病能力的下降等。

（5）对外界不良条件（包括低温、高温或噬菌体侵染等）抵抗能力的下降等。例如，抗噬菌体菌株变为敏感菌株等。

值得注意的是，有时培养条件的改变或杂菌污染等原因也会造成菌种衰退的假象，因此，在实践工作中，一定要正确判断菌种是否真的退化。

2. 菌种衰退的原因

菌种衰退不是突然发生的，而是从量变到质变的逐步演变过程。开始时，在群体细胞中仅有个别细胞发生自发突变（一般均为负变），不会使群体菌株性能发生改变。经过连续传代，群体中的负变个体达到一定数量，发展成为优势群体，从而使整个群体表现为严重的衰退。导致菌种衰退主要有以下几个方面的原因。

（1）基因突变

① 某些基因发生负突变导致菌种衰退：这是引起菌种衰退的主要原因。如果控制产量的基因发生负突变，则表现为产量下降；如果控制孢子生成的基因发生负突变，则产生孢子的能力下降。菌种在移种传代过程中会发生自发突变。虽然自发突变的几率很低（一般为10^{-9}～10^{-6}），尤其是对于某一特定基因来说，突变频率更低。但是由于微生物具有极高的代谢繁殖能力，随着传代次数增加，衰退细胞的数目就会不断增加，在数量上逐渐占优势，最终成为一株衰退了的菌株。

② 表型延迟造成菌种衰退：例如，在诱变育种过程中，经常会发现某菌株初筛时产量较高，进行复筛时产量却下降了。

③ 质粒脱落导致菌种衰退：质粒脱落导致菌种衰退的情况在抗生素生产中较多，不少抗生素的合成是受质粒控制的。当菌株细胞由于自发突变或外界条件影响（如高温），致使控制产量的质粒脱落或者核内DNA和质粒复制不一致，即DNA复制速度超过质粒，经多次传代后，某些细胞中就不具有对产量起决定作用的质粒，这类细胞数量不断提高达到优势，则菌种表现为衰退。

（2）连续传代 连续传代会加速菌种的衰退。一方面，传代次数越多，发生自发突变（尤其是负突变）的概率越高；另一方面，传代次数越多，群体中个别衰退型细胞数量的增加并占据优势，致使群体表现出衰退。

（3）不适宜的培养和保藏条件 不适宜的培养和保藏条件也会加速菌种的衰退。不良的培养条件如营养成分、温度、湿度、pH值、通气量等和保藏条件如营养、含水量、温度、氧气等，不仅会诱发衰退型细胞的出现，还会促进衰退细胞迅速繁殖，在数量上大大超过正常细胞，造成菌种衰退。

3. 菌种衰退的预防

根据菌种衰退的原因，可以制定出一些防治衰退的措施，主要有以下几个方面。

（1）控制传代次数 尽量避免不必要的移种和传代，以减少自发突变的概率。在实验室和生产实践上，采用良好的菌种保藏方法，延长保藏期，可大大减少不必要的移种和传代次数。

（2）创造良好的培养条件 为优良菌种创造良好培养条件，可以防止菌种衰退。如培养营养缺陷型菌株时应保证其适当的营养成分，尤其是生长因子；控制好碳源、氮源等培养基成分和pH值、温度等培养条件，使之有利于正常菌株生长，限制退化菌株的数量，从而防止衰退。例如，在赤霉素生产菌的培养基中，加入糖蜜、天冬酰胺、5′-核苷酸或甘露醇等营养物质时，有防止菌种退化作用。

（3）利用不易衰退的细胞移种传代 在放线菌和霉菌中，由于菌丝细胞常含有几个细胞核，甚至是异核体，因此用菌丝接种就会出现不纯和衰退，而孢子一般是单核的，若用它接种，就不易发生退化现象。在生产实践中，常用灭过菌的棉团轻巧地对放线菌进行斜面移种，由于避免了菌丝的接入，可防止菌种的衰退；另外，有些霉菌（如构巢曲霉）若用其分生孢子传代就易衰退，如改用子囊孢子移种则能避免衰退。

（4）采用有效的菌种保藏方法　有效的菌种保藏方法是防止菌种衰退的重要措施。在实践中，应当有针对性地选择菌种保藏的方法。例如，啤酒酿造中常用的酿酒酵母，保持其优良发酵性能最有效的保藏方法是－70℃低温保藏，其次是4℃低温保藏，若采用对于绝大多数微生物保藏效果很好的冷冻干燥保藏法和液氮保藏法，其效果并不理想。

一般斜面冰箱保藏法只适用于短期保藏，而需要长期保藏的菌种，应当采用砂土管保藏法、冷冻干燥保藏法及液氮保藏法等方法。对于比较重要的菌种，尽可能采用多种保藏方法。

（5）讲究菌种选育技术　在菌种选育时，应尽量使用单核细胞或孢子，并采用较高剂量使单链突变而使另一单链丧失作为模板的能力，避免表型延迟现象。同时，在诱变处理后应进行充分的后培养及分离纯化，以保证菌种的纯度。

（6）定期进行分离纯化　定期进行分离纯化，对相应指标进行检查，也是有效防止菌种衰退的方法。

二、菌种的复壮

1. 复壮的定义

狭义的复壮是指在菌种已经发生衰退的情况下，通过纯种分离和测定典型性状、生产性能等指标，从已衰退的群体中筛选出少数尚未退化的个体，以达到恢复原菌株固有性状的相应措施。

广义的复壮是指在菌种的典型特征或生产性状尚未衰退前，就经常有意识地采取纯种分离和生产性状测定工作，以期从中选择到自发的正突变个体。

由此可见，狭义的复壮是一种消极的措施，而广义的复壮是一种积极的措施，也是目前工业生产中积极提倡的措施。

2. 菌种复壮的主要方法

（1）纯种分离法　通过纯种分离，可将衰退菌种细胞群体中一部分仍保持原有典型性状的单细胞分离出来，经扩大培养，就可恢复原菌株的典型性状。例如采用稀释平板法、涂布平板法、平板划线法等方法可获得纯的单菌落。

（2）宿主体内复壮法　对于寄生性微生物的衰退菌株，可通过接种到相应昆虫或动植物宿主体内来提高菌株的毒性。例如，苏云金芽孢杆菌经过长期人工培养会发生毒力减退、杀虫率降低等现象，可用退化的菌株去感染菜青虫的幼虫，然后再从病死的虫体内重新分离典型菌株。如此反复多次，就可提高菌株的杀虫率。根瘤菌属经人工移接，结瘤固氮能力减退，将其回接到相应豆科宿主植物上，令其侵染结瘤，再从根瘤中分离出根瘤菌，其结瘤固氮性能就可恢复甚至提高。

（3）淘汰法　将衰退菌种进行一定的处理（如药物，低温、高温等），可淘汰已衰退个体而达到复壮的目的。如有人曾将“5406”的分生孢子在低温（－10～30℃）下处理5～7d，使其死亡率达到80%，结果发现在抗低温的存活个体中留下了未退化的健壮个体。

（4）遗传育种法　即把退化的菌种，重新进行育种工作，从中再选出高产而不易退化的稳定性较好的生产菌种。

第四节 微生物菌种保藏技术

一、菌种保藏的目的、原理和要求

1. 菌种保藏的目的

微生物在使用和传代过程中往往容易发生污染、变异甚至死亡，因而保藏菌种的目的在于尽可能保持菌种原有的优良性状和活力的稳定，确保菌种不被杂菌污染、不变异、不死亡，以利于使用、研究和交换等方面的需要。

2. 菌种保藏的原理

首先，应选择优良纯种来进行保藏，最好保藏它们的休眠体，如分生孢子、芽孢等。其次，应根据微生物生理生化等特点，人为地创造不适微生物生长的环境条件（主要有干燥、低温、缺氧、避光、缺乏营养、添加保护剂和酸度中和剂等），使微生物长期处于代谢不活泼、生长繁殖受抑制的休眠状态，从而延长菌种的保藏期。当需要使用时，给予适宜的环境条件和营养条件，就能够恢复所保存菌种的活力和保持原种的优良性状。

3. 菌种保藏的要求

菌种保藏的要求主要有：①针对保藏菌株确定适宜的保藏方法。②同一菌株应选用两种或两种以上方法进行保藏。③只能采用一种保藏方法的菌株必须备份并存放于两个以上的保藏设备中。④菌种的入库和出库应记录入档，实行双人负责制管理。⑤重要的菌种应异地保藏备份。⑥高致病性病原微生物和专利菌种应由国家指定的保藏机构保藏。⑦菌种保藏设施应确保正常运行，应设有备份电源，防止断电事故的发生，应设专人管理，定期检修维护。⑧保藏机构要定期检查菌种的保藏效果，有污染或退货迹象时，要及时分离纯化复壮，每次检查要有详细记录。

二、菌种保藏的方法

1. 斜面低温保藏法

斜面低温保藏法又称为定期移植法，就是将菌种接种在适宜的试管斜面培养基上，在适宜的温度下培养，待长出健壮菌落后，置于4℃左右的冰箱中保藏，每隔一定时间（保藏期）再转接至新的斜面培养基上，长出菌落后继续保藏，如此反复进行。

本法的优点是简便易行，存活率高，容易推广，因而是科研和生产上经常使用的菌种保藏方法。其缺点是菌株仍有一定程度的代谢活动能力，保藏期短，传代次数多，菌种较易发生变异和被污染。此法广泛适用于细菌、放线菌、酵母菌和霉菌等大多数微生物菌种的短期保藏及不宜用冷冻干燥保藏的菌种。放线菌、霉菌和有芽孢的细菌一般可保存6个月左右，无芽孢的细菌可保存1个月左右，酵母菌可保存3个月左右。如用橡胶塞代替棉塞，再用石蜡封口，可使菌种的保藏期更延长。

2. 石蜡油封保藏法

石蜡油封保藏法就是在无菌条件下，将灭过菌的液体石蜡倒入培养成熟的菌种斜面（或半固体穿刺培养物）上，石蜡油高出斜面顶端1cm，加胶塞并用固体石蜡封口后，垂直放在4℃冰箱内保藏。

此法具有阻隔空气，防止水分挥发而使培养物不会干裂等条件，因而菌种的保藏期比斜面低温保藏法长，可达1～2年，或更长。适合于保藏霉菌、酵母菌、放线菌和好氧性细菌等，特别对霉菌和酵母菌的保藏效果较好，可保存几年，甚至长达10年，但对很多厌氧性细菌的保藏效果较差，尤其不适用于某些能分解烃类的菌种。

3. 沙土管保藏法

此法是一种常用的较长期保藏菌种的方法。首先制备沙土管，即将沙与土分别洗净、烘干、过筛，按一定比例（一般是 3∶1）将沙和土混合，分装于小试管中，灭菌后备用。然后将需要保藏的菌株用斜面培养基充分培养，再制成菌悬液或孢子悬液滴入沙土管中，放线菌和霉菌也可直接刮下孢子与载体混匀，置于干燥器中抽成真空，用火焰熔封管口（或用石蜡封口），置于干燥器中，在室温或 4℃冰箱内保藏。

此法具有低温、干燥、隔氧和无营养物等条件，故保藏期较长、效果较好，且微生物移接方便，经济简便，它比石蜡油封保藏法的保藏期长，1～10 年。适用于产孢子的放线菌、霉菌及形成芽孢的细菌，对干燥敏感的细菌如奈氏球菌、弧菌和假单胞杆菌以及酵母菌则不适合。

4. 麸皮保藏法

麸皮保藏法亦称曲法保藏。就是以麸皮为载体，接入新鲜培养的菌种，适温培养至孢子长成。将试管置于盛有氯化钙等干燥剂的干燥器中，于室温下干燥数日后移入低温下保藏。干燥后也可将试管用火焰熔封，再保藏，则效果更好。

此法适用于产孢子的霉菌和某些放线菌，保藏期在 1 年以上。此法因操作简单，经济实惠，工厂较多采用。

5. 冷冻真空干燥保藏法

冷冻真空干燥保藏法又称冷冻干燥保藏法，简称冻干法。就是将需保藏的微生物细胞或孢子与保护剂混合制成悬液，置于安瓿管中，然后在低温下将含菌样冻结，并减压抽真空，使水升华将样品脱水干燥成固体菌块，并在真空条件下立即熔封，造成无氧真空环境，最后置于低温下保藏。常用的保护剂有脱脂牛乳、血清、淀粉、葡聚糖等高分子物质。

此法具备低温、干燥、缺氧等条件，因此保藏期长，一般达 5～15 年，存活率高，变异率低，是目前较广泛采用的一种保藏方法。除不产孢子的丝状真菌不宜用此法外，其他大多数微生物均可采用这种保藏方法。缺点是操作比较烦琐，技术要求较高，并且需要冻干机等设备。

保藏的菌种需用时，先在无菌环境下开启安瓿管，将无菌的培养基注入安瓿管中，固体菌块溶解后，摇匀，然后将其接种于该菌种适宜生长的斜面上在适温条件下恢复培养。

6. 液氮超低温保藏法

液氮超低温保藏法简称液氮保藏法或液氮法。它就是利用保护剂在液氮超低温（－196℃）下保藏菌种的方法。常用的保护剂一般有甘油、二甲基亚砜、糊精、血清蛋白、聚乙烯氮戊环、吐温-80 等，但最常用的是甘油（10％～20％）。不同微生物选择不同的保护剂，其浓度应通过试验确定，原则上是不造成微生物致死的浓度。

本法保藏菌种从常温过渡到低温的速度不能过快，否则细胞内自由水来不及外渗，膜内形成冰晶就会造成细胞损伤。据研究认为降温的速度控制在 1～10℃/min，细胞死亡率低；随着速度加快，死亡率则相应提高。美国 ATCC 菌种保藏中心采用每分钟下降 1℃的速度从 0℃直降到－35℃，然后保藏在－196～－150℃液氮冷箱中。

本法操作简便、高效，适合各种培养形式（孢子或菌体、液体培养物或固体培养物）的微生物进行保藏，保藏期长，一般可达到 15 年以上，是目前公认的最有效的菌种长期保藏技术之一。除了少数对低温损伤敏感的微生物外，适用于各种微生物菌种的保藏。本法的缺点是需购置超低温液氮设备，且液氮消耗较多，操作费用较高。

菌种需使用时，从液氮罐中取出安瓿瓶要快（不超过1min，以免其他安瓿瓶升温而影响保藏质量，且需戴专用手套以防止意外爆炸和冻伤），并迅速放到35～40℃温水中，使之冰冻熔化，以无菌操作打开安瓿瓶，移接到保藏前使用的同一种培养基斜面上进行培养。

三、保藏菌种的注意事项

1. 保藏方法和条件

应根据菌种保藏的目的、保藏期的长短和菌种要求选择适宜的保藏方法。如经常使用，保藏时间不长，一般常用斜面低温保藏法；如厌氧性细菌和能分解烃类的菌种不宜用石蜡油封保藏法；如需长期保藏，可选用液态超低温度保藏法等。保藏条件应尽量综合运用低温、干燥、隔氧、避光和真空密封等各种措施，以期达到延长菌种保藏的目的。

2. 培养条件和菌龄

各种微生物都有其最适生长条件，选择适宜的培养基和培养条件，培养健壮的菌种有利于延长保藏期，提高存活率。保藏菌种需选择适宜的菌龄，研究表明，处于稳定期的细胞或成熟的孢子对不良环境有较强的抗性。因而，保藏非芽孢细菌和酵母菌，宜选择对数末期或稳定初期的细胞，保藏芽孢细菌、放线菌和霉菌，宜选择成熟的孢子。

3. 菌种悬液浓度

增大菌种悬液浓度，可降低每个细胞暴露在介质中的面积，增强抗冷冻和抗干燥的能力，从而提高细胞的存活率。一般要求，细菌细胞和放线菌孢子的浓度大于10^8个/mL，酵母菌细胞和霉菌孢子的浓度大于10^7个/mL。

4. 保护剂

针对冷冻真空干燥保藏法和液氮超低温保藏法需要用到保护剂，选择适宜的保护剂有利于提高菌种的存活率，延长保藏期，不同的微生物选择的保护剂不同，应根据试验来确定。

5. 冻结和解冻速度

对于液氮法保藏菌种，冻结速度和解冻速度是影响微生物存活率的重要因素，不同种类的微生物所需要的冻结和解冻温度不同。冻结速度过慢过快都会对细胞造成伤害，适当的速冻可减少对细胞的伤害，研究发现，微生物菌种适宜慢速冻结（速度应控制在1～10℃/min内），细胞死亡率低，超过10℃/min的快速冻结，死亡率就大为提高（原核微生物不显著）。解冻速度要快，一般迅速放到35～40℃温水中，使之快速解冻，解冻速度慢，有可能出现胞内再结冰，造成细胞伤害。

6. 干燥程度

水分活度是影响微生物活性的重要因素，菌种细胞含水量过高不利于存活，完全脱水也不利于保藏，保持适当的干燥环境有利于菌种的保藏。一般把干燥后的细胞含水量控制在1.0%～3.0%为宜。

7. 菌种活化

保藏的菌种需要使用时，将其放入适宜的培养基中培养，使其恢复旺盛的生命活力和显示其原有的代谢和优良性状，称为菌种的活化。菌种活化应使用最佳的培养基和培养条件，经过2～3次重复培养，即可达到活化的目的。当然不同的保藏方法活化的方式有所不同，比如斜面低温保藏法直接转接一次即可，石蜡油封保藏法可培养2次。

[知识链接]

微生物菌种的保藏工作应搞好标记，建立编码制度，有利于管理和查找。如中国科学院微生物研究所菌种保藏室的菌种编码由三部分组成：AS＋菌种类别＋菌种编号。AS是菌种保藏所在地（中国科学院微生物研究所菌种保藏室）的英文缩写；菌种类别：1表示细菌，2表示酵母菌，3表示霉菌，4表示放线菌；菌种编号：某一类别菌种的具体编号。例如酱油生产菌株AS3.951，表示菌种保藏在中国科学院微生物研究所菌种保藏室，菌种类别是霉菌，编号是951。

实践技能训练17　菌种保藏

一、实训目的

1. 掌握各种菌种保藏的操作技术及适用范围。
2. 理解菌种保藏的基本原理。

二、实训材料

1. 菌种

细菌、放线菌、酵母菌、霉菌。

2. 培养基

牛肉膏蛋白胨培养基、马铃薯培养基、麦芽汁酵母膏培养基。

3. 溶液或试剂

液体石蜡、甘油、五氧化二磷、10％HCl。

4. 实训器具

无菌试管、无菌吸管、无菌滴管、接种环、60目筛子、干燥器、真空泵等。

三、实训原理

菌种保藏的目的是使菌种经过较长时间保藏后仍能保持生物活力，不被杂菌污染，尽可能不发生变异或少变异。因而菌种保藏是一项重要的工作。

菌种保藏时，应选用优良的菌株，最好是它们的休眠体，然后创造干燥、低温、缺氧或缺乏营养等适宜休眠的环境，使微生物的代谢活动降低到极低程度，但微生物又不至于死亡，从而达到保藏的目的。

菌种保藏方法很多，不同的菌种有不同的要求。下面讲几种常见的菌种保藏方法，可根据实验室具体情况选做。

四、实训方法与步骤

1. 定期移植保藏法

定期移植保藏法又称为传代培养保藏法，包括斜面培养、液体培养和穿刺培养等。此处只讲斜面低温保藏法。首先将需要保藏的菌种接种在适宜的固体斜面培养基上，待其充分生长，然后用油纸将棉塞部分包扎好（如用棉塞，塞子要求比较干燥），置于4℃的冰箱中保藏。

保藏时间依微生物的种类而有所不同，霉菌、放线菌及有芽孢的细菌保存2～4个月移种一次，酵母菌两个月移种一次，细菌最好每月移种一次。

此法是实验室和工厂菌种室常用的保藏法，优点是操作简单，使用方便，不需特殊设备，能随时检查所保藏的菌株是否死亡、变异与污染杂菌等。缺点是保藏时间短，需定期传代，容易变异，且易被污染。

2. 液体石蜡保藏法

① 将液体石蜡分装于试管或三角烧瓶内，塞上棉塞并用牛皮纸包扎，121℃灭菌30min，然后放在40℃温箱中使水汽蒸发后备用。

② 将需要保藏的菌种接种到最适宜的斜面培养基中培养，直到菌体健壮或孢子成熟。

③ 用无菌吸管吸取灭菌的液体石蜡，注入已长好菌的斜面上，其加入量以高出斜面顶端1cm为准，使菌种与空气隔绝。

④ 将试管直立，置低温或室温下保存（有的微生物在室温下比在冰箱中保存的时间还要长）。

此法保藏期较定期移植法延长。产孢子的霉菌、放线菌，芽孢细菌可保藏2年以上，酵母菌可保藏1～2年，一般无芽孢细菌也可保藏1年左右。许多细菌和丝状真菌采用此法效果不佳，能进行石油发酵的菌种不宜采用此法。此法的优点是制作简单，不需特殊设备，且不需经常移种。缺点是保存时必须直立放置，所占位置较大，同时也不便携带。特别注意：从液体石蜡下面取培养物移种后，接种环在火焰上灼烧时，培养物容易与残留的液体石蜡一起飞溅。

3. 滤纸保藏法

① 滤纸条的准备：将滤纸剪成0.5cm×1.2cm的小条，装入0.6cm×8cm的安瓿管中，每管装1～2张，用棉花塞上后经121℃灭菌30min。

② 保护剂的配制：配制20%的脱脂乳，装在三角瓶或试管中，112℃灭菌25min。待冷却后，随机取出几份分别置于28℃、37℃温箱培养过夜，然后各取0.2mL涂布在肉汤平板上或斜面上进行无菌检查，确认无菌后方可使用，其余的保护剂置4℃存放待用。

③ 菌种培养：将需要保存的菌种，接种到适宜的斜面培养基上培养，使其充分生长。

④ 制备菌悬液：取无菌脱脂乳2～3mL加入待保存的菌种斜面试管内，用接种环取数环菌苔在牛乳内混匀，制成菌悬液。

⑤ 分装样品：用无菌滴管吸取菌悬液滴在安瓿管中的滤纸条上，每片滤纸条约0.5mL（或用灭菌镊子自安瓿管取滤纸条浸入菌悬液内，使其吸饱，再放回至安瓿管中），塞上棉塞。

⑥ 干燥：将安瓿管放入有五氧化二磷作吸水剂的干燥器中，用真空泵抽气至干。

⑦ 熔封与保存：将棉花塞入管内，用火焰将安瓿管口熔封，置4℃或室温保存。

⑧ 取用菌种：需要使用菌种时，可将安瓿管口在火焰上烧热，滴一滴冷水在烧热的部位，使玻璃破裂，再用镊子敲掉口端的玻璃，待安瓿管开启后，取出滤纸，放入液体培养基内，置温箱中培养。

酵母菌、丝状真菌均可用此法保藏，可保藏2年左右。有些丝状真菌甚至可保藏14～17年之久。此法较液氮、冷冻干燥法简便，不需要特殊设备。

4. 沙土管保藏法

① 河沙处理：取河沙加入10%稀盐酸，加热煮沸30min，去除其中的有机质。倒去盐酸溶液，用自来水冲洗至中性，最后一次用蒸馏水冲洗，烘干后用40目筛子过筛，弃去粗颗粒，备用。沙土制作方法：先将沙与土分别洗净、烘干、过筛（一般沙用60目筛，土用120目筛），按沙与土的比例为（2～3）：1混匀，分装于小试管中，沙土的高度约1cm，以121℃蒸汽灭菌1～1.5h，间歇灭菌3次，然后经50℃烘干后检查无菌后备用。也可只用沙

或土作载体进行保藏。

② 土壤处理：取非耕作层不含腐殖质的瘦黄土或红土，加自来水浸泡洗涤数次，直至中性。烘干后碾碎，用100目筛子过筛，除去粗颗粒。

③ 沙土混合：河沙和黄土按（2～3）：1的比例（或可全部用沙或全部用土）掺合均匀，装入10mm×100mm的小试管或安瓿管中，每管装1g（高度约1cm）左右，塞上棉塞，以121℃蒸汽灭菌1～1.5h，间歇灭菌3次，50℃烘干。

④ 无菌检查：每10支沙土管随机抽1支，将沙土倒入肉汤培养基中，30℃培养48h，若发现有微生物生长，所有沙土管需重新灭菌，再作无菌检查，直至证明无菌后方可使用。

⑤ 制备菌悬液：取生长健壮的新鲜斜面菌种，加入2～3mL无菌水，用接种环轻轻将菌苔洗下，制成菌悬液。

⑥ 分装样品：每支沙土管加入约0.5mL菌悬液（刚刚使沙土润湿为宜），以接种针拌匀。

⑦ 干燥：将装有菌悬液的沙土管放入真空干燥器内，用真空泵抽干水分，抽干时间越短越好，务必在12h内抽干，然后用火焰封口（也可用橡胶塞或棉塞塞住试管口）。

⑧ 保存：置4℃冰箱或室温干燥处，每半年检查一次活力和杂菌情况。

菌种需要使用时，取沙土少许移入液体培养基内，置温箱中培养。

此法多用于产芽孢的细菌，产孢子的霉菌和放线菌，在抗生素工业生产中应用广泛，效果较好，可保存2年左右，但应用于营养细胞效果不佳。

5. 冷冻真空干燥保藏法

① 冻干管准备：宜选用中性硬质玻璃材料，内径约50mm，长约15cm，按新购玻璃品洗净，烘干后塞上棉花，可将编号装入冻干管，121℃灭菌30min备用。

② 菌种培养：将要保藏的菌种接入斜面培养，产芽孢的细菌培养至芽孢从菌体脱落或产孢子的放线菌、霉菌至孢子丰满。细菌和酵母菌的菌龄要求超过对数生长期，若用对数生长期的菌种进行保藏，其存活率反而降低。一般细菌要求24～48h的培养；酵母菌需培养3d；放线菌与丝状真菌需培养7～10d保存其孢子。

③ 保护剂的配制：选用适宜的保护剂按使用浓度配制后灭菌，随机抽样培养后进行无菌检查，确认无菌后才能使用。糖类物质需用过滤器除菌，脱脂牛乳112℃，灭菌25℃。

④ 菌悬液的制备：吸2～3mL保护剂加入斜面菌种试管，用接种环将菌苔或孢子洗下振荡，制成菌悬液，真菌悬液则需置4℃平衡20～30min。

⑤ 分装样品：用无菌毛细滴管吸取菌悬液加入冻干管，每管装约0.2mL。最后在几支冻干管中分别装入0.2mL、0.4mL蒸馏水作对照。

⑥ 预冻：用程序控制温度仪进行分级降温，不同的微生物其最佳降温有所差异。一般由室温快速降温到4℃，4℃至－40℃每分钟降1℃，－40℃至－60℃每分钟降5℃，条件不具备者，可使用冰箱逐步降温，从室温到4℃到－12℃到－30℃到－70℃。

⑦ 冷冻真空干燥：启动冷冻真空干燥机制冷系统，当温度下降到－50℃以下时，将冻结好的样品迅速放入冻干机钟罩内，启动真空泵抽气直至样品干燥。

样品干燥程度对菌种保藏的时间影响很大，一般要求样品的含水量为1%～3%。判断方法：样品表面出现裂痕，与冻干管内壁有脱落现象，对照管完全干燥。

⑧ 取出样品：先关真空泵，再关制冷机，打开进气阀使钟罩内真空度逐渐下降，直至与室内气压相等后打开钟罩，取出样品。

⑨ 第二次干燥：将已干燥的样品管分别安在歧形管上，启动真空泵，进行第二次干燥。当检测仪将要触及冻干管时，发出蓝色电光说明真空度很好，便可在火焰下熔封冻干管。

⑩ 保存：置4℃或室温保藏。每隔一段时间进行检查。

使用时，先用75%乙醇将冻干管外壁擦干净，再用砂轮或锉刀在冻干管上端划一小痕迹，然后将所画之处向外，两手握住冻干管的上下两端稍向外用力便可断开冻干管，或将冻干管近口烧热，在热处滴几滴水，使之破裂，再用镊子敲开。

此法对大多数微生物适合，效果较好，一般可保存数年至数十年。但设备和操作都比较复杂。

6. 液氮超低温保藏法

① 安瓿管的准备：用于液氮保藏的安瓿管，要求能耐受温度突然变化而不致破裂，因此，需要采用硼硅酸盐玻璃制造的安瓿管，安瓿管的大小通常使用75mm×10mm的，或能容1.2mm液体的。用自来水洗净后，经蒸馏水冲洗多次，烘干，121℃灭菌30min备用。

② 保护剂的准备：配制10%～20%的甘油，121℃灭菌30min。使用前随机抽样进行无菌检查。

③ 菌悬液的制备：取新鲜的培养健壮的斜面菌种加入2～3mL保护剂，用接种环将菌苔洗下，振荡制成菌悬液。

④ 分装和密封安瓿管：用记号笔在安瓿管上注明标号，用无菌吸管吸取菌悬液加入安瓿管中，每管加0.5mL菌悬液，拧紧螺旋帽或熔封。

特别注意：如果安瓿管的垫圈或螺旋帽封闭不严，液氮罐中液氮进入管内，取出安瓿管时，会发生爆炸，因此密封安瓿管十分重要，需特别细致。

⑤ 预冻：先将分装好的安瓿管置4℃冰箱中放30min后转入－18℃处放置20min，再置－35℃低温冰箱20min，然后快速转入－70℃超低温冰箱1h。

⑥ 保存：将安瓿管快速转入液氮冰箱液相（温度为－196℃）中保藏，并记录菌种在液氮罐中存放的位置与安瓿管数量。

⑦ 解冻和恢复培养：需使用样品时，带上棉手套，从液氮罐中取出安瓿管，用镊子夹住安瓿管上端迅速放入37℃水浴锅中摇动2～3min，样品很快融化，然后用无菌吸管取出菌悬液加入适宜的培养基中保温培养便可。

五、 实训内容

1. 共分4个小组，每组各保藏一种菌，至少采用两种保藏方法（本次用斜面低温保藏法和液体石蜡保藏法），便于比较保藏效果。根据保藏的菌种不同，每组统一配制各自不同的培养基，每组统一准备各组的无菌液体石蜡备用。

2. 每位同学准备2支试管，一支用于斜面低温保藏；另一支用于液体石蜡保藏。每位同学各自分装培养基、包扎灭菌、摆放试管斜面、接种、培养。待菌体健壮或孢子成熟，一支直接置于4℃的冰箱保存；另一支注入液体石蜡，然后直立放入4℃的冰箱保存。

六、 实训报告

1. 详细说明菌种保藏原理和保藏方法。
2. 将菌种保藏记录填入下表。

菌种名称	保藏编号	保藏方法	保藏时期	保藏用途	经手人

3. 思考题

请谈谈两种菌种保藏方法的利弊。

[目标检测]

一、名词解释

基因型　表型　饰变　半保留复制　质粒　基因突变　基因重组　原生质体融合　有性杂交　诱变育种　营养缺陷型　菌种衰退　菌种复壮　定期移植保藏法

二、选择题

1. 不属于质粒特性的是（　　）。

A. 可转移性　B. 可整合性　C. 可重组性　D. 不可消除性

2. RNA 只可能是哪类微生物的遗传物质。（　　）

A. 细菌　B. 真菌　C. 病毒　D. 蕈菌

3. 下列不属于基因突变特点的是（　　）。

A. 自发性　B. 频发性　C. 稳定性　D. 可逆性

4. 已知 DNA 的碱基序列为 CATCATCAT，碱基序列改变为 CACCATCAT，属于（　　）突变。

A. 转换　B. 颠换　C. 插入　D. 缺失

5. 在蛋白质合成过程中将氨基酸运输转移到核糖体上的是（　　）。

A. rRNA　B. mRNA　C. tRNA　D. 三者皆可

6. 以下不属于菌种衰退特征的是（　　）。

A. 致病菌对宿主侵染能力提高　B. 对外界不良条件抵抗力下降

C. 菌落和细胞形态发生改变　D. 代谢产物生产能力下降

7. 以下不属于降低菌种衰退的措施是（　　）。

A. 连续培养　B. 创造良好的培养条件

C. 有效的菌种保藏方法　D. 控制传代次数

8. 以下不属于菌种复壮方法的是（　　）。

A. 连续培养法　B. 纯种分离法　C. 遗传育种法　D. 淘汰法

9. 以下不属于菌种保藏方法的是（　　）。

A. 斜面低温保藏法　B. 麸皮保藏法

C. 巴氏灭菌保藏法　D. 冷冻真空干燥保藏法

10. 下列有关保藏方法描述正确的是（　　）。

A. 斜面低温保藏法的保藏温度一般为 4℃

B. 石蜡油封法不适宜于厌氧细菌的保藏

C. 砂土管保藏法适宜于休眠体的孢子和芽孢的保藏

D. 液氮超低温保藏法只适宜于休眠体的保藏

三、问答题

1. 微生物的菌种选育方法有哪些？
2. 微生物中有哪几种遗传物质存在形式？
3. 菌种衰退的原因有哪些？
4. 控制菌种衰退的预防措施有哪些？
5. 菌种复壮的主要方法有哪些？
6. 简述菌种保藏的原理及保藏方法？

第九章 微生物生态

[学习目标]

1. 知识目标

了解微生物在自然界中的分布；理解互生、共生、寄生、拮抗的含义；了解微生物在碳素循环、氮素循环、硫素循环中的作用。

2. 技能目标

熟练无菌稀释梯度操作；进行水样采集和菌落总数的计算。

第一节 微生物在自然界中的分布

微生物在自然界中无处不在，无论是陆地、水体、空气、动植物以及人体的外表面和内部的某些器官，甚至在一些极端环境中都有微生物的存在。由于微生物种类繁多，生长繁殖速度快，适应环境能力强，因此广泛分布于自然界中。

一、土壤中的微生物

1. 土壤是微生物的天然培养基

自然界中，土壤是微生物生活最适宜的环境，它具有微生物进行生长和繁殖及生命活动所需要的一切营养物质和各种条件。大多数微生物属异养型，需要靠有机物来生活，进入土壤中的有机物为微生物提供了良好的碳源、氮源和能源；土壤中的水分虽然变化较大，但基本上可以满足微生物的需要；土壤中的矿质元素的浓度也适合微生物的生长；土壤的酸碱度接近中性，缓冲性较强，适合大多数微生物生长；土壤的渗透压大都不超过微生物的渗透压；土壤空隙中充满着空气和水分，适合好氧或厌氧微生物的生长；土壤的保温性能好，昼夜温差和季节温差的变化比空气小；在表土几毫米以下，微生物便可免于被阳光直射致死。这些都是微生物生长繁殖的有利条件。所以土壤有“微生物天然培养基”之称，这里的微生物数量最大，类型最多，是人类最丰富的“菌种资源库”。

2. 土壤中的微生物分布

土壤中微生物的数量和种类都很多，包含细菌、放线菌、真菌、藻类和原生动物等类群。其中细菌最多，约占土壤微生物总量的70%～90%，放线菌、真菌次之，藻类和原生动物等较少。

土壤的营养状况和pH等对微生物的分布和数量影响较大。在有机质含量丰富的黑土、草甸土、磷质石灰土和植被茂盛的暗棕壤中，微生物的数量较多；而在西北干旱地区的棕钙土，华中、华南地区的红壤和砖红壤，以及沿海地区的滨海盐土中，微生物的数量相对较少。温暖地区的微生物比寒冷地区的数量多。

在土壤的不同深度微生物的分布也不相同。其主要原因是由于土壤不同层次中的水分、养分、通气、温度等环境因子的差异。土壤表面的微生物数量少，因为这里缺水，受紫外线照射，微生物易死亡；在5～20cm土层中微生物数量最多，在植物根系附近，微生物数量更多。自20cm以下，微生物数量随土层深度增加而减少，至1m深处减少约20倍，至2m深处，因缺乏营养和氧气每克土中仅有几个。

土壤中微生物的数量随季节而变化。一般冬季气温较低，微生物数量明显减少；当春季到来，气温回升，随着植物的生长，根系分泌物增加，微生物的数量迅速上升；到了夏季，有的地区炎热干旱，微生物数量又随之下降；至秋天雨水来临，加上秋收后大量植物残体进入土壤，微生物数量又急剧上升。可见，在一年里土壤中会出现两个微生物生长的数量高峰。

二、水体中的微生物

水体中溶解有或悬浮着多种无机和有机物质，为微生物生长繁殖提供了良好的营养条件，是微生物栖息的第二大天然场所。天然水体可大致分为淡水和海水两大类型。

1. 淡水微生物

淡水主要存在于陆地上的江河、湖泊、水库、池塘和小溪中，因此淡水中的微生物多来自于空气、土壤、污水或动植物尸体等。特别是土壤中的微生物，常随同土壤被雨水冲刷进入江河、湖泊中。来自土壤中的微生物，一部分生活在营养稀薄的水中，一部分附着在悬浮于水体中的有机物上，一部分随着泥沙或较大的有机物残体沉淀到湖底淤泥中。另外也有很多微生物因不能适应水体环境而死亡。因此水体中的微生物的种类和数量一般要比土壤中的少得多。

淡水中的微生物受营养、温度和溶解氧等环境因子的影响。水体内有机物含量高，则微生物数量多；中温水体内微生物数量比低温水体内多；深层水中的厌氧微生物较多，而表层水内好氧微生物较多。

在远离人们居住地区的湖泊、池塘和水库中。有机物含量少，微生物也少，并以自养型种类为主，如硫细菌、铁细菌和球衣细菌等，以及含有光合色素的蓝细菌、绿硫细菌和紫细菌等。处于城镇等人口密集区的湖泊、河流以及下水道的沟水中，由于流入了大量的人畜排泄物、生活污水和工业废水等，微生物的数量可高达10^7～10^8个/mL。这些微生物大多数是腐生型细菌和原生动物，其中数量较多的是无芽孢革兰阴性细菌，如变形杆菌属，大肠杆菌、产气肠杆菌和产碱杆菌属等。有时甚至还含有伤寒、痢疾、霍乱及传染性肝炎等病原体。这种污水如不经净化处理是不能饮用的，也不宜作养殖用水。

水中微生物的含量和种类对该水源的饮用价值影响很大。在饮用水的微生学检验中，不仅要检查其总菌数，还要检查其中所含的病原菌数。根据我国的饮用水标准，自来水细菌总数不可超过100个/mL，当超过500个/mL，即不可作为饮用水，大肠菌群数不能超过3

个/mL。

2. 海水微生物

海水含有较高的盐分，一般为3.2%～4%。海洋微生物多为嗜盐菌，能耐受高渗透压，如盐生盐杆菌。另外，在深海中的微生物还能耐受低温和很高的静水压，少数微生物可以在60.795MPa下生长，如水活微球菌和浮游植物弧菌。

海水中有机物含量越多，则含菌量越高。接近海岸和海底淤泥表层的海水中和淤泥上，菌数较多，离海岸越远，菌数越少。一般在河口、海湾的海水中，细菌数约有10^5个/mL，而远洋的海水中，只有10～250个/mL。

许多海洋细菌能发光，称为发光细菌。这些菌在有氧存在时发光，对一些化学药剂与毒物较敏感，可用于监测环境污染物。

三、空气中的微生物

空气中没有微生物生长繁殖所需要的营养物质和充足的水分，还有日光中有害的紫外线的照射，因此空气不是微生物良好的生存场所。但由于微生物微小体轻，土壤、水体、各种腐烂的有机物以及人和动植物体上的微生物，都可随着气流的运动被携带到空气中去，因而空气中仍然飘浮着许多微生物，并且随着空气流动而到处传播，因而微生物的分布是世界性的。

微生物在空气中的分布很不均匀，尘埃量多的空气中，微生物也多，由于尘埃的自然沉降，所以越近地面的空气，其含菌量越高。微生物数量与环境有关，一般在畜舍、公共场所、医院、宿舍、城市街道等的空气中，微生物数量最多；在海洋、高山、森林地带，终年积雪的山脉或高纬度地带的空气中，微生物数量则较少。

空气中的微生物主要有各种球菌，芽孢杆菌，产色素细菌以及对干燥和射线有抵抗力的真菌孢子等。也可能有病原菌，如结核分枝杆菌、白喉杆菌等，尤其在医院附近。

空气中含有大量的微生物，因而在发酵工厂，空气进入空气压缩机前，要先进行过滤器除菌。凡须进行空气消毒的场所，如手术室、病房、微生物接种室或培养室等处可用紫外线消毒、甲醛等药物熏蒸。

四、工农业产品中的微生物

1. 农产品上的微生物

各种农产品上都有微生物存在。据统计，全世界每年因霉变而损失的粮食就占总产量的2%左右。在各种粮食和饲料上的微生物以曲霉属、青霉属和镰孢霉属的一些种为主，其中以曲霉为害最大（如油料制品的霉变），青霉次之（如黄变米）。黄曲霉毒素主要存在于花生、玉米等粮油制品，是一种毒性极强的毒素，属于肝脏毒，引起肝脏损害和致癌。其毒素对热稳定，300℃时才能被破坏。现已发现的黄曲霉毒素有B_1、B_2、G_1、G_2、M_1、M_2、P_1等十几种，其中以B_1的毒性和致癌性最强。T_2是镰孢霉属的真菌产生的一种剧毒致癌毒素，人体吸收后会引起白细胞下降和骨髓造血机能破坏。

2. 食品上的微生物

食品在加工、包装、运输和贮藏等过程中，如不进行严格的无菌操作，常会遭到细菌、霉菌、酵母菌等的污染，在适宜的温、湿度条件下，它们又会迅速繁殖。其中有的是病原微生物，它们能产生细菌毒素或真菌毒素，从而引起食物中毒或感染性疾病的发生，所以食品在加工过程中的卫生工作非常重要。

3. 引起工业产品霉腐的微生物

许多工业产品因部分或全部由有机物组成，因此易受环境中微生物的侵蚀，引起生霉、腐烂、腐蚀、老化、变形与破坏，即使是无机物如金属、玻璃也可因微生物活动而产生腐蚀与变质，使产品的品质、性能、精确度、可靠性下降，给国民经济带来巨大的损失，因此工业产品的防腐问题，也应高度重视。

五、人及动物体上的微生物

正常人体及动物体与外界隔绝的组织和血流是不含菌的，而身体的皮肤、黏膜以及一切与外界相通的腔道中存在着许多微生物，它们大多对健康没有危害，称为正常菌群。例如，皮肤上常见表皮葡萄球菌，有时也有金黄色葡萄球菌存在；鼻腔中常见葡萄球菌、类白喉分枝杆菌；口腔中经常存在着大量的球菌、乳杆菌和拟杆菌；胃中含有盐酸，不适于微生物生活，只有少量耐酸菌；人体肠道呈中性（或弱碱性），且含有被消化的食物，适于微生物的生长繁殖，因而肠道特别是大肠中含有大量微生物，主要常见有拟杆菌、大肠杆菌、双歧杆菌、乳杆菌、粪链球菌、产气荚膜菌等。研究表明，肠道菌群中占优势的是拟杆菌、双歧杆菌等厌氧菌，它们比大肠杆菌和肠球菌多1000倍以上，几乎占所有被分离活菌的99%，而好氧菌（包括兼性厌氧菌在内）所占比例不超过1%。

[案例分析]

实例：食品药品GMP对员工个人卫生有明确的要求。严禁人体表面和体内微生物对食品药品的污染。

分析：勤剪指甲，严格洗手和消毒，防止指甲缝和皮肤表皮微生物的污染；戴好工作帽并且头发不能裸露在帽外，防止带有微生物的头屑和头发飘落污染；戴好口罩，防止口腔和鼻腔微生物的污染；大小便后的洗手，防止肠道微生物的污染。除外，进入车间必须换工作服和鞋（或杀菌），也不得穿车间工作服和鞋进卫生间，防止衣物等的微生物带入。

在正常情况下，正常菌群与人体保持着一个平衡状态，且菌群之间也互相制约，维持相对的平衡。但正常菌群是相对的、可变的和有条件的。当机体防御机能减弱时，一些正常菌群会成为病原微生物。如皮肤大面积烧伤、黏膜受损、机体受凉或过度疲劳引起炎症；一些正常菌群也会因生长部位发生改变导致疾病的发生，如因外伤或手术等原因，大肠杆菌进入腹腔或泌尿生殖系统，可引起腹膜炎、肾盂肾炎等炎症；当正常菌群由于某种原因破坏了菌群之间的平衡（即菌群失调）时，也会引起疾病。如长期服用广谱抗生素后，肠道内对药物敏感的细菌被抑制，而不敏感的白假丝酵母或耐药性葡萄球菌则大量繁殖，从而引起疾病。儿童患迁移性腹泻，成人患胃肠炎时，也与菌群失衡有关，主要表现为好氧菌、肠杆菌数量增加，拟杆菌、双歧杆菌数量减少。因此，对这类患者进行治疗时，除使用药物来抑制或杀灭致病菌外，还应增加有益菌株来恢复肠道正常菌群的动态平衡。

六、极端环境中的微生物

在自然界中，存在着一些可在极端环境（如高温、低温、高酸、高碱、高盐、高压或高辐射强度等）下生活的微生物，例如嗜热菌、嗜冷菌、嗜酸菌、嗜碱菌、嗜盐菌、嗜压菌或耐辐射菌等，它们被称为极端环境微生物或简称极端微生物。

微生物对极端环境的适应，是自然选择的必然结果。了解极端环境下微生物的物种、遗传特性及适应机制，不仅可为生物进化、微生物分类积累资料，提供新的线索，还可直接利用它的特殊基因、特殊机能，培育更有用的新种。因此，研究极端环境中的微生物，在理论上和实践上都具重要的意义。

1. 嗜热菌

嗜热菌广泛分布在堆沤肥、温泉、火山地、人造热源地及海底火山附近等处，它们具有代谢快、酶促反应温度高和增代时间短等特点。在湿热草堆和厩肥中生活的嗜热菌是放线菌和芽孢杆菌，它们的生长适温在45～65℃。嗜热菌在发酵工业、城市和农业废物处理等方面均具有特殊的作用，但也造成了食品保存上的困难。

2. 嗜冷菌

嗜冷菌分布在南北极地区、冰窖、高山、深海等的低温环境中。嗜冷菌可分为专性和兼性两种，专性嗜冷菌需20℃以下的低温环境，20℃以上即死亡，如分布在海洋深处、南北极及冰窖中的微生物；兼性嗜冷菌的生长温度范围较宽，最高生长温度甚至可达30℃。嗜冷菌是导致低温保藏食品腐败的根源。

3. 嗜酸菌

大多数微生物生长在pH值4.0～9.0的范围内，最适生长pH值接近中性。嗜酸菌分布在酸性矿水、酸性热泉和酸性土壤等处，极端嗜酸菌能生长在pH值3以下。如氧化硫硫杆菌的生长pH值范围为0.9～4.5，最适pH值为2.5，在pH值0.5下仍能存活，能氧化硫产生硫酸。氧化亚铁硫杆菌，为专性自养嗜酸杆菌，能将还原态的硫化物和金属硫化物氧化产生硫酸，还能把亚铁氧化成高铁，并从中获得能量。

4. 嗜碱菌

专性嗜碱菌可在pH值11～12的条件下生长，而在中性条件下却不能生长，如巴氏芽孢杆菌在pH值11时生长良好，最适pH值为9.2，而低于pH值9时生长困难。在碱性和中性环境中可分离到嗜碱菌。

5. 嗜盐菌

嗜盐菌通常分布在晒盐场、腌制海产品、盐湖和著名的死海等处，如盐生盐杆菌和红皮盐杆菌等。其生长的最适盐浓度高达15%～20%，甚至还能生长在32%的饱和盐水中。嗜盐菌是一种古细菌，它的紫膜具有质子泵和排盐的作用，目前正设法利用这种机制来制造生物能电池和海水淡化装置。

6. 嗜压菌

嗜压菌仅分布在深海底部和深油井等少数地方，如从压力为101.325MPa深海底部处，分离到一种嗜压的假单胞菌。据报道，在141.855MPa的压力下仍有嗜压菌正常生长。嗜压菌与耐压菌不同，它们必须生活在高静水压环境中，而不能在常压下生长。由于研究嗜压菌需要特殊的加压设备，并且不经减压作用，将大洋底部的水样或淤泥转移到高压容器内是非常困难的，因而对嗜压菌的研究工作受到一定限制。有关嗜压菌的耐压机制目前还不清楚。

7. 抗辐射的微生物

自然界常见的辐射有可见光、紫外线、X射线和γ射线等，其中与生物接触最多、最频繁的是太阳光中的紫外线，如果生物不具有对紫外线损伤的防御机制，生物在地表就难于生存，因而生物对辐射具有一定的抗性或耐受性，而不是“嗜性”。生物具多种防御机制，或能使它免受放射线的损伤，或能在损伤后加以修复。抗辐射的微生物就是这类防御机制很发达、对高辐射具有抗性的生物，把它们分离培养，可作为生物抗辐射机制研究的极好材料。

第二节 微生物与生物环境间的关系

在自然界中，微生物极少单独存在，总是较多种群聚集在一起，当微生物的不同种类或微生物与其他生物同时出现在一定空间内，它们之间互为条件，相互影响，既有相互依赖又有相互排斥，表现出相互间复杂的关系，但从总体来看，大体上可分为 4 种关系，即互生、共生、拮抗和寄生。

一、互生

互生关系，就是指两种生物生活在一起时，各自的代谢活动而有利于对方，或偏利于一方的一种生活方式。互生关系的生物可以单独生活，但生活在一起会更好些。互生关系在自然界相当普遍，例如，在土壤中，亚硝化细菌和硝化细菌生活在一起时，亚硝化细菌氧化氨生成的亚硝酸，为硝化细菌提供了必需生活条件，反过来，硝化细菌氧化亚硝酸生成硝酸，清除了亚硝酸在环境中的积累，避免了对亚硝化细菌或其他生物带来的危害。又如，纤维素分解菌与好氧性自生固氮菌生活在一起时，后者可将固定的有机氮化物供前者需要，而前者分解纤维素而产生的有机酸可作为后者的碳素养料和能源物质，两者相互为对方创造有利的条件，促进了各自的生长繁殖。

根际微生物与高等植物之间也存在着互生关系。所谓根际是指植物根系影响下的特殊生态环境，根际范围没有明确的界限，一般认为围绕根表面 1～2mm 厚范围。存在于植物根际周围的微生物，称为根际微生物，主要以无芽孢杆菌居多。一方面，根系分泌物和脱落物为微生物提供了大量营养物质，有利于微生物的生长繁殖；另一方面根际微生物的大量繁殖，会强烈地影响植物的生长发育。根际微生物的有益影响主要有：①促进有机物和无机养分的分解，增强了植物的营养物质供应；②分泌植物生长所需的生长调节物质，如植物激素、维生素等；③分泌抗生素，以利于植物避免土居病原菌的侵染；④产生铁载体，促进 Fe^{3+} 的溶解并转运入细胞。根际微生物有时会对植物产生有害的影响，如当土壤中碳氮比例较高时，会与植物争夺氮、磷等营养；有时会分泌一些有毒物质抑制植物生长等。

人体肠道正常菌群与宿主间的关系，主要是互生关系。人体为肠道微生物提供了良好的生态环境，使得微生物在肠道生长繁殖。而肠道内的正常菌群可以完成多种代谢反应，如多种核苷酶反应，固醇的氧化、酯化、还原、转化等作用，对人体的生长发育是有利的。如肠道微生物可以合成人体必不可少的本身无法合成的营养物质，如硫胺素、核黄素等维生素的合成。此外，人体肠道中的正常菌群还可抑制或排斥外来肠道致病菌的侵入。

二、共生

共生是指两种生物紧密结合在一起，相互依存，互换营养物质，形成生理上的整体或特殊结构。共生关系非常密切，以至于分离两者不能很好地生活，又称为互惠共生。

地衣是真菌和藻类共生形成的一种叶状植物体。藻类或蓝细菌进行光合作用，为真菌提供有机营养，而真菌产生的有机酸去分解岩石中的某些成分，为藻类或蓝细菌提供所必需的矿质元素。

根瘤菌与豆科植物共生形成根瘤，根瘤菌固定大气中的氮气，为植物提供氮素养料，而豆科植物根的分泌物有利于根瘤菌的生长，同时，还为根瘤菌提供保护和稳定的生长条件。

菌根是真菌与植物的共生体。有些真菌能在一些植物根上发育，菌丝体包围在根面或侵入根内形成菌根。菌根分为两大类，外生菌根和内生菌根。外生菌根的真菌在幼根表面生长形成致密的鞘套，少量菌丝进入根皮层细胞的间隙中；内生菌根的菌丝体主要存在于根的皮层中，在根外较少，不形成鞘套。内生菌根又分为两种类型，一种是由有隔膜真菌形成的菌根，另一种是由无隔膜真菌形成的菌根。陆地上97%以上的绿色植物具有菌根。

微生物与动物也存在共生，如牛、羊、骆驼等反刍动物与瘤胃微生物共生。

三、寄生

寄生是指一种小型生物生活在另一种较大型生物的体表或体内，从中取得营养和进行生长繁殖，同时使后者发病或死亡的现象。前者称为寄生物，后者称为寄主。寄生关系一般有专性寄生关系和兼性寄生关系。凡是寄生物一旦离开寄主就不能生长繁殖，这类寄生关系的寄生物称为专性寄生物，如噬菌体必须在细菌或放线菌体内才能生活。有些寄生物在脱离寄主以后营腐生生活，这些寄生物称为兼性寄生物，如木霉寄生于丝核菌的菌丝内。

寄生关系在自然界非常普遍。在微生物中，存在噬菌体与细菌、细菌与真菌、真菌与真菌的寄生关系。如土壤中存在着一些溶原菌细菌，它们侵入真菌体内生长繁殖，最终杀死寄主真菌，造成真菌菌丝的溶解。

微生物寄生于植物之中，常引起植物病害，如细菌病害、真菌病害、病毒病害和线虫病害等。其中真菌病害最为普遍，约占95%的植物病害属于真菌病害，受害植物会发生腐烂、猝倒、溃疡、根腐、叶腐、叶斑、萎蔫、过度生长等症状，严重影响作物产量甚至绝收。

微生物也常寄生于人或动物身上，造成疾病的发生。

[课堂互动]

植物病害对植物产量影响很大，请你列举出你所知道的作物、果蔬病害。

四、拮抗

拮抗关系是指两种生物生活在一起时，一种生物在其生命活动过程中，产生某种代谢产物或改变环境条件，从而抑制其他生物的生长繁殖，甚至杀死其他生物的现象。根据拮抗作用的选择性，可将微生物间的拮抗关系分为非特异性拮抗关系和特异性拮抗关系两类。

特异性拮抗关系：一种微生物因产生抗生素有选择性地对某一种或某一类微生物发生抑制和毒害作用。如青霉菌产生的青霉素能抑制革兰阳性细菌或部分革兰阴性细菌，链霉菌产生的制霉菌素能抑制酵母菌和霉菌。

非特异性拮抗关系：一种菌的生命活动改变了周围的环境条件，从而抑制其他微生物的生长繁殖。如乳酸菌在乳酸发酵过程中产生大量的乳酸，使环境的酸度增大，这样就抑制了不耐酸的微生物的生长。这种现象常用于食品发酵、食品保藏等方面，如酸菜、泡菜、酸乳的生产。

第三节 微生物在自然界物质循环中的作用

自然界的物质循环主要包括两个方面：一是无机物的生物合成过程，它组成了生物体；另一个是有机物的矿化或分解过程，它使无机物又返回到自然界。这两个过程既对立又统一，构成了自然界的物质循环。在物质循环过程中，以高等绿色植物为主的生产者，在无机物的有机质化过程中起着主要的作用；以异养型微生物为主的分解者，在有机质的分解过程中起着主要作用。如果没有微生物的分解作用，自然界的有机物质就会越积越多，各类元素及物质，就不可能周而复始地循环利用，自然界的生态平衡就不可能保持，人类社会也将不可能生存发展。

一、微生物在碳素循环中的作用

碳素是构成各种生物体最基本的元素，没有碳就没有生命，碳素循环包括CO_2的固定和CO_2的再生（图 9-1）。绿色植物和微生物通过光合作用固定自然界中的CO_2合成有机物质。植物和微生物通过呼吸作用获得能量，同时释放出CO_2；动物以植物和微生物为食物，并在呼吸作用中释放出CO_2；动物、植物和微生物等尸体被微生物分解时，又产生大量CO_2；另外，还有一小部分有机物由于地质学的原因保留下来，形成了石油、天然气、煤炭等宝贵的石化燃料，贮藏在地层中，当被开发利用后，经过燃烧，又形成CO_2，它们都返回到大气中。

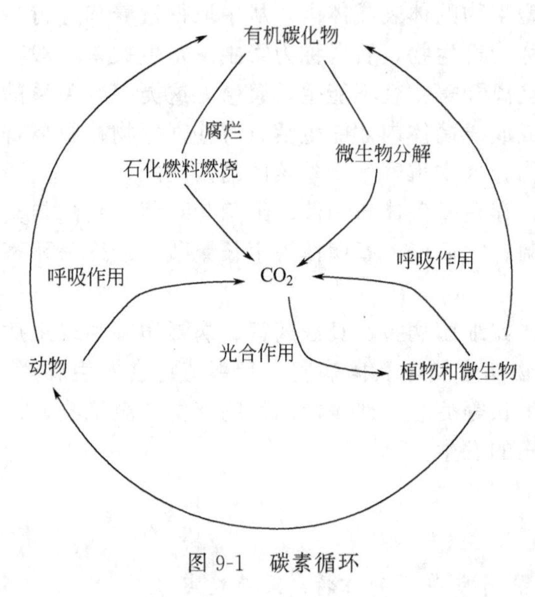

图 9-1 碳素循环

微生物在碳素循环过程中起着重要的作用。微生物（如蓝细菌、光合细菌和藻类等）参与了固定CO_2合成有机物的过程；在CO_2的再生过程中，微生物起首要作用。据统计，地球上有 90%的CO_2是靠微生物的分解作用而形成的。对于纤维素、半纤维素、淀粉、木质素等复杂的有机物，微生物首先分泌胞外酶将其降解成简单的有机物再吸收利用。由于微生物种类和所处条件不同，进入体内的有机物分解转化过程也各不相同。在有氧条件下，通过好氧和兼性厌氧微生物分解，被彻底氧化为CO_2；在无氧条件下，通过厌氧和兼性厌氧微生物的作用产生有机酸、CH_4、H_2和CO_2等。

二、微生物在氮素循环中的作用

氮素是核酸及蛋白质的主要成分，是构成生物体的必需元素。虽然大气中约有 78%是分子态氮，但所有植物、动物和大多数微生物都不能直接利用。初级生产者植物需要的铵盐、硝酸盐等无机氮化物，在自然界中也为数不多，常常限制了植物的发展，只有将分子态氮进行转化和循环，才能满足植物体对氮素营养的需要。可见，氮素物质的相互转化和不断地循环，在自然界是非常重要的。

1. 自然界中的氮素循环

氮素循环包括许多转化作用（如图 9-2）。空气中的氮气被某些微生物及微生物与植物的共生体（如根瘤菌）固定成氨态氮，并转化成有机氮化物；存在于植物和微生物体内的氮化物被动物食用，然后在动物体内被转变为动物蛋白质；当动植物和微生物的尸体及其排泄物等有机氮化物被各种微生物分解时，又以氨的形式释放出来；氨在有氧的条件下，通过硝化作用氧化成硝酸，生成的铵盐和硝酸盐可被植物和微生物吸收利用；在无氧条件下，硝酸盐通过反硝化作用被还原成分子态氮返回大气中，这样氮素完成一次循环。氮素循环包括微生物的固氮作用、氨化作用、硝化作用、反硝化作用以及植物和微生物的同化作用。

2. 微生物在氮素循环中的作用

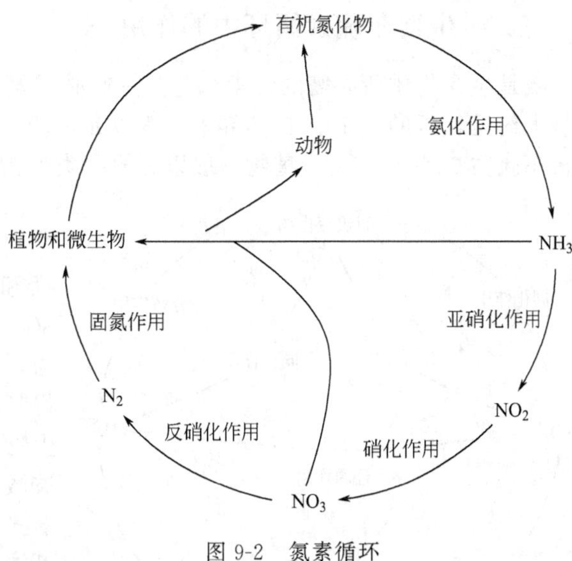

图 9-2 氮素循环

(1) 固氮作用 分子态氮被还原成氨或其他氮化物的过程称为固氮作用。分子态氮的固定有两种方式，一是非生物固氮，即通过雷电、火山爆发和电离辐射等自然固氮，这种方式形成的氮化物很少；二是生物固氮，即通过微生物的作用固氮，大气中 90% 以上的分子态氮都是由微生物固定成氮化物的。能够固氮的微生物，均为原核微生物，主要包括细菌、放线菌和蓝细菌。根据固氮微生物与其他生物的关系，可分为自生固氮菌和共生固氮菌。

自生固氮菌自由生活在土壤或水体中，能独立地进行固氮，组成自身蛋白质，只有当固氮菌死亡分解变成氨后，才能成为植物的氮素营养。自生固氮菌的固氮效率较低，不是主要的固氮方式。

共生固氮菌需与其他生物紧密生活在一起时，才能固氮或有效固氮，并将氮化物通过酶系运送给共生体，直接为共生体提供氮源。共生固氮菌比自生固氮菌的固氮效率高得多，是主要的固氮方式。其中贡献最大的是与豆科植物共生的根瘤菌属，其次是与非豆科植物共生的弗兰克菌属，再次是与各种生物共生（如红萍、苏铁、地衣等共生体）的蓝细菌。

(2) 氨化作用 微生物分解含氮有机物产生氨的过程称为氨化作用。氨化微生物主要有蜡状芽孢杆菌、枯草芽孢杆菌、巨大芽孢杆菌等细菌，曲霉属、毛霉属、青霉属、根霉属等真菌和嗜热放线菌等。

氨化作用在农业生产上十分重要，施入土壤中的各种动植物残体和有机肥料，包括绿肥、堆肥和厩肥等都富含含氮有机物，它们必须通过各类微生物的氨化作用，然后一部分直接被微生物、植物同化，另一部分被转变成硝酸盐，成为植物吸收和利用的氮素养料。

(3) 硝化作用 微生物将氨氧化成硝酸盐的过程称为硝化作用。硝化作用由两类细菌分两个阶段进行：第一个阶段是氨被氧化为亚硝酸盐，由亚硝化细菌完成；第二个阶段是亚硝酸盐被氧化为硝酸盐，由硝化细菌完成。硝化作用形成的硝酸盐，在有氧条件下，被植物和微生物同化利用，在缺氧条件下，被还原成 N_2 而回到自然界。硝化作用在自然界氮素循环中是不可缺少的一环，但对农业生产并无多大利益。

(4) 同化作用 铵盐和硝酸盐是植物和微生物良好的无机氮类营养物质，它们可被植物和微生物吸收利用，然后合成氨基酸、蛋白质、核酸和其他含氮有机物构成机体。

(5) 反硝化作用 微生物还原硝酸盐，释放出分子态氮和一氧化二氮的过程称为反硝化作用。在厌氧条件下由反硝化细菌完成。

反硝化作用是造成土壤氮素损失的重要原因之一。从农业生产而言是不利的，常采用中耕松土的办法，以抑制反硝化作用。但在整个氮素循环中，反硝化作用还是有利的，否则自然界氮素循环将会中断，硝酸盐将会在水体中大量积累，对人类的健康和水生生物的生存造成很大的威胁。

三、微生物在硫素循环中的作用

硫是生命物质所必需的元素，它是一些必需氨基酸和某些维生素、辅酶等的成分，其需要量大约是氮素的 1/10。自然界中硫素以元素硫、硫化氢、硫酸盐和有机态硫的形式存在，有机态硫占 50%～75%。植物一般以无机盐类作为养料。

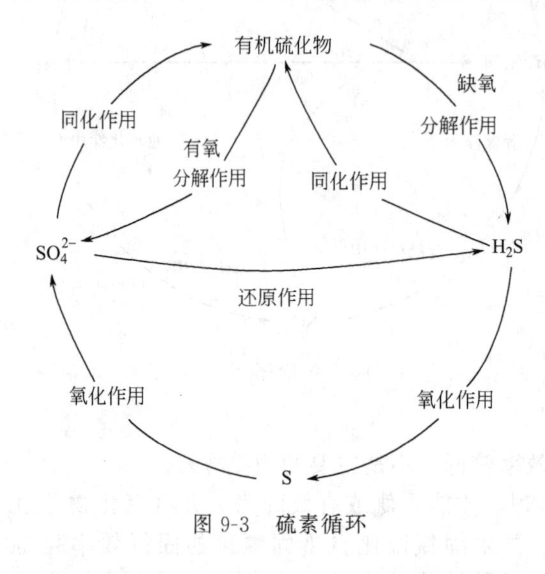

图 9-3　硫素循环

1. 自然界的硫素循环

自然界中硫素循环见图 9-3。自然界中的硫和硫化氢经微生物氧化形成 SO_4^{2-}；SO_4^{2-} 被植物和微生物同化还原成有机硫化物，组成自身物质；动物食用植物和微生物，将其转变成动物有机硫化物；当动植物和微生物尸体的有机硫化物（主要是含硫蛋白质）被微生物分解时，产生 SO_4^{2-}、H_2S 和 S 的形式返回自然界。另外，SO_4^{2-} 在缺氧环境中可被微生物还原成 H_2S。硫素循环可划分为分解作用、同化作用、氧化作用和还原化作用。

2. 微生物在硫素循环中的作用

分解作用：动植物和微生物尸体中的含硫有机物被微生物降解成无机物的过程。在有氧条件下，分解的最终产物为硫酸盐，可供植物和微生物利用；在缺氧条件下，降解为 H_2S。此类微生物很多，凡能分解有机氮化物的微生物，也能分解含硫蛋白质生成 H_2S。

同化作用：植物和微生物利用硫酸盐和 H_2S 合成本身细胞物质的过程。细菌、真菌和放线菌中都有能利用硫酸盐作为硫源的种类，仅有少数微生物能同化 H_2S。

氧化作用：微生物氧化硫化氢、元素硫、硫化亚铁等生成硫酸盐的过程，又称为硫化作用。自然界能氧化无机硫化物的微生物主要是硫细菌。在农业生产上，由微生物氧化作用生成的硫酸，不仅可作为植物的硫素营养源，而且还有助于土壤中矿质元素的溶解，对农业生产有促进作用。

还原作用：硫酸盐在厌氧条件下被微生物还原成 H_2S 的过程，又称为反硫化作用。还原作用会使土壤中 H_2S 含量提高，对植物根部有毒害作用。硫酸盐还原细菌主要有脱硫弧菌属和脱硫肠状菌属中的一些种类。

实践技能训练 18　水中细菌总数的测定

一、 实训目的

1. 掌握水样的采取方法和水样细菌总数测定的方法。
2. 了解平板菌落总数的计算方法。

二、 实训材料

1. 试样

自来水。

2. 培养基

牛肉膏蛋白胨琼脂培养基、无菌生理盐水。

3. 实训器具

三角瓶、培养皿、吸管、试管、灭菌锅、培养箱等。

三、实训原理

应用平板菌落计数法测定水中细菌总数。由于水中细菌种类繁多，它们对营养和其他生长条件的要求差别很大，不可能找到一种培养基在一种条件下，使水中所有的细菌都能生长繁殖，因此，以一定的培养基平板上生长出来的菌落，计算出来的水中细菌总数仅是一种近似值。目前一般采用普通牛肉膏蛋白胨琼脂培养基。

四、实训方法与步骤（图 9-4）

（1）自来水的采集　先将自来水龙头用火焰烧灼 3min 灭菌，再开放水龙头使水流 5min 后，以灭菌三角瓶接取水样，以待分析。

（2）水样的稀释　根据对水样污染情况的估计，对水样采取相应倍数的稀释，一般情况是：饮用水如自来水、深井水等，一般作 10^{-1} 稀释；水源水如河水等，比较清洁的可作 10^{-1}、10^{-2}、10^{-3} 三个稀释梯度；污染水一般作 10^{-1}、10^{-2}、10^{-3}、10^{-4} 四个稀释梯度。本实训只做一个稀释梯度，即用无菌吸管吸取 1mL 水样置于 9mL 无菌生理盐水的试管中，稀释成 10 倍液。

（3）接种培养

① 选取原液和 10 倍稀释液两个水样匀液，用灭菌吸管吸取 1mL 水样，注入灭菌培养皿中，每个稀释度做两个平皿。同时分别吸取 1mL 空白稀释液加入两个无菌平皿内作空白对照。

② 及时分别倾注约 15mL 已熔化并冷却到 45℃ 左右的牛肉膏蛋白胨琼脂培养基，并转动平皿使其混合均匀。

③ 培养基凝固后，倒置于 37℃ 温箱中培养 24h，然后进行菌落计数。

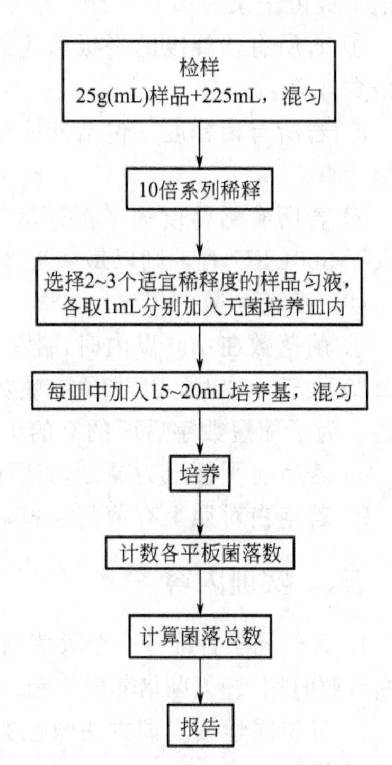

图 9-4　菌落总数检验程序

（4）菌落计数　可用肉眼观察，必要时用放大镜或菌落计数器，记录稀释倍数和相应的菌落数量，然后求出同稀释度的各平板平均菌落数。菌落计数以菌落形成单位（CFU）表示。

① 选取菌落数在 30～300CFU 之间、无蔓延菌落生长的平板作为菌落总数测定标准。低于 30CFU 的平板记录具体菌落数，大于 300CFU 的可记录为多不可计。

② 如果其中一个平板有较大片状菌落生长时，则不宜采用，而应以无片状菌落生长的平板作为该稀释度的菌落数；若片状菌落不到平板的一半，而其余一半中菌落分布又很均匀，即可计算半个平板后乘以 2，代表一个平板菌落数。

（5）菌落总数的计算方法

① 若只有一个稀释度平板上的菌落数在适宜计数范围内，计算两个平板菌落数的平均值，再将平均值乘以相应稀释倍数，作为每毫升水样中菌落总数结果。

② 若有两个连续稀释度的平板菌落数在适宜计数范围内时，则按下列公式计算。

$$N=\sum C/(n_1+0.1n_2)d$$

式中 N——样品中菌落数；

C——平板（含适宜范围菌落数的平板）菌落数之和；

n_1——第一稀释度（低稀释倍数）平板个数；

n_2——第二稀释度（高稀释倍数）平板个数；

d——稀释因子（第一稀释度）。

示例：

稀释度	1∶100(第一稀释度)	1∶1000(第二稀释度)
菌落数/CFU	232、244	33、35

$$\begin{aligned} N &=\sum C/(n_1+0.1n_2)d \\ &=\frac{232+244+33+35}{(2+0.1\times 2)\times 10^{-2}} \\ &=24727=2.5\times 10^4(\mathrm{CFU/mL}) \end{aligned}$$

③ 若所有稀释度的平板上菌落数均大于300CFU，则对稀释度最高的平板进行计数，其他平板可记录为多不可计，结果按平均菌落数乘以最高稀释度倍数计算。

④ 若所有稀释度的平板菌落数均小于30CFU，则应按稀释度最低的平均菌落数乘以稀释倍数计算。

⑤ 若所有稀释度（包括液体样品原液）平板均无菌落生长，则以小于1乘以最低稀释倍数计算。

⑥ 若所有稀释度的平板菌落数均不在30～300CFU，其中一部分小于30CFU，另一部分大于300CFU时，则以最接近30CFU或300CFU的平均菌落数乘以稀释倍数计算。

(6) 菌落总数的报告

① 菌落数在100以内时，按“四舍五入”原则修约，以整数报告。

② 大于100时，用二位有效数字，在二位有效数字后面的数字，以“四舍五入”方法修约。为了缩短数字后面的0的个数，可用10的指数来表示。

③ 若所有平板上为蔓延菌落而无法计数，则报告菌落蔓延。

④ 若空白对照上有菌落生长，则此次检测结果无效。

五、 实训内容

1. 每位同学各准备一个灭菌三角瓶（或取样瓶）、装9mL无菌水的试管2支（其中一支作空白对照时用）、灭菌培养皿6套、盛装100mL熔化的牛肉膏蛋白胨培养基的三角瓶1个。

2. 每位同学按实训方法自己采集自来水水样、稀释、接种、培养、菌落计数，最后得出实训报告。

六、 实训报告

1. 详细介绍实训步骤和菌落总数计算方法。

2. 将实训结果填入下表。

实训结果记录表

稀释倍数	平板	菌落数	平均菌落数	细菌总数/(CFU/mL)
原液	1			
	2			
10^{-1}	1			
	2			

3. 思考题

根据你测定的细菌总数结果，说明自来水是否达到饮用水标准？

[目标检测]

一、名词解释

互生　共生　寄生　拮抗　固氮作用　氨化作用　硝化作用　反硝化作用　硫化作用　反硫化作用

二、选择题

1. 下列不属于互生关系的是（　）。

A. 土中纤维素分解菌和好氧性自生固氮菌　B. 高等植物根际微生物

C. 人体肠道正常菌群　D. 果实表面的青霉菌

2. 下列不属于共生关系的是（　）。

A. 地衣　B. 根瘤菌　C. 菌根　D. 根际线虫

3. 下列属于寄生关系的是（　）。

A. 噬菌体　B. 根瘤菌　C. 菌根　D. 反刍动物的瘤胃微生物

4. 在制作酸菜或者青贮饲料时，一般不需人工接种乳酸菌，这是人们利用了植物的（　）。

A. 根际微生物　B. 叶面附生微生物　C. 根瘤菌　D. 菌根

5. 酸菜腌制后可以较长时间保存，这是利用了微生物之间的（　）。

A. 互生关系　B. 寄生关系　C. 非特异性拮抗关系　D. 特异性拮抗关系

6. 地衣是真菌与藻类生活在一起，它们之间的关系是（　）。

A. 互生关系　B. 共生关系　C. 寄生关系　D. 竞争关系

7. 空气并不是微生物良好的栖息繁殖场所，原因是（　）。

A. 缺乏营养　B. 低 pH 值　C. 灰尘多　D. 雨水多

8. 海洋微生物多为（　）。

A. 嗜酸菌　B. 嗜盐菌　C. 喜光菌　D. 嗜热菌

9. 在人体肠道中存在大量的微生物是（　）。

A. 葡萄球菌　B. 链球菌　C. 双歧杆菌　D. 沙门菌

10. 植物根系对根际微生物最大的影响是（　）。

A. 植物遮阴　B. 根系分泌各种有机物

C. 根系富集水分　D. 根系伸长促使土壤通气

三、问答题

1. 为什么说土壤是微生物的天然培养基？
2. 简述微生物与生物环境间的互生、共生、寄生和拮抗关系。
3. 简述碳素循环、氮素循环和硫素循环过程。
4. 简述菌落总数的计算方法。

第十章 免疫学基础

[学习目标]

1. 知识目标

理解感染、免疫、抗原、抗体、血清学反应等基本概念和基本知识。

2. 技能目标

能够进行玻片凝集反应和试管凝集反应的操作及血清效价的判断。

第一节 感染与免疫的基本知识

一、感染

1. 感染的概念

病原微生物在一定条件下，突破机体的防御屏障，侵入机体，在一定的部位生长繁殖，并引起不同程度的病理过程，称为感染。病原微生物侵入机体后，机体自然会与之对抗。由于每个机体的防御能力（免疫力）不同，入侵的病原微生物数量和致病能力也不同，因而引起的病理程度也不同。感染有多种表现形式。

（1）病原体被消灭或排出体外　此种情况，机体不出现任何症状，也不出现全身性免疫反应，也就不产生免疫力，如果再有该病原微生物侵入，仍有可能罹患该种疾病。

（2）形成病原体携带状态　即病原微生物能在机体内生长、繁殖，但机体并不出现任何症状。这种情况如果发生在疾病的潜伏期，则称为潜伏期携带者；发生在疾病的恢复期，称为恢复期携带者；如果始终不发生疾病则称为健康携带者。携带者无症状，不易被发现，容易作为传染源而引起疾病的流行。

（3）隐性感染　又称亚临床感染。即机体受病原微生物感染后，不出现症状，但能产生特异性免疫，而且不易再感染该种病原微生物。这种隐性感染多见于很多传染病，如乙型脑炎、甲型肝炎等。很多健康人并未患过这些传染病，但其血中可检出该病的特异性抗体，说明他们曾经发生过这些病原体的隐性感染。

（4）潜伏性感染 病原体长期潜伏在机体内，与机体的抵抗力保持平衡。机体消灭不了病原体，病原体也不能在机体内“猖狂”，不引起症状。一旦机体抵抗力低下时，病原体就生长繁殖，引起疾病。

（5）显性感染 就是机体感染后表现出临床症状。因机体抵抗力、病原微生物的毒力和治疗措施的不同，机体可表现为痊愈、病死、慢性化、携带病原体、发生后遗症等不同结果。

[课堂互动]

由于机体对病原微生物的防御能力不同，感染有多种表现形式，请同学们谈谈自己的认识或增强体质的好处。

2. 感染发生的条件

（1）病原微生物 病原微生物是机体能否发生感染的重要条件。病原微生物的致病性包括病原性和毒力两个方面内容。病原性是指一定种类的微生物在其特定的寄主体内引发疾病的能力或特性。毒力是指微生物引发疾病能力的大小。根据病原微生物的毒力强弱，可将病原菌分为强毒株、中等毒力的毒株、弱毒株和无毒株四种。病原微生物毒力越强，数量越多，越容易引起感染。另外，病原微生物都有一定的侵入途径，如艾滋病病毒通常通过体液传播，而握手不会感染艾滋病。

（2）寄主 动物的种类、年龄、性别、体质和抗感染能力也影响感染的发生。动物的种类不同，对病原微生物的感受性不同，如鸭瘟病毒只感染鸭和鹅，对鸡没有致病性。一般情况下，幼龄动物的感受性比成年动物的高，动物的体质和抗感染能力越强，对病原菌的感受性越小。

（3）外界环境条件 外界环境条件对机体和病原微生物都有影响，不适宜的外界环境条件既可增强病原微生物的毒力，又能降低宿主机体的抗感染能力，从而有利于感染的发生。因而为防止感染，应控制环境条件，避免为感染创造良好的条件。

二、免疫

1. 免疫的概念

最初的免疫概念（狭义）是指机体抵抗病原微生物的能力。研究范围主要局限于传染病的特异性预防、诊断和治疗。随着免疫学的发展，现已证实，有许多免疫现象与微生物无关，如动物的血型、同种异体器官的移植反应、过敏反应、自身免疫和肿瘤免疫等。可见免疫的概念已大大超出了抵抗感染的范围。

现代免疫的概念（广义）是指机体免疫系统识别自身和异己物质，并通过免疫应答排除抗原性异物，以维持机体内外平衡的一种生理学反应。免疫是机体的一种正常生理功能，执行这种功能的是机体的免疫系统。免疫系统能够识别“自己”和“非己”成分，然后通过免疫应答破坏和排除进入机体的抗原物质，或机体本身所产生的损伤细胞和肿瘤细胞等，从而维持机体的健康。为了加深对免疫概念的理解，应了解免疫系统和免疫应答的含义。

（1）免疫系统 免疫系统是机体执行免疫应答及免疫功能的一个重要系统。免疫系统由免疫器官、免疫细胞和免疫活性物质组成（图 10-1）。免疫器官是免疫细胞生成、成熟或集中分布的组织结构（或场所），包括骨髓、胸腺、脾和淋巴结等。免疫细胞就是发挥免疫作用的细胞，包括 T 细胞、B 细胞、K 细胞、NK 细胞、粒细胞和单核巨噬细胞系统的细胞等。免疫活性物质由免疫细胞或其他细胞产生的发挥免疫作用的物质，包括抗体、淋巴因子、溶菌酶等。

（2）免疫应答　免疫应答是指动物（人）机体免疫系统受到抗原刺激后，免疫细胞对抗原分子的识别并产生一系列复杂的免疫连锁反应和表现出一定的生物学效应的过程。免疫应答的这一过程可人为地划分为三个阶段，即致敏阶段、反应阶段和效应阶段。致敏阶段是抗原物质进入机体内，抗原递呈细胞（巨噬细胞等）对其识别、捕获、加工处理和递呈，以及抗原特异性淋巴细胞即T细胞、B细胞对抗原的识别阶段。反应阶段是T细胞或B细胞受抗原刺激后活化、增殖、分化的阶段。效应阶段是致敏T淋巴细胞或浆细胞分泌产生的免疫活性物质——抗体和细胞因子以及免疫效应细胞发挥免疫效应（即对抗原物产生清除效应）的阶段。

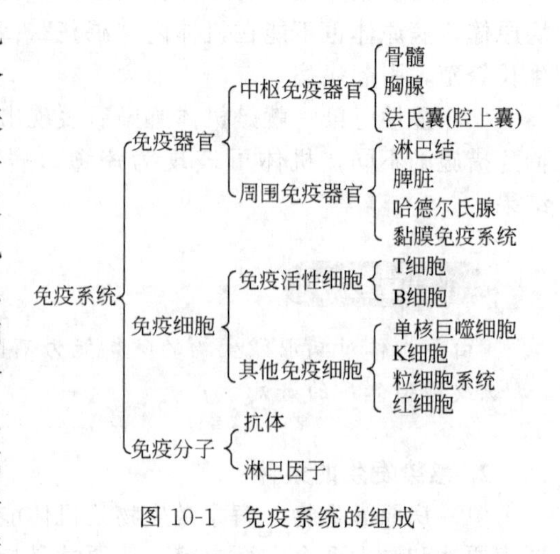

图10-1　免疫系统的组成

2. 机体的免疫功能

（1）免疫防御　就是机体抵御病原体及其毒素的入侵，清除侵入机体的各种病原微生物，使机体免患感染性疾病。免疫功能正常时，能充分发挥对病原体的抵抗力；但免疫功能亢进时，可引起变态（超敏）反应；免疫功能低下时，可造成病原微生物的反复感染。

（2）免疫自稳　机体组织细胞时刻不停地新陈代谢，随时有大量新生细胞代替衰老和受损伤的细胞。免疫系统能及时地清除衰老和被破坏的组织细胞，去除代谢和损伤所产生的废物，从而保持机体的自身稳定。如果自身稳定功能异常时，就会引起自身免疫病。

（3）免疫监视　机体正常细胞在化学的、物理的和病毒等致癌因素作用下，可变成异常细胞，免疫系统具有识别、杀伤并及时清除体内突变细胞，防止肿瘤发生的功能，称为免疫监视。

3. 机体的免疫防线

动物（人）机体共有三道免疫防线。

第一道防线：是防御屏障，包括皮肤和黏膜等构成的外部屏障和多种重要器官中的内部屏障。他们不仅能够阻挡病原体侵入机体，而且它们的分泌物（如乳酸、脂肪酸、胃酸和酶等）还有杀菌的作用。皮肤的汗腺分泌的乳酸及不饱和脂肪酸，有一定的杀菌作用。黏膜除有机械阻挡外，腺体分泌液中含有溶菌酶及杀菌物质，对黏膜表面起着化学屏障作用。呼吸道黏膜上有纤毛，能阻止异物的侵入及将异物除去。消化道中的胃酸和胆汁均具有杀菌作用。

血脑屏障和胎盘屏障是机体的内部屏障。血脑屏障由脑毛细血管壁、软脑膜和胶质细胞等组成，能阻止病原微生物和大分子毒性物质由血液进入脑组织和脑脊液，是防止中枢神经系统感染的重要防御机构。幼小动物的血脑屏障发育不完善，容易发生中枢神经感染，如婴儿易发生流行性脑炎。胎盘屏障由母体子宫内膜及血管和胎儿绒毛膜及血管所构成，是保护胎儿免受感染的防卫结构。这种屏障是不完全的，如猪瘟病毒感染怀孕母猪后可经胎盘感染胎儿。

第二道防线：是体液中的杀菌物质和吞噬细胞。动物体内广泛分布各种吞噬细胞，包括网状内皮系统的巨噬细胞和血液中的中性多核白细胞和单核细胞，它们都具有吞噬功能，可将侵入体内的病原微生物吞噬消化，在抗传染中具有一定的作用。

健康动物血液及组织液内含有的补体、干扰素、备解素等，均具有一定的杀菌作用，对细菌、病毒感染呈现一定的抵抗力。补体是正常动物血清及组织中含有的一组具有酶活性的蛋白质，当抗原抗体复合存在时，补体可被激活，表现出溶菌和杀菌作用。动物体内补体含量较稳定，不因免疫而增高。干扰素是动物机体细胞在病毒或其他干扰素诱导剂的作用下产生的一种低分子量的可溶性糖蛋白。当这种物质进入其他未感染细胞时，可诱导细胞产生能抑制病毒复制的抗病毒蛋白质。干扰素还能抑制一些细胞内感染细菌、真菌，并有抗肿瘤作用。健康动物血液和组织液中还含有溶菌酶、碱性多肽等物质，这些物质都具有一定程度的抑菌及杀菌作用。

第一、第二道防线是动物（人）在进化过程中逐渐建立起来的天然防御功能，特点是机体生来就有，不针对某一种特定的病原体，对多种病原体都有防御作用。多数情况下，这两道防线可以防止病原体对机体的侵袭。

第三道防线：主要由免疫器官（胸腺、淋巴结和脾脏等）和免疫细胞（淋巴细胞）组成，其中，淋巴 B 细胞“负责”体液免疫；淋巴 T 细胞“负责”细胞免疫（细胞免疫最后往往也要体液免疫来善后）。

第三道防线是机体在出生以后逐渐建立起来的后天防御功能，特点是出生后才产生的，只针对某一特定的病原体或异物起作用，而对变异或其他抗原毫无作用。

4. 免疫的类型

根据免疫的产生及其特点，可把免疫分为两大类：一类是天然非特异性免疫，即先天性免疫；另一类为后天获得的特异性免疫，即后天性免疫。

(1) 非特异性免疫　又称先天性免疫，是动物生下来就具有的免疫，它是动物在进化过程中建立起来的天然防御功能，是动物机体免疫过程的第一、第二道防线，是一种可以遗传的生物学特性。

先天性免疫功能受动物的种类、年龄等因素的影响。

① 遗传因素：先天性免疫具有“种”的特点，动物种类不同，其易感性和免疫力不同，如鸡不感染鸭瘟，马不感染牛瘟，猪不感染鸡新城疫等。免疫的这种种间、品系间或个体间的差异，是由遗传基因控制的。先天性免疫具有相对的稳定性，在大多数情况下不易造成感染，但当环境条件改变，动物体质衰弱时，这种稳定性也会遭到破坏。如家禽一般情况下不会感染炭疽杆菌（家禽体温高达 41℃，不适宜炭疽杆菌的生长，故不能致病），如人为地使家禽体温降至 37℃，炭疽杆菌也会在家禽体内繁殖，引起传染而发病。

先天性免疫在动物种内不同个体间存在差异，个别品系对某些病原微生物具有特殊的抵抗力，如有的小白鼠品系能抵抗肠炎沙门菌感染，利用此特性，可以选育出抗病力强的品系及个体。

② 年龄因素：不同年龄的动物对病原微生物易感性和免疫反应性也不同。在自然条件下，有不少传染病仅发生在幼龄动物，例如，幼小动物易患大肠杆菌病，但布氏杆菌病主要侵害性成熟的动物。老龄动物的器官组织功能及机体的防御能力逐渐下降，因此容易得肿瘤或反复感染。

③ 环境因素及应激作用：自然环境因素如温度、湿度等对机体有一定影响。例如，寒冷能使呼吸道黏膜的抵抗力下降；营养极度不良，往往使机体的抵抗力及吞噬细胞的吞噬能力下降。因此，加强管理和改善营养状况，可以提高机体非特异性免疫力。

应激反应是指机体受到强烈刺激时，如剧疼、创伤、烧伤、过冷、过热、饥饿、疲劳等，而出现的以交感神经兴奋和垂体-肾上腺皮质分泌增加为主的一系列的防御反应，引起机能与代谢的改变，表现为淋巴细胞转化率和吞噬能力下降，因而易发生感染。

（2）特异性免疫 又称获得性免疫。特异性免疫是在个体出生后，在生活过程中与病原体及其毒性代谢产物等抗原分子接触后产生的一系列免疫防御功能，是动物机体免疫过程的第三道防线。动物机体先天并不存在特异性免疫，并且只对接触过的病原体有作用。特异性免疫不能遗传给后代。

特异性免疫根据抗原刺激物的来源分，可分为天然特异性免疫和人工特异性免疫；根据机体免疫的形成分，可分为自动免疫和被动免疫。自动免疫是动物直接受到病原微生物及产物刺激后，由动物本身所产生的免疫；被动免疫是依靠已经免疫的其他动物机体输给的抗体而获得的免疫。

① 天然自动免疫：动物机体自然感染传染病痊愈后或隐性感染后而获得的免疫。如人感染天花病愈后，可获得很强的免疫力。

② 人工自动免疫：动物由于接种了疫苗或类毒素等生物制品后产生的免疫。其免疫期长短受疫苗的种类、性质及机体反应等因素的影响，一般来说自动免疫的免疫期较长。

③ 天然被动免疫：动物在胚胎发育时期，通过胎盘、卵黄或出生后通过吃初乳，被动地获得母源抗体所形成的免疫。天然被动免疫的时间短，往往在2～4d内消失。

④ 人工被动免疫：给机体注射高免血清或高免卵黄后而获得的免疫，其免疫力产生迅速，但持续时间短，一般1～2周，多用于治疗或紧急预防。

三、抗原和抗体

1. 抗原

（1）抗原的概念 抗原是一种能够刺激机体的免疫系统产生特异性抗体或致敏淋巴细胞（又称为效应淋巴细胞），并能与相应抗体或致敏淋巴细胞在体内、体外发生特异性结合的物质。

（2）抗原的基本特性 根据抗原的概念可以看出抗原具有免疫原性和反应原性两个基本特性。

① 免疫原性：即抗原刺激机体免疫系统产生抗体或效应淋巴细胞的特性。

② 反应原性：指抗原分子与相应抗体或效应淋巴细胞发生特异性结合的特性。

同时具有这两种特性的物质称为完全抗原，通常说的抗原即为完全抗原。如细菌、病毒和大多数蛋白质等。把只有反应原性而无免疫原性的小分子抗原称为半抗原，如大多数的多糖、某些小分子的药物（青霉素）和一些简单的有机分子。它们不能刺激机体产生抗体或效应淋巴细胞，但能与已产生的抗体发生特异性反应。当半抗原与具有免疫原性的载体蛋白结合后可成为完全抗原，进入机体后可刺激免疫系统产生免疫应答。

（3）决定完全抗原的因素

① 异物性：亲缘关系越远的物质，免疫原性越强。如马血清对人是强抗原，对驴则是弱抗原；鸭血清对鸡是弱抗原，对兔则是强抗原。说明种属关系越近的物质，其免疫原性也越弱，相反，则免疫原性越强。

② 分子质量大小：通常相对分子质量在10000以上，分子量越大，颗粒越大，其抗原性越强。小分子物质吸附到大分子颗粒表面后，免疫性增强。分子质量小于5000的物质免疫原性较弱，低于1000的小分子物质已无免疫原性。半抗原分子质量一般较小，没有免疫原性，与载体蛋白结合后，复合物的分子质量变大，则具有免疫原性。

③ 化学结构与组成：仅分子量大，但结构简单的聚合物，不一定具有免疫原性，还要有一定复杂的化学结构和化学组成。化学结构越复杂，免疫原性越强，反之则较弱。如细菌的细胞壁、荚膜等含有结构复杂的多糖，则具有较强的免疫原性。化学组成也影响免疫原性，在蛋

白质分子中，凡含有大量芳香族氨基酸，尤其是含有酪氨酸的蛋白质，其免疫原性更强，如蛋白质分子中含有2%的酪氨酸，则具有良好的免疫原性。以非芳香族氨基酸为主的蛋白质，其免疫原性较弱。抗原具有特异性化学基团对诱发机体产生特异性抗体起决定性作用。

④ 进入机体的剂量和途径：剂量过多过少均不能引起免疫应答。多数抗原经非口途径（皮内、皮下、肌肉、静脉、腹腔）进入机体，才具有抗原性。某些抗原经口途径也具有抗原性，如某些细菌、病毒等微生物抗原。

⑤ 免疫佐剂的使用：免疫佐剂是指先于抗原或与抗原混合或同时注入动物体内，能非特异性增强机体对抗原特异性免疫应答的一类物质，也可称为免疫增强剂、抗原佐剂。常用的免疫佐剂有氢氧化铝胶、钾明矾、弗氏佐剂、蜂胶等。

2. 抗体

（1）抗体的概念　抗体是机体受抗原刺激后，在血清和体液中出现的一种能够与相应抗原发生特异性结合反应的免疫球蛋白。免疫球蛋白以“Ig”表示。含免疫球蛋白的血清常称为免疫血清或抗血清。从人和小白鼠等血清中先后获得五种类型的免疫球蛋白，分别命名为IgG、IgA、IgM、IgD和IgE。

（2）抗体的基本结构　1963年R. R. Porter对IgG的化学结构提出一个模式图（图10-2），后经证实，这种结构模式图也适用于其他几类免疫球蛋白。即各种Ig都具有与IgG化学结构相似的基本结构。

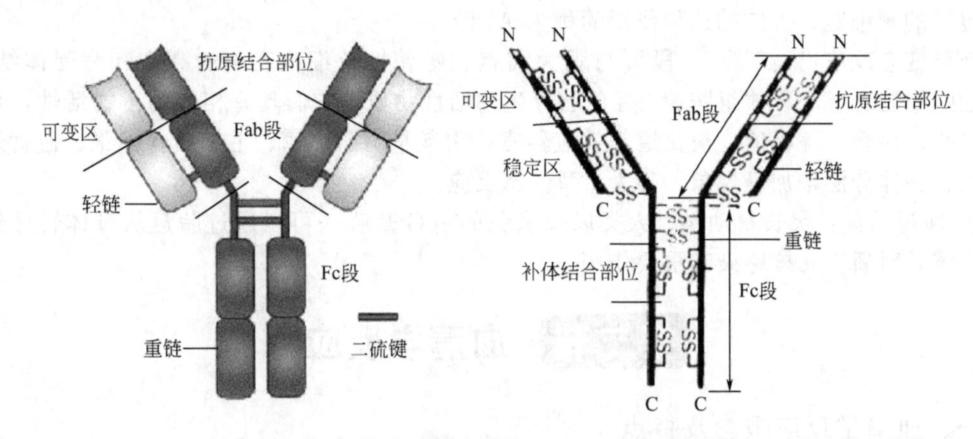

图10-2　免疫球蛋白单体（IgG）的基本结构

IgG分子有4条多肽链，其中两条长链（由420～450个氨基酸组成）称为重链（简称H链）；两条短链（由212～214个氨基酸组成），称为轻链（简称I链）。重链占IgG分子的2/3，轻链占1/3。这个四链结构是各类免疫球蛋白的基本结构，可用通式L_2H_2表示，L_2H_2称为一个单体，IgG、IgD和IgE都是单体，IgA有2个单体，IgM有5个单体。多肽链的羧基端称为C末端，氨基端称N末端。轻链N端的1/2和重链N端的1/4，氨基酸排列顺序随抗体种类不同而变化，称为可变区（简称V区）。轻链C端的1/2和重链C端的3/4，氨基酸顺序排列比较稳定，称为稳定区（简称C区）。免疫球蛋白结合抗原的不同特异性，决定于轻链和重链的V区氨基酸的种类和顺序的不同，而免疫球蛋白结合补体或巨噬细胞等生物活性，则与重链的C区有关。

（3）抗体产生的一般规律

① 初次应答：抗原第一次进入机体后，要经过较长诱导期血清中才出现抗体，而且含量低，维持的时间也较短，这种反应称为初次应答。

② 再次应答：初次应答后，当抗体的数量明显减少时，如果用同种抗原再次刺激机体时，抗体产生的诱导期明显缩短，抗体的含量迅速达到初次应答的几倍到几十倍，持续的时间也较长，这种反应称为再次应答。

在预防接种中，都是采用二次或多次接种法达到强化免疫的目的。在制备抗体时，通常也是采用多次注射抗原的方法。

（4）抗体的功能

① 识别并与抗原特异性结合：一种抗体只能与相应的抗原特异性结合，与不相应的抗原不能结合，这是免疫球蛋白与血清中正常球蛋白的根本区别。应用此现象，可进行多种血清学试验，以诊断某些疾病和鉴定微生物。

② 激活补体：抗体只有与抗原结合后，才具有激活补体的作用。研究发展，未与抗原结合的IgG分子呈“T”形，与抗原结合后变为“Y”形，构型的改变使得补体结合点暴露出来，才能与补体结合。激活补体引起靶细胞一系列的反应，导致细胞溶解死亡。

③ 结合细胞表面的Fc受体：抗体可以与多种细胞表现具有抗体Fc段的受体结合并通过受体细胞发挥各种不同的作用。

调理作用：IgG、IgA等抗体的Fc段与中性粒细胞、巨噬细胞上的Fc受体结合，从而增强吞噬细胞的吞噬作用。

依赖抗体的细胞介导的细胞毒性作用：Fc受体的细胞通过识别抗体的Fc段直接杀伤被抗体包被的靶细胞。抗体的这种作用简称为ADCC。

介导变态反应：IgE的Fc段可与肥大细胞和嗜碱性粒细胞表面的高亲和力受体结合，促使这些细胞合成和释放组胺、5-羟色胺等生物活性物质，它们具有相似的生物活性，可作用于皮肤、血管、呼吸道、消化道等效应器官，引起平滑肌痉挛、毛细血管扩张、血管通透性增强、腺体分泌增加等现象，称为I型变态反应。

④ 通过胎盘：灵长目动物、人类以及家兔的IgG是唯一可以通过胎盘从母体转移给胎儿的抗体，对新生儿抗感染有重要作用。

第二节 血清学反应

一、血清学反应概念及特点

1. 血清学反应概念

血清学反应是指相应的抗原和抗体在体外结合的反应。通常用含有抗体的血清作为实验材料（抗体主要存在于血清中），故称为血清学反应。血清学反应具有严格的特异性和较高的敏感性，因此可用抗原或抗体的已知一方检测未知的另一方，作为传染病的辅助诊断和微生物的鉴定。

2. 血清学反应的一般特点

① 特异性：一种抗原只能和一种抗体结合，表现为高度的特异性。亲缘关系较近的动物中常含有某些相同的抗原分子，因而能引起交叉反应。

② 可逆性：抗原与抗体的结合是分子表面的结合，两者的结合虽相当稳定，但是可逆的。在一定理化因素的影响下，如温度超过60℃或pH降至3以下时，抗原抗体的复合物发生解离，解离后的抗原、抗体性质不变。比如抗原是毒素，则分离后的毒素仍可重现毒性。

③ 最适比：抗原和抗体的结合按一定比例，只有在比例适当时才会出现沉淀的可见反应。若抗原和抗体比例不合适（抗原过量或抗体过量），都会有未结合的抗原或抗体游离于

上清液中，不能形成大块免疫复合物，故不能呈现可见反应。这一现象叫做带现象，抗体过剩出现的抑制带称为前带，抗原过剩的抑制带称为后带。

④ 阶段性：血清学反应可分为两个阶段进行。在第一阶段，抗原和抗体特异性结合，此阶段反应很快，几秒钟或几分钟即可完成，但无可见反应；在第二阶段，反应进入可见阶段，反应进行得很慢，往往需几分钟甚至几十分钟以至数日方可完成。此阶段常受电介质、温度、pH 等外界环境因素的影响。

二、凝集反应

凝集反应：指细菌、红细胞等颗粒性抗原与抗体结合后，在电解质存在的条件下互相凝集成肉眼可见的絮片状团块的现象。参与凝集反应的抗原称为凝集原，抗体称为凝集素。在凝集反应中，为使抗原和抗体间充分结合，常需稀释抗体。

1. 直接凝集反应

就是细菌、红细胞等颗粒性抗原与相应抗体混合以后，在电解质参与下，经过一定时间抗原颗粒相互凝集形成肉眼可见凝集块。按操作方法分为玻片法和试管法。玻片法简便快速，是一种定性实验，主要用于菌种鉴定、测定血型等。试管法可定量判断血清中抗体的相对含量。

［知识链接］

血型指红细胞血型，由红细胞膜外表面存在特异性抗原确定。血型是 1900 年奥地利维也纳大学病理研究所的研究员卡尔·兰德施泰纳发现的。他把每个人的红细胞分别与别人的血清混合后，发现有的血液之间发生凝集反应，有的则不发生。他认为红细胞上有一种抗原，血清中有一种对应抗体，便会发生凝集反应。如红细胞上有 A 抗原，血清中有 A 抗体，便会发生凝集。如果红细胞缺乏某一种抗原，或血清中缺乏与之对应的抗体，就不发生凝集，根据这个原理他发现了人的血型分为 ABO 型，后来，他的学生 Decastello 和 Sturli 又发现了 AB 型。即 A 型血的红细胞含有 A 抗原，血清中含有 B 抗体；B 型血含有 B 抗原 A 抗体；AB 型血既含有 A 抗原又含有 B 抗原，但不含抗体；O 型血不含抗原，但含有 A、B 抗体。所以 A 型血不能输 B 型血；B 型血不能输 A 型血；AB 型血不含抗体，可以输入异型血，称为万能受血者；O 型血不含抗原，可以输给异型血的人，又称为万能输血者，一般情况，输血时同型血相输最好。1940 年，兰德施泰纳等科学家又发现了 Rh 血型系统，之后，新的血型系统不断被发现，目前已发现有 32 种血型系统。血型的发现对临床输血工作具有非常重要的意义；血型系统也曾广泛应用于法医学以及亲子鉴定中，但现多采用更为精确的基因学方法。

2. 间接凝集反应

可溶性抗原与相应抗体不发生可见的凝集反应，先将可溶性抗原或抗体吸附于一种与免疫无关的有一定大小的颗粒载体表面制成固相抗原或抗体，再与相应的待检抗体或抗原结合产生的反应。又分为间接血细胞凝集反应和间接血细胞凝集抑制反应两类。

三、沉淀反应

可溶性抗原与相应抗体结合，在有适量电解质存在下，经过一定时间，形成肉眼可见的沉淀物。沉淀反应的抗原可以是多糖、蛋白质、类脂等。同相应抗体比较，抗原的分子小，单位体积内含有的抗原量多，做定量试验时，为了不使抗原过剩，应稀释抗原，并以抗原的稀释度作为沉淀反应的效价。将参与沉淀反应的抗原称为沉淀原，抗体称沉淀素。沉淀反应的实验方法大体可分为环状法、絮状法、琼脂扩散法三种基本类型。琼脂扩散法：利用可溶性抗原与相应抗体在半固体的琼脂内进行扩散，当两者比例适当时，就形成可见的沉淀线，这种反应称为琼脂扩散实验。

利用沉淀反应，可进行抗原、抗体的定性或定量测定。最简单的方法是将抗血清放入细玻璃管内，将抗原液轻轻地加于其上，短时间（1～2min）内便可在界面生成白色沉淀（环状试验）。将抗原液同抗血清以最适当比例混合，用离心法收集沉淀物，然后测定其数量，由此可以测知抗体量或抗原量。

四、补体结合实验

补体是一组正常血清蛋白成分，可与抗原与抗体的复合物结合而被激活产生具有裂解细胞壁的因子。如果红细胞与相应抗体（溶血素）结合后再与补体结合，便会发生红细胞被裂解而出现溶血反应。利用这种反应来检测血清中的抗体或抗原，称作补体结合实验（CFT）。

CFT 包括两个系统，第一为反应系统，又称溶菌系统或被检系统，即已知抗原（或抗体），被检血清（或抗原）和补体；第二为指示系统（亦称溶血系统），即红细胞和溶血素，一般用绵羊红细胞为抗原，溶血素为抗绵羊红细胞的抗体。补体一般为豚鼠血清，它对红细胞具有较强的裂解能力。如果实验系中的抗原和抗体是对应的，就会形成免疫复合物，定量的补体就被结合，这时加入指示系统（绵羊红细胞和溶血素），由于缺乏游离补体，就不会产生溶血反应，即为阳性反应。反之，如果实验系中抗原与抗体不对应，不能形成免疫复合物，补体就游离于反应液中，这时加入指示系统，补体就会与溶血素和绵羊红细胞的复合物结合而被激活发生溶血现象，即阴性反应。这样我们就可以判断被检系统中抗原与抗体是否对应。

在进行 CFT 实验之前，抗原、补体、绵羊红细胞和溶血素必须仔细测定。所加补体的量必须准确，补体少导致不完全溶血，出现假阳性结果；反之，超量的补体不能被反应系统的免疫复合物完全结合从而出现假阴性结果。超量的抗原影响补体的结合，抗原不足不能完全结合补体。

补体结合实验虽然操作比较繁琐，但准确性高，容易判定，对抗原纯化要求不严格，因而在生产实践中被广泛应用于许多传染病的诊断。

五、免疫酶技术

免疫酶技术是将抗原抗体反应的特异性与酶的高效催化作用有机结合的一种方法。它以酶作为标记物，与抗体或抗原联结，与相应的抗原或抗体作用后，通过底物的颜色反应作抗原抗体的定性和定量，亦可用于组织中抗原或抗体的定位研究。

目前应用最多的免疫酶技术是酶联免疫吸附实验（ELISA），用酶标记抗原或抗体，酶标后既不改变抗原或抗体的免疫学反应特征，也不影响酶本身的活性。酶标的抗原或抗体在形成酶标免疫复合物后，遇到相应的底物时，便产生有色产物，有色产物可通过酶联免疫吸附测定仪进行定性或定量分析测定。此实验是使抗原或抗体吸附于固相载体，随后的抗原抗体反应均在载体表面进行，从而简化了分离步骤，提高了灵敏度，即可检测抗原，也可检测抗体。ELISA 方法主要有间接法、夹心法等。

为了检测抗体可用间接法。使抗原吸附于载体上，然后加入被测血清，如有抗体，则与抗原在载体上形成复合物。洗涤后加酶标记的抗球蛋白与之反应。洗涤后加底物显色，有色产物的量与抗体的量成正比。

为了检测抗原可用夹心法。将特异性抗体吸附于载体上，然后加被测溶液，如果样品中有相应抗原，则与抗体在载体表面形成复合物。洗涤后加入酶标记的特异性抗体，后者通过抗原也结合到载体的表面。洗去过剩的标记抗体，加入酶的底物，在一定时间内经酶催化产生的有色产物的量与溶液中抗原含量成正比，可用肉眼观察或分光光度计测定。

实践技能训练 19　凝集反应

一、 实训目的

1. 了解凝集反应原理及应用原则。
2. 掌握凝集反应的操作方法。

二、 实训材料

1. 菌种和血清

1∶20 伤寒免疫血清、1∶20 痢疾免疫血清、1∶20 大肠杆菌免疫血清、伤寒沙门菌液、痢疾志贺菌液、大肠杆菌菌液。

2. 试剂

生理盐水。

3. 实训器具

玻片、微量移液器、消毒缸、微量滴定板、接种环等。

三、 实训原理

颗粒性抗原（细菌、红细胞等）与相应的抗体结合，在适量电解质（通常是 0.85% NaCl）存在的条件下，会出现肉眼可见的凝集块，称为凝集反应。液体变清，并有乳白色凝集块出现者为阳性，液体仍然混浊，无凝集块出现者为阴性。凝集反应有两种情况：一是颗粒性抗原与抗体直接结合，出现凝集现象，称为直接凝集反应。如玻片凝集反应和试管凝集反应。另一种是将可溶性抗原预先吸附于一种与免疫无关的颗粒性载体表面，然后与相应的抗体结合，出现凝集现象，称为间接凝集反应。如 RF 因子检测。

玻片凝集反应属于定性试验，常用于已知抗血清鉴定未知细菌，为诊断肠道传染病时鉴定患者标本中肠道细菌的重要手段，也常用于红细胞 ABO 血型的鉴定。

试管凝集反应属于半定量试验，用于已知抗原测定人体内抗体的水平（效价），也是诊断肠道传染病的重要方法。将待检血清按比例稀释后，加入等量抗原进行反应，能够凝集抗原的最大血清稀释倍数为血清的效价。假如从 1/10 至 1/40 三个稀释度都有凝集反应，1/80 无凝集反应，则血清效价为 40。

四、 实训方法与步骤

1. 玻片凝集反应

① 取洁净玻片 2 张，用记号笔将玻片划分三等份，在玻片的左上角标记编号 1、2（如图 10-3 所示）。

② 用微量移液器分别吸取生理盐水、1∶20 伤寒免疫血清、1∶20 痢疾免疫血清各 20μL（注：也可换成大肠杆菌免疫血清）于玻片上，每移一次液要更换移液器的 TTP 头，以免混淆血清产生错误结果。使用过的 TTP 头放入消毒缸内。

③ 用微量移液器吸取伤寒沙门菌菌液 20μL 分别加入 1 号玻片的生理盐水、1∶20 伤寒

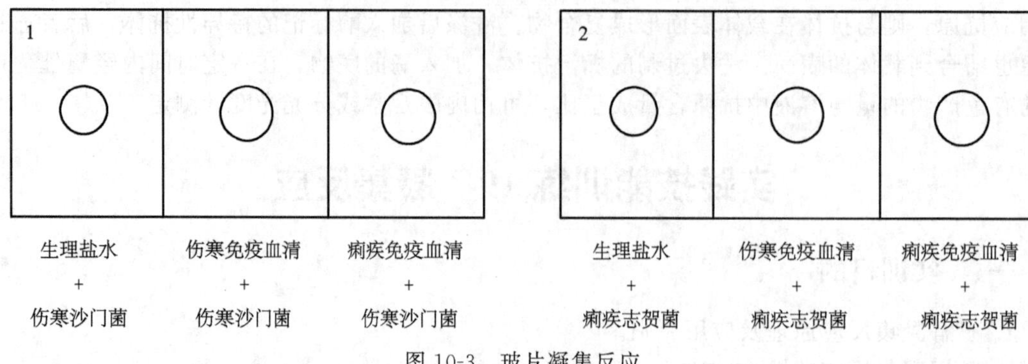

图 10-3 玻片凝集反应

免疫血清、1∶20 痢疾免疫血清中，充分混匀。

④ 用同样的方法吸取痢疾志贺菌菌液（也可换成大肠杆菌菌液）20μL 分别加入 2 号玻片上的生理盐水、1∶20 伤寒免疫血清、1∶20 痢疾免疫血清中，充分混匀。使用过的 TTP 头放入消毒缸内。

⑤ 轻轻摇动玻片，1～2min 后观察结果。

2. 试管凝集反应

① 稀释血清：a. 取 9 支小试管排在试管架上，进行标记编号，其中 1～8 号管为试验管，9 号管为对照管（如图 10-4）。b. 用 1mL 刻度吸管向第 1 管内加 0.9mL 生理盐水，其余各管加 0.5mL 生理盐水。c. 加 0.1mL 大肠杆菌抗血清于第 1 管内。d. 换一支新的吸管，在第 1 管内连续吸吹三次，使血清与盐水充分混匀成 10 倍稀释液，再吸 0.5mL 至第 2 管内，换吸管，同样在第 2 管内连续吸吹三次后吸 0.5mL 至第 3 管内，依次类推，一直稀释至第 8 管，混匀后弃去 0.5mL。稀释后的血清稀释度如表 10-1。

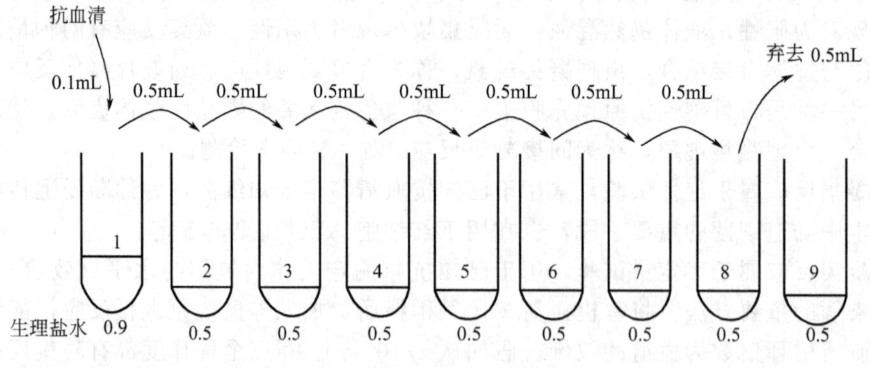

图 10-4 抗血清稀释图

② 加抗原：另取一支 1mL 吸管吸取摇匀的大肠杆菌菌悬液，每试管加 0.5mL，从第 9 管（对照管）加起，逐个向前加至第 1 管。

表 10-1 抗血清稀释倍数表

管号	1	2	3	4	5	6	7	8	9
生理盐水/mL	0.9	0.5	0.5	0.5	0.5	0.5	0.5	0.5	0.5
抗血清/mL	0.1	0.5	0.5	0.5	0.5	0.5	0.5	0.5	
稀释度	1/10	1/20	1/40	1/80	1/160	1/320	1/640	1/1280	对照
抗原量/mL	0.5	0.5	0.5	0.5	0.5	0.5	0.5	0.5	0.5
最后稀释度	1/20	1/40	1/80	1/160	1/320	1/640	1/1280	1/2560	对照

③ 振摇各试管：以混匀管中内容物，然后将试管置 35℃温箱 60min，再放入冰箱中过夜。

④ 观察结果：观察管底有无凝集现象，阴性和对照管的细菌沉于管底，形成边缘整齐、光滑的小圆块，而阳性管的管底为边缘不整齐的凝集块。当轻轻摇动试管后，阴性管的圆块分散成均匀混浊的悬液，阳性管则是细小凝集块悬浮在不混浊的液体中。

五、 实训内容

1. 每位同学完成玻片凝集反应的实训操作。

2. 每 4 位同学为一小组共同完成试管凝集反应的实训操作。需准备 9 支小试管、11 支 1mL 吸管包扎灭菌备用。

六、 实训报告

1. 详细说明玻片凝集反应和试管凝集反应的操作方法。

2. 将实训结果记录在下列表中。

（1）玻片凝集反应结果记录表

抗体与抗原	伤寒免疫血清＋伤寒沙门菌	大肠杆菌免疫血清＋伤寒沙门菌	生理盐水＋伤寒沙门菌
阴性或阳性以“－”“＋”表示			
抗体与抗原	伤寒免疫血清＋大肠杆菌	大肠杆菌免疫血清＋大肠杆菌	生理盐水＋大肠杆菌
阴性或阳性以“－”“＋”表示			

（2）试管凝集反应结果记录表

管号	1	2	3	4	5	6	7	8	9
血清稀释度									
阴性或阳性									

免疫血清效价为______________。

3. 思考题

（1）血清学反应为什么要有电解质存在？

（2）加抗原时，为什么要从最后一管加起？

[目标检测]

一、名词解释

感染　免疫　免疫应答　先天性免疫　特异性免疫　抗原　抗体　免疫原性　反应原性　血清学反应

二、选择题

1. 下列关于感染的描述正确的是（　　）。

A. 机体没有任何症状，说明病原体被消灭或排出体外

B. 健康人未患过某种传染病，但其血中仍可能检出该病的特异性抗体

C. 健康机体不会携带病原菌作为传染源而引起疾病的流行

D. 病原体一旦感染机体，都会表现临床症状

2. 下列关于免疫的描述不正确的是（　　）。

A. 免疫是机体的一种正常生理功能，它能通过免疫系统识别自身和异己物质

B. 免疫就是机体抵抗病原微生物的能力

C. 免疫系统具有识别、杀伤并及时清除体内突变细胞，防止肿瘤发生的功能

D. 人体的第三道免疫防线是后天逐渐建立的

3. 关于特异性免疫说法正确的是（　　）。

A. 特异性免疫是机体生下来就具有的免疫

B. 特异性免疫是动物机体第一、第二道免疫防线

C. 特异性免疫可以遗传给后代

D. 人感染天花病愈后可获得很强的免疫力属于特异性免疫

4. 人患传染病后产生的免疫属于（　　）。

A. 天然自动免疫　　B. 天然被动免疫　　C. 人工自动免疫　　D. 人工被动免疫

5. 以下哪一项是中枢免疫器官（　　）。

A. 脾脏　　B. 骨髓　　C. 淋巴结　　D. 扁桃体

6. 由免疫细胞产生的且能与其免疫应答刺激物特异性结合的物质称为（　　）。

A. 抗体　　B. 免疫球蛋白　　C. 抗原　　D. 补体

7. 免疫是指（　　）。

A. 机体抗感染过程

B. 机体清除自身的损伤细胞或肿瘤细胞的一种功能

C. 机体识别和排出抗原性异物的功能

D. 机体对病原微生物的防御能力

8. 免疫自稳功能异常时可发生（　　）。

A. 病原体持续感染　　B. 超敏反应　　C. 自身免疫病　　D. 免疫缺陷病

9. 只有反应原性没有免疫原性的小分子抗原称为（　　）。

A. 完全抗原　　B. 不完全抗原　　C. 半抗原　　D. 小抗原

10. 如果红细胞与相应抗体结合后再与补体结合，便会发生红细胞被裂解而出现（　　）。

A. 凝集反应　　B. 沉淀反应　　C. 溶血反应　　D. 补体结合反应

三、问答题

1. 感染有哪几种表现形式？

2. 机体有哪三道免疫防线？

3. 影响先天性免疫的因素有哪些？

4. 决定完全抗原的因素有哪些？

5. 简述免疫球蛋白的基本结构。

6. 血清学反应有哪些一般特点？

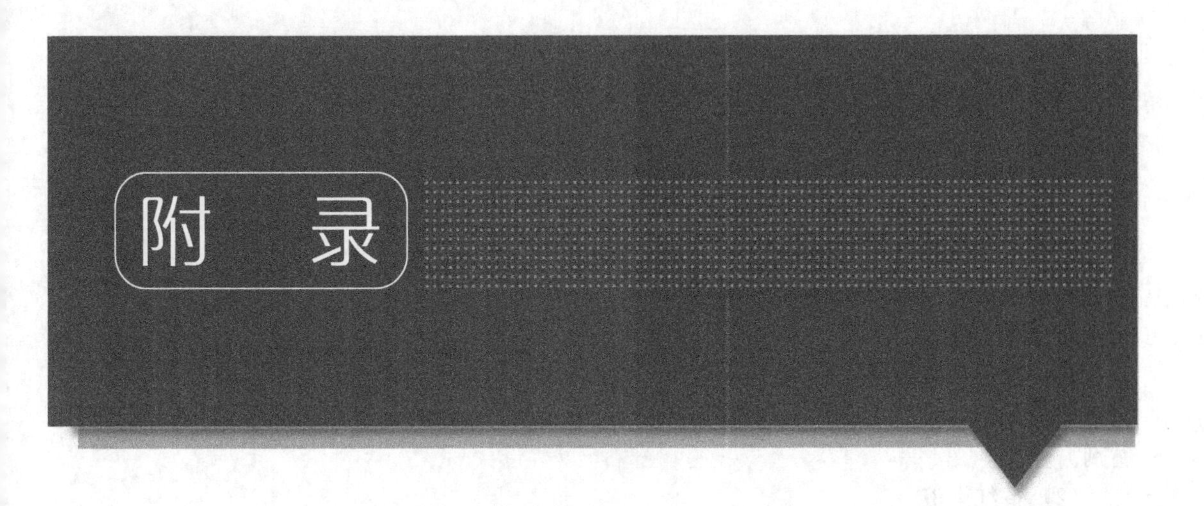

附录Ⅰ 常用染液的配制

1. 齐氏（Ziehl）石炭酸复（品）红染液

A 液：石炭酸 5.0g，溶解在 95mL 蒸馏水中。

B 液：碱性复红 0.3g，放入研钵中研磨，逐渐加入 95%酒精 10mL 使其溶解。

将 A 液和 B 液混合即成。可将此混合液稀释 5～10 倍使用，稀释液易变质失效，一次不宜多配。

2. 吕氏（Loeffler）碱性美蓝染液

A 液：称取 0.6g 美蓝（次甲基蓝、亚甲基蓝），溶于 30mL 95%酒精中。

B 液：称取 KOH 0.01g（或 1%氢氧化钾溶液 1mL），溶于 100mL 蒸馏水中。

将 A 液和 B 液混合即成。

3. 革兰（Gram's）染液

（1）草酸铵结晶紫染液

A 液：结晶紫 2g，95%酒精 20mL。

B 液：草酸铵 0.8g，蒸馏水 80mL。

混合 A 液和 B 液，静置 48h 后使用。

（2）卢戈（Lugol）碘液

碘 1g，碘化钾 2g，蒸馏水 300mL。

先将碘化钾溶解在少量蒸馏水中，然后加入碘，待碘全部溶解后，加水稀释至 300mL。

（3）95%的酒精溶液

（4）番红复染液

番红 2.5g，95%的酒精 100mL。

将上述配制好的番红酒精溶液 10mL 与 80mL 蒸馏水混匀即成。

4. 芽孢染色液

（1）孔雀绿染液

孔雀绿 5g，加少量蒸馏水使其溶解后，再用蒸馏水稀释到 100mL。

（2）番红水溶液

番红 0.5g，加入少量蒸馏水使其溶解后，再用蒸馏水稀释到 100mL。

（3）苯酚品红溶液

碱性品红 11g，无水乙醇 100mL。

取上述溶液 10mL 与 100mL 5%的苯酚溶液混合，过滤备用。

（4）黑色素溶液

称取水溶性黑色素 10g，溶于 100mL 蒸馏水中，置沸水浴中 30min 后，滤纸过滤二次，补水到 100mL，加 0.5mL 甲醛，备用。

5. 荚膜染色液

（1）黑色素水溶液

称取黑色素 5g 在 100mL 蒸馏水中煮沸 5min，然后加入 40%福尔马林 0.5mL 作防腐剂。

（2）番红染液

与革兰染液中番红复染液相同。

6. 鞭毛染色液

（1）硝酸银鞭毛染色液

A 液：单宁酸 5g，$FeCl_3$ 1.5g，蒸馏水 100mL，15%福尔马林 2mL，1%NaOH 1mL。冰箱内可保存 3～7d，延长保存期会产生沉淀，但用滤纸除去沉淀后，仍能使用。

B 液：$AgNO_3$ 2g，蒸馏水 100mL。待 $AgNO_3$ 溶解后，取出 10mL 备用，向其余的 90mL $AgNO_3$ 中滴入浓 NH_4OH，使之成为很浓厚的悬浮液，再继续滴加 NH_4OH，直到新形成的沉淀又重新刚刚溶解为止。再将备用的 10mL $AgNO_3$ 慢慢滴入，则出现薄雾，但轻轻摇动后，薄雾状沉淀又消失，再滴入 $AgNO_3$，直到摇动后仍呈现轻微而稳定的薄雾状沉淀为止。冰箱内保存通常 10d 内仍可作用。如雾重，则银盐沉淀出，不宜使用。

（2）Leifson 鞭毛染色液

A 液：碱性复红 1.2g，95%的酒精 100mL。

B 液：单宁酸 3g，蒸馏水 100mL。

C 液：NaCl1.5g，蒸馏水 100mL。

临用前将 A 液、B 液、C 液等量混合均匀后使用。三种溶液在室温可保存几周，若分别置于冰箱，可保存数月。混合液装密封瓶内置于冰箱几周仍可作用。

附录Ⅱ 培养基的配制

1. 牛肉膏蛋白胨琼脂培养基（培养细菌用）

牛肉膏 3g，蛋白胨 10g，氯化钠 5g，琼脂 15～20g，水 1000mL，pH7.0～7.2，121℃灭菌 20min。

在烧杯内加水 1000mL，放入牛肉膏、蛋白胨和氯化钠，用蜡笔在烧杯外作记号（或用玻棒作记号），放在火上加热。待烧杯内各组分溶解后，加入琼脂，不断搅拌以免黏底。等琼脂完全溶解后补足失水，用 10%盐酸或 10%的氢氧化钠调整 pH，分装在各个试管（三角瓶）里，加棉花塞，用高压蒸汽灭菌锅灭菌。

2. 高氏（Gause）Ⅰ号培养基（培养放线菌用）

可溶性淀粉 20g，KNO_3 1g，NaCl 0.5g，K_2HPO_4 0.5g，$MgSO_4$ 0.5g，$FeSO_4$ 0.01g，

琼脂 20g，水 1000mL，pH7.2～7.4。

配制时，先用少量冷水将淀粉调成糊状，倒入煮沸的水中，在火上加热，边搅拌边加入其他成分，溶化后，补足水分到 1000mL。121℃灭菌 20min。

3. 查氏（Czapek）培养基（培养霉菌用）

$NaNO_3$ 2g，K_2HPO_4 1g，KCl 0.5g，$MgSO_4$ 0.5g，$FeSO_4$ 0.01g，蔗糖 30g，琼脂 15～20g，水 1000mL，pH 自然。121℃灭菌 20min。

4. 马铃薯培养基（简称 PDA）（培养真菌用）

马铃薯 200g，蔗糖（或葡萄糖）20g，琼脂 15～20g，水 1000mL，pH 自然。

马铃薯去皮，切成块煮沸 30min，然后用纱布过滤，再加糖及琼脂，溶化后补足水至 1000mL。121℃灭菌 30min。

5. 麦芽汁琼脂培养基（培养酵母菌用）

(1) 取大麦或小麦若干，用水洗净，浸水 6～12h，置 15℃阴暗处发芽，上盖纱布一块，每日早、中、晚淋水一次，麦根伸长至麦粒的两倍时，即停止发芽，摊开晒干或烘干，贮存备用。

(2) 将干麦芽磨碎，一份麦芽加四份水，在 65℃水浴锅中糖化 3～4h，糖化程度可用碘液滴定测定（碘遇淀粉变蓝）。

(3) 将糖化液用 4～6 层纱布过滤，滤液如混浊不清，可用鸡蛋白澄清，方法是将一个鸡蛋白加水约 20mL，调匀至生泡沫为止，然后倒入糖化液中搅拌煮沸后再过滤。

(4) 将滤液稀释到 5～6 波美度，pH 约 6.4，加入 2%琼脂即成。121℃灭菌 20min。

6. 马丁氏（Martin）琼脂培养基（分离真菌用）

葡萄糖 10g，蛋白胨 5g，KH_2PO_4 1g，$MgSO_4 \cdot 7H_2O$ 0.5g，1/3000 孟加拉红（rose bengal，玫瑰红水溶液）100mL，琼脂 15～20g，pH 自然，蒸馏水 800mL。112℃灭菌 30min。

7. 豆芽汁蔗糖（或葡萄糖）培养基

黄豆芽 100g，蔗糖（葡萄糖）50g，水 1000mL，pH 自然。

称新鲜豆芽 100g，放入烧杯中，加水 1000mL，煮沸约 30min，用纱布过滤。用水补足原量，再加入蔗糖（葡萄糖）50g，煮沸溶化。121℃灭菌 20min。

8. 糖发酵培养基

蛋白胨水培养基 1000mL，1.6%溴甲酚紫乙醇溶液 1～2mL，pH7.6，另配 20%糖溶液（葡萄糖、乳糖、蔗糖等）各 10mL。

制法：①将上述含指示剂的蛋白胨水培养基（pH7.6）分装于试管中，在每个试管内放一倒置的小玻璃管，使充满液体；②将分装好的蛋白胨水培养基和 20%糖溶液分别灭菌，前者 121℃灭菌 20min，后者 112℃灭菌 30min；③灭菌后，每管以无菌操作分别加入 20%的无菌糖溶液 0.5mL（按每 10mL 培养基中加入 20%的糖液 0.5mL，则制成 1%的浓度）。

配制用的试管必须洗干净，避免结果混乱。

9. 平板计数琼脂（PCA）培养基（菌落总数测定用）

胰蛋白胨 5.0g，酵母浸膏 2.5g，葡萄糖 1.0g，琼脂 15g，蒸馏水 1000mL，pH7.0。

制法：将上述成分加于蒸馏水中，煮沸溶解，调节 pH，分装试管或三角瓶，121℃灭菌 15min。

附录Ⅲ 试剂和溶液的配制

1. 3%酸性乙醇溶液

浓盐酸 3mL，95%乙醇 97mL。

2. 中性红指示剂

中性红 0.04g，95%乙醇 28mL，蒸馏水 72mL。

中性红 pH6.8～8 颜色由红变黄，常用浓度为 0.04%。

3. 淀粉水解试验用碘液（同卢戈氏碘液）

4. 溴甲酚紫指示剂

溴甲酚紫 0.04g，0.01mol/L NaOH 7.4g，蒸馏水 92.6mL。

溴甲酚紫 pH5.2～6.8，颜色由黄变紫，常用浓度为 0.04%。

5. 溴麝香草酚蓝指示剂

溴麝香草酚蓝 0.04g，0.01mol/L NaOH 6.4g，蒸馏水 93.6mL。

溴麝香草酚蓝 pH6.0～7.6，颜色由黄变蓝，常用浓度为 0.04%。

6. 甲基红试剂

甲基红 0.04g，95%乙醇 60mL，蒸馏水 40mL。

先将甲基红溶于 95%乙醇中，然后加入蒸馏水即可。

7. V. P. 试剂

硫酸铜 1.0g，蒸馏水 10mL，浓氨水 40mL，10%氢氧化钾 950mL。

将硫酸铜溶于蒸馏水中，然后加入浓氨水，最后加入 10%氢氧化钾溶液，混匀即成。

8. 吲哚试剂

对二甲基氨基苯甲醛 2g，95%乙醇 190mL，浓盐酸 40mL。

9. 磷酸氢二钠-柠檬酸缓冲液 pH6.0

$Na_2HPO_4 \cdot 12H_2O$ 11.31g，柠檬酸 2.02g，加水定容至 250mL。

10. 磷酸盐缓冲液

磷酸二氢钾（KH_2PO_4）34.0g，蒸馏水 500mL，pH7.2。

贮存液：称取 34.0g 磷酸二氢钾溶于 500mL 蒸馏水中，用大约 175mL 的 1mol/L NaOH 溶液调节 pH，用蒸馏水稀释至 1000mL 后贮存于冰箱中。

稀释液：取贮存液 1.25mL 用蒸馏水稀释至 1000mL，分装于三角瓶中备用。

11. 生理盐水

NaCl 8.5g，蒸馏水 1000mL。

附录Ⅳ 洗涤剂的配制与使用

1. 洗涤液的配制

洗涤液分为浓溶液和稀溶液两种。

（1）浓溶液　重铬酸钠或重铬酸钾（工业用）50g，自来水 150mL，浓硫酸（工业用）800mL。

（2）稀溶液　重铬酸钠或重铬酸钾（工业用）50g，自来水 850mL，浓硫酸（工业用）100mL。

配法：将重铬酸钠或重铬酸钾先溶解于自来水中，可慢慢加热，使溶解，冷却后徐徐加入浓硫酸，边加边搅拌。

配好后的洗涤液是棕红色或橘红色，应贮存于有盖容器内。

2. 原理

重铬酸钠或重铬酸钾与硫酸作用后形成铬酸。铬酸的氧化能力极强，具有极强的去污作用。

3. 使用注意事项

（1）洗涤液中的硫酸具有强腐蚀作用，玻璃器皿浸泡时间太长，会使玻璃变质，因此勿忘记将器皿取出冲洗。洗涤液若沾污衣服和皮肤应立即用水冲洗，再用苏打水或氨液洗，如果溅在桌椅上，应立即用水洗去或湿布抹去。

（2）玻璃器皿投入前应尽量干燥，避免稀释洗涤液。

（3）此液的使用仅限于玻璃和瓷质器皿，不适合用于金属和塑料器皿。

（4）有大量有机质的器皿应先行擦洗，然后再使用洗涤液，这是因为有机质过多，会加快洗涤液失效。此外，洗涤液虽为很强的去污剂，但也不是所有的污迹都可清除。

（5）盛洗涤液的容器应始终加盖，以防氧化变质。

（6）洗涤液可反复使用，但当其变为墨绿色时即已失效，不能再用。

参 考 文 献

[1] 董明盛，贾英民．食品微生物学．北京：中国轻工业出版社，2008.
[2] 何国庆，贾英民．食品微生物学．北京：中国农业大学出版社，2005.
[3] 沈关心．微生物学与免疫学．第5版．北京：人民卫生出版社，2003.
[4] 钱利生．医学微生物学．第2版．上海：复旦大学出版社，2003.
[5] 潘春梅，张晓静．微生物技术．北京：化学工业出版社，2010.
[6] 沈萍，范秀容，李广武．微生物学实验．第3版．北京：高等教育出版社，1999.
[7] 张曙光．微生物学．北京：中国农业出版社，2006.
[8] 翁连海．食品微生物基础与应用．北京：高等教育出版社，2005.
[9] 钱和．HACCP原理与实施．北京：中国轻工业出版社，2006.
[10] GB 4789.2—2010. 食品微生物学检验　菌落总数测定．
[11] 于淑萍．微生物基础．北京：化学工业出版社，2007.
[12] 王宜磊．微生物学．北京：化学工业出版社，2014.
[13] 金月波．微生物应用技术．北京：化学工业出版社，2014.